令和4年

畜 産 統 計
大臣官房統計部

令 和 5 年 2 月
農林水産省

目　　　次

Ⅲ 累年統計表

［付］ 調査票

利 用 者 の た め に

1 調査（統計）の目的

主要家畜（乳用牛及び肉用牛並びに豚、採卵鶏及びブロイラー）に関する規模別・飼養状態（経営タイプ）別飼養戸数、飼養頭羽数等を把握し、我が国の畜産生産の現況を明らかにするとともに、畜産行政の推進に資する資料を整備することを目的としている。

2 調査の根拠

豚、採卵鶏及びブロイラー調査は、統計法（平成19年法律第53条）第19条第1項の規定に基づく総務大臣の承認を受けて実施する一般統計調査である。

乳用牛及び肉用牛については、牛個体識別全国データベース（牛の個体識別のための情報の管理及び伝達に関する特別措置法（平成15年法律第72号）第3条第1項の規定により作成される牛個体識別台帳に記載された事項その他関連する事項をデータベースとしたもの。以下「個体データ」という。）等の情報により集計する加工統計であり、統計法に基づく統計調査には該当しない。

3 調査機構

豚、採卵鶏及びブロイラー調査は、農林水産省大臣官房統計部（以下「大臣官房統計部」という。）及び地方組織（地方農政局、北海道農政事務所、内閣府沖縄総合事務局及び内閣府沖縄総合事務局の農林水産センター）を通じて実施した。

乳用牛及び肉用牛についての集計は、大臣官房統計部において実施した。

4 調査の体系

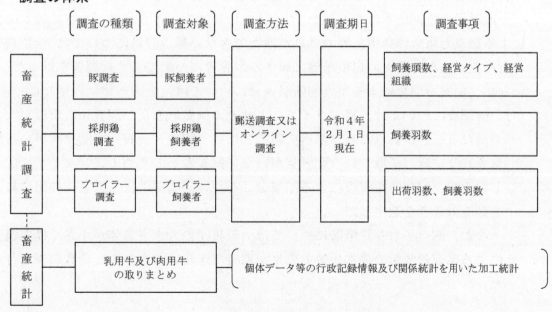

注：ブロイラー調査については、平成25年2月1日現在調査から開始した。

5　調査（集計）の対象

(1)　乳用牛及び肉用牛

　　全国の個体データに登録された乳用牛及び肉用牛の飼養者を集計の対象とした。

(2)　豚、採卵鶏及びブロイラー

　　全国の豚飼養者、採卵鶏の飼養者（成鶏めすの飼養羽数が1,000羽以上の者（ひなのみ及び種鶏のみで、それぞれ1,000羽以上飼養する者を含む。）及びブロイラーの飼養者（ブロイラーの年間出荷羽数が3,000羽以上の者。）とした。

　　なお、飼養者が複数の畜種を飼養している場合は、それぞれの畜種別に調査の対象とした。

　　また、複数の飼養地（畜舎）を持ち、個々に要員を配置して飼養を行っている場合、それぞれの飼養地（畜舎）を1飼養者とした。

　　ここでいう飼養者とは、家畜を飼養する全ての者（個人又は法人）のことであり、学校、試験場等の非営利的な飼養者を含む。

6　調査対象者の選定（豚、採卵鶏及びブロイラー）

(1)　飼養者の性格の違い（営利又は非営利的飼養者）を考慮し、飼養者を「特殊飼養者階層」（以下「特殊階層」という。）及び「一般飼養者階層」（以下「一般階層」という。）に区分して調査を行った。

　ア　特殊階層（非営利）

　　学校、試験場、公共団体、農業協同組合などの非営利的飼養者は、一般の飼養者と性格を異にするので特殊階層として区分した。

　　なお、特殊階層は層内の分散が大きいことから、全数調査とした。

　イ　一般階層（営利）

　　特殊階層以外の全ての飼養者は、一般階層に区分した。

　　一般階層は原則標本調査とした。ただし、母集団の大きさ自体が小さく標本調査による調査対象数の効率化等の効果が期待できない都道府県については、全数調査を行った。また、最大の規模階層に属する飼養者についても全数調査を行った。

　　なお、飼養頭羽数による規模別階層区分については、全国一律に設定した。

　　(ｱ)　豚調査については、経営タイプによりその飼養形態及び飼養頭数規模が大きく異なることがあるため、都道府県ごとに豚（肥育・一貫）（肥育豚がいる飼養者）及び豚（子取り）（肥育豚がいない飼養者）の2つの経営タイプに区分した上で、飼養頭数規模による階層分けを行い、階層別に任意系統抽出法により調査対象者を選定した。

　　　なお、豚（子取り）階層については、母集団の大きさ自体が小さく標本調査による調査対象数の効率化等の効果が期待できないことから、全数調査を行った。

＜豚の飼養頭数規模別の階層区分＞

区分		階層区分						
豚（肥育・一貫）	特殊階層	一般階層						
		肥育豚飼養頭数規模						
		1～99頭	100～299	300～499	500～999	1,000～1,999	2,000～2,999	3,000頭以上
		標本抽出階層						全数調査階層
豚（子取り）	全数調査階層	一般階層						
		子取り用めす豚なし階層	子取り用めす豚飼養頭数規模					
			1～9頭	10～29	30～49	50～99	100～199	200頭以上
		全数調査階層	全数調査階層					全数調査階層

(ｲ) 採卵鶏調査については、飼養羽数規模による階層分けを都道府県ごとに行い、階層別に任意系統抽出法により調査対象者を選定した。

　なお、種鶏・ひなのみ飼養者からなる階層を「種鶏・ひなのみ階層」として設定し、この階層については、母集団の大きさ自体が小さく標本調査による調査対象数の効率化等の効果が期待できないことから、全数調査を行った。

＜採卵鶏の飼養羽数規模別の階層区分＞

区分		階層区分				
採卵鶏	特殊階層	一般階層				
		種鶏・ひなのみ階層	成鶏めす飼養羽数規模			
			1,000～9,999羽	10,000～49,999	50,000～99,999	100,000～499,999	500,000羽以上
	全数調査階層	全数調査階層	標本抽出階層			全数調査階層

(ｳ) ブロイラー調査については、出荷羽数規模による階層分けを都道府県ごとに行い、階層別に任意系統抽出法により調査対象者を選定した。

＜ブロイラーの出荷羽数規模別の階層区分＞

区分		階層区分				
ブロイラー	特殊階層	一般階層				
		出荷羽数規模				
		3,000～99,999羽	100,000～199,999	200,000～299,999	300,000～499,999	500,000羽以上
	全数調査階層	標本抽出階層				全数調査階層

(2) 調査対象者数等

　　畜種別の調査対象者数等は、次のとおりである。

	母集団の大きさ ①	調査対象者数 ②	有効回答数 ③	有効回答率 ④＝③/②
	戸	戸	戸	％
豚	3,789	2,225	1,798	80.8
採卵鶏	1,980	1,242	1,073	86.4
ブロイラー	2,235	1,018	855	84.0

注：1　「母集団の大きさ」欄の数値は、2020年農林業センサス（農林業経営体）の結果及び令和3年畜産統計
　　　調査結果を用いて整備した母集団の飼養者数である。

　　2　有効回答数とは集計に用いた調査対象者の数であり、回収はされたが集計対象としての要件を満たさ
　　　なかった者は含まれていない。

7　調査（集計）期日及び調査実施時期

(1) 調査（集計）期日

　ア　乳用牛及び肉用牛

　　　令和4年2月1日現在。

　　　ただし、乳用牛の月別経産牛頭数については、令和3年3月から令和4年2月ま
　　での各月の1日現在における飼養頭数とした。

　　　また、乳用牛（乳用種めす）の月別出生頭数については、令和3年2月から令和
　　4年1月までの各月の出生頭数とした。

　　　なお、個体データの登録状況により、1月の出生頭数や1歳未満の飼養頭数が前
　　月（前年）と比べて増減する場合がある。

　イ　豚、採卵鶏及びブロイラー

　　　令和4年2月1日現在。

　　　ただし、ブロイラーの出荷羽数は令和3年2月2日から令和4年2月1日までの
　　1年間とした。

(2) 調査実施時期（豚、採卵鶏及びブロイラー）

　　調査票の配布：令和4年1月中旬

　　調査票の回収：2月末日まで

　　　ただし、令和4年調査については、高病原性鳥インフルエンザが発生したことから
　　発生地域では調査票の配布を見送り、調査が可能になった段階で順次調査票の配布・
　　回収を行った。

8　調査（集計）事項

(1) 乳用牛及び肉用牛

　　　下記10に掲げる個体データ、（一社）家畜改良事業団が集計分析した乳用牛群能力
　　検定成績（以下「検定データ」という。）、農林業センサス、作物統計調査及び畜産統
　　計調査（過去データ）の情報により次の事項について集計した。

ア　乳用牛

　(ア)　全国農業地域・都道府県別

　　a　飼養戸数・頭数

　　b　成畜飼養頭数規模別の飼養戸数

　　c　成畜飼養頭数規模別の飼養頭数

　　d　成畜飼養頭数規模別の成畜飼養頭数

　　e　年齢別飼養頭数

　　f　月別経産牛頭数

　　g　月別出生頭数（乳用種めす）

　(イ)　乳用牛飼養者の飼料作物作付実面積（全国、北海道、都府県）

イ　肉用牛

　(ア)　全国農業地域・都道府県別

　　a　飼養戸数・頭数

　　b　総飼養頭数規模別の飼養戸数

　　c　総飼養頭数規模別の飼養頭数

　　d　子取り用めす牛飼養頭数規模別の飼養戸数

　　e　子取り用めす牛飼養頭数規模別の飼養頭数

　　f　肉用種の肥育用牛飼養頭数規模別の飼養戸数

　　g　肉用種の肥育用牛飼養頭数規模別の飼養頭数

　　h　乳用種飼養頭数規模別の飼養戸数

　　i　乳用種飼養頭数規模別の飼養頭数

　　j　肉用種の肥育用牛及び乳用種飼養頭数規模別の飼養戸数

　　k　肉用種の肥育用牛及び乳用種飼養頭数規模別の飼養頭数

　　l　交雑種飼養頭数規模別の飼養戸数

　　m　交雑種飼養頭数規模別の交雑種飼養頭数

　　n　ホルスタイン種他飼養頭数規模別の飼養戸数

　　o　ホルスタイン種他飼養頭数規模別のホルスタイン種他飼養頭数

　　p　飼養状態別飼養戸数

　　q　飼養状態別飼養頭数

　(イ)　肉用牛飼養者の飼料作物作付実面積（全国、北海道、都府県）

　(ウ)　全国農業地域別・飼養頭数規模別

　　a　飼養状態別飼養戸数（子取り用めす牛飼養頭数規模別）

　　b　飼養状態別飼養頭数（子取り用めす牛飼養頭数規模別）

　　c　飼養状態別飼養戸数（肉用種の肥育用牛飼養頭数規模別）

　　d　飼養状態別飼養頭数（肉用種の肥育用牛飼養頭数規模別）

　　e　飼養状態別飼養戸数（乳用種飼養頭数規模別）

　　f　飼養状態別飼養頭数（乳用種飼養頭数規模別）

　　g　飼養状態別飼養戸数（肉用種の肥育用牛及び乳用種飼養頭数規模別）

　　h　飼養状態別飼養頭数（肉用種の肥育用牛及び乳用種飼養頭数規模別）

　　i　飼養状態別飼養戸数（交雑種飼養頭数規模別）

   j 飼養状態別交雑種飼養頭数（交雑種飼養頭数規模別）

   k 飼養状態別飼養戸数（ホルスタイン種他飼養頭数規模別）

   l 飼養状態別ホルスタイン種他飼養頭数（ホルスタイン種他飼養頭数規模別）

 (2) 豚、採卵鶏及びブロイラー

   次の事項について調査した。

  ア 豚 調 査 … 飼養頭数、経営タイプ及び経営組織

  イ 採 卵 鶏 調 査 … 飼養羽数

  ウ ブロイラー調査 … 出荷羽数及び飼養羽数

9 調査方法（豚、採卵鶏及びブロイラー）

 報告者に対して調査票を郵送により配布・回収する自計調査の方法により行った。ただし、報告者の協力が得られる場合は、前記の回収方法のほか、オンライン調査システムにより回収する自計調査の方法も可能とした。

10 集計に用いた行政記録情報及び関係統計（乳用牛及び肉用牛）

 (1) 個体データ

  （独）家畜改良センターに対して、独立行政法人家畜改良センター牛個体識別全国データベース利用規程に基づき、利用請求し入手した個体データを活用した。

 (2) 検定データ

  （一社）家畜改良事業団のホームページから入手した令和2年度の検定データの「推定新生子牛早期死亡率」並びに分娩間隔及び乾乳日数により算出した「搾乳日数割合と乾乳日数割合」を活用した。

 (3) 農林業センサス

  2015年農林業センサスの農林業経営体のうち、乳用牛を飼養している経営体及び肉用牛を飼養している経営体について、飼料用米、ホールクロップサイレージ用稲、飼料用作物及び牧草専用地の作付面積を集計し活用した。

 (4) 作物統計調査

  平成26年産から平成30年産まで及び令和3年産の作物統計調査により公表している飼料作物作付面積を活用した。

 (5) 畜産統計調査（過去データ）

  ア 畜産統計調査の結果として公表している乳用牛飼養者及び肉用牛飼養者の飼料作物作付実面積の平成27年から平成31年までの5か年の平均（全国、北海道、都府県）を活用した。

  イ 肉用牛の肉用種の飼養目的別飼養頭数（子取り用めす牛、肥育用牛及び育成牛）の平成27年から平成31年までの5か年の平均（都道府県別）を活用した。

注： 肉用牛の肉用種の飼養目的別飼養頭数についての調査は平成31年をもって廃止した。

11 集計方法

集計は、次のとおり大臣官房統計部生産流通消費統計課において行った。

（1） 乳用牛及び肉用牛

次の方法により都道府県別の値を集計し、当該都道府県別の値の積み上げにより全国計を集計した。

ア　飼養戸数

飼養戸数は、個体データに登録されている飼養者ごとの飼養形態（乳牛・肉牛・複合）を集計した。

具体的には、個体データに登録されている飼養者の飼養形態別コードが乳牛又は複合の者を乳用牛飼養者、個体データに登録されている飼養者の飼養形態別コードが肉牛又は複合の者を肉用牛飼養者として集計した。

ただし、飼養形態が乳用牛飼養者であっても個体データに乳用牛の頭数登録がない飼養者及び飼養形態が肉用牛飼養者であっても個体データに肉用牛の頭数登録がない飼養者は、飼養戸数に含めない。

イ　飼養頭数
　<飼養頭数の集計項目>

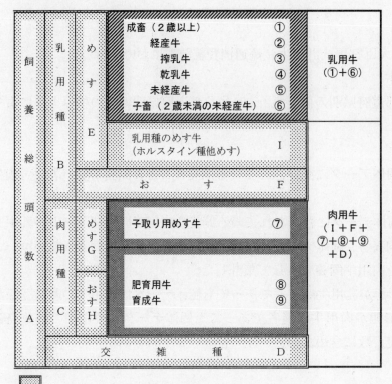

	: 個体データにより算出する項目	A～I
	: 個体データ及び検定データにより算出する項目	①～⑥
	: 個体データ及び畜産統計調査の過去データにより算出する項目	⑦～⑨

(ア)　乳用牛

　a　乳用牛全体

　　　個体データの乳用種めすの飼養頭数（E）から肉用目的に育成・肥育中の乳用種めすの飼養頭数（I）を差し引いて集計した。

　　　なお、肉用目的に育成・肥育中の乳用種めすの飼養頭数（I）については、個体データの飼養者ごとの牛の種類・年齢別情報による、乳用種めすのうち3歳未満の牛のみを飼養し、かつ、牛の飼養頭数に占める肉用種、乳用種おす及び交雑種の飼養頭数割合が8割以上の飼養者の乳用種めすの飼養頭数とした（以下同じ。）。

　b　成畜（2歳以上）

　　　この項目には、2歳以上の乳用種めすの他、経産牛については2歳未満であっても計上することとした。このため、個体データの2歳以上の乳用種めすの飼養頭数に、個体データに母牛個体識別情報が登録されている2歳未満の乳用種めすの飼養頭数を加えて集計した。

　　　さらに、個体データに登録されていない生後1週間内に死亡した子牛を生んだ母牛の飼養頭数を、検定データの「推定新生子牛早期死亡率」を用いて推計し、その飼養頭数も加えて集計した。

　(a)　経産牛

　　　個体データの乳用種めすの母牛個体識別情報を用いて出産経験のある乳用
種めすの飼養頭数を集計した。

　　　さらに、個体データに登録されていない生後1週間内に死亡した子牛を生
んだ母牛の飼養頭数を、検定データの「推定新生子牛早期死亡率」を用いて
推計し、その飼養頭数も加えて集計した。

　①　搾乳牛

　　　経産牛頭数から乾乳牛の飼養頭数を差し引いて集計した。

　②　乾乳牛

　　　検定データの分べん間隔（日数）から搾乳日数を引いた日数を分べん間
隔（日数）で除して乾乳日数割合を算出し、この乾乳日数割合を経産牛頭
数に乗じて集計した。

　(b)　未経産牛

　　　成畜（2歳以上）飼養頭数から経産牛頭数を差し引いて集計した。

ｃ　子畜（2歳未満の未経産牛)

　　乳用牛の飼養頭数から成畜（2歳以上）飼養頭数を差し引いて集計した。

(イ)　肉用牛

ａ　肉用牛全体

　　個体データの肉用種（Ｃ）、乳用種おす（Ｆ）及び交雑種（Ｄ）の飼養頭数に、
肉用目的に育成・肥育中の乳用種めす（Ｉ）の飼養頭数を加えて集計した。

ｂ　肉用種

　　個体データの肉用種の飼養頭数を集計した。

　(a)　種別

　①　黒毛和種

　　　個体データの黒毛和種の飼養頭数を集計した。

　②　褐毛和種

　　　個体データの褐毛和種の飼養頭数を集計した。

　③　その他

　　　個体データの無角和種、日本短角種等の和牛のほか、外国牛の肉専用種
及び肉用種の雑種の飼養頭数を集計した。

　(b)　飼養目的別

　①　子取り用めす牛

　　　個体データの出産経験のある肉用種めすの飼養頭数に、個体データでは
把握できない子取り用めす牛（候補牛）の飼養頭数の推定値を加えて集計
した。

　　　個体データでは把握できない子取り用めす牛（候補牛）の飼養頭数の推
計方法については、ⅰからⅴまでの手順による。

　　ⅰ　畜産統計調査（過去データ）を用いて次の（ⅰ）から（ⅲ）までの飼養頭
　　　数を集計した。

　　（ⅰ）　畜産統計調査の子取り用めす牛飼養頭数から個体データの出産

経験のある肉用種めすの飼養頭数を差し引いた飼養頭数

（ⅱ）　畜産統計調査の肥育用牛飼養頭数から個体データの１歳以上の肉用種おすの飼養頭数を差し引いた飼養頭数

（ⅲ）　畜産統計調査の育成牛の飼養頭数

ⅱ　ⅰ（ⅰ）から（ⅲ）までの飼養頭数を合算して、個体データでは把握できない飼養頭数を算出した。

ⅲ　ⅰ（ⅰ）の飼養頭数をⅱの飼養頭数で除して「子取り用めす牛（候補牛）の飼養頭数割合」を算出した。

ⅳ　個体データを用いて、肉用種の飼養頭数から出産経験のある肉用種めすの飼養頭数及び１歳以上の肉用種おすの飼養頭数を差し引いて、個体データでは把握できない飼養頭数を算出した。

ⅴ　ⅳの飼養頭数にⅲの割合を乗じて「個体データでは把握できない子取り用めす牛（候補牛）の飼養頭数」を推計した。

②　子取り用めす牛のうち、出産経験のある牛

個体データに登録されている母牛個体識別情報と肉用種めすの個体識別番号を照合させ、照合した飼養頭数を集計した。

③　肥育用牛

個体データの１歳以上の肉用種おすの飼養頭数に、個体データでは把握できない１歳以上の肉用種おす以外の肥育用牛の飼養頭数を加えて集計した。

個体データでは把握できない１歳以上の肉用種おす以外の肥育用牛飼養頭数の推計方法は、ⅰからⅴまでの手順による。

ⅰ　畜産統計調査（過去データ）を用いて次の（ⅰ）から（ⅲ）までの飼養頭数を集計した。

（ⅰ）　畜産統計調査の子取り用めす牛飼養頭数から個体データの出産経験のある肉用種めすの飼養頭数を差し引いた飼養頭数

（ⅱ）　畜産統計調査の肥育用牛飼養頭数から個体データの１歳以上の肉用種おすの飼養頭数を差し引いた飼養頭数

（ⅲ）　畜産統計調査の育成牛の飼養頭数

ⅱ　ⅰ（ⅰ）から（ⅲ）までの飼養頭数を合算して、個体データでは把握できない飼養頭数を算出した。

ⅲ　ⅰ（ⅱ）の飼養頭数をⅱの飼養頭数で除して「１歳以上の肉用種おす以外の肥育用牛飼養頭数割合」を算出した。

ⅳ　個体データを用いて、肉用種の飼養頭数から出産経験のある肉用種めすの飼養頭数及び１歳以上の肉用種おすの飼養頭数を差し引いて、個体データでは把握できない飼養頭数を算出した。

ⅴ　ⅳの飼養頭数にⅲの割合を乗じて「個体データでは把握できない１歳以上の肉用種おす以外の肥育用牛飼養頭数」を推計した。

④　育成牛

個体データの肉用種の飼養頭数から①で算出した子取り用めす牛及び③

で算出した肥育用牛の飼養頭数を差し引いて飼養頭数を推計した。

  c　乳用種

　　個体データの乳用種おす及び交雑種の飼養頭数に、肉用目的に育成・肥育中の乳用種めすの飼養頭数を加えて集計した。

  (a)　ホルスタイン種他

　　個体データの乳用種おすの飼養頭数に、肉用目的に育成・肥育中の乳用種めすの飼養頭数を加えて集計した。

  (b)　交雑種

　　個体データの交雑種の飼養頭数を集計した。

ウ　乳用種めすの出生頭数

　個体データの出生頭数を用いて集計した。

エ　肉用牛の飼養状態別

　肉用牛飼養者の飼養状況は、個体データの情報を活用し、次の(ｱ)aからdまで及び(ｲ)aからcまでの飼養状態別に区分した。

(ｱ)　肉用種飼養

　肉用牛飼養者において、牛の飼養頭数に占める肉用種の割合が5割以上の飼養状態をいい、次に掲げるとおり細分化した。

  a　子牛生産

　　出産経験のある肉用種めすを飼っていて、1歳以上の肉用種おす又は1歳以上の出産経験のない肉用種めすを飼っていない飼養状態をいう。

  b　肥育用牛飼養

　　1歳以上の肉用種おす又は1歳以上の出産経験のない肉用種めすを飼っていて、出産経験のある肉用種めすを飼っていない飼養状態をいう。

  c　育成牛飼養

　　1歳未満の肉用種おす又は1歳未満の肉用種めすを飼っていて、出産経験のある肉用種めす、1歳以上の肉用種おす又は1歳以上の肉用種めすを飼っていない飼養状態をいう。

  d　その他の飼養

　　肉用種の子牛生産、肥育用牛飼養及び育成牛飼養以外の飼養状態をいう。

(ｲ)　乳用種飼養

　肉用牛飼養者において、牛の飼養頭数に占める肉用種の割合が5割未満の飼養状態をいい、次に掲げるとおり細分化した。

  a　育成牛飼養

　　8か月未満の乳用種おす又は8か月未満の乳用種めすを飼っていて、8か月以上の乳用種おす又は8か月以上の乳用種めすを飼っていない飼養状態をいう。

  b　肥育牛飼養

　　8か月以上の乳用種おす又は8か月以上の乳用種めすを飼っていて、8か月未満の乳用種おす又は8か月未満の乳用種めすを飼っていない飼養状態をいう。

  c　その他の飼養

　　乳用種の育成牛飼養及び肥育牛飼養以外の飼養状態をいう。

オ　飼料作物作付実面積

(ア)　乳用牛飼養者の飼料作物作付実面積

作物統計調査の飼料作物作付面積のデータ、農林業センサスの農林業経営体調査の調査票情報及び畜産統計調査（過去データ）を用いて北海道及び都府県別に推計した。

具体的な推計方法は、次のaからcまでの手順による。

a　作物統計調査の平成26年産から平成30年産までの飼料作物作付面積に、2015年農林業センサスの飼料作物作付面積に占める乳用牛経営体の作付面積割合をそれぞれ乗じ、これらの平均値を算出した。

b　畜産統計調査の乳用牛飼養者の飼料作物作付実面積の平成27年から平成31年までの平均値をaで算出した平均値で除して補正率を算出した。

c　作物統計調査の令和3年産の飼料作物作付面積に、2015年農林業センサスの飼料作物作付面積に占める乳用牛経営体の作付面積割合及びbで算出した補正率を乗じて乳用牛飼養者の飼料作物作付実面積を推計した。

(イ)　肉用牛飼養者の飼料作物作付実面積

作物統計調査の飼料作物作付面積のデータ、農林業センサスの農林業経営体調査の調査票情報及び畜産統計調査（過去データ）を用いて北海道及び都府県別に推計した。

具体的な推計方法は、次のaからcまでの手順による。

a　作物統計調査の平成26年産から平成30年産までの飼料作物作付面積に、2015年農林業センサスの飼料作物作付面積に占める肉用牛経営体の作付面積割合をそれぞれ乗じ、これらの平均値を算出した。

b　畜産統計調査の肉用牛飼養者の飼料作物作付実面積の平成27年から平成31年までの平均値を、aで算出した平均値で除して補正率を算出した。

c　作物統計調査の令和3年産の飼料作物作付面積に、2015年農林業センサスの飼料作物作付面積に占める肉用牛経営体の作付面積割合及びbで算出した補正率を乗じて肉用牛飼養者の飼料作物作付実面積を推計した。

(2)　豚、採卵鶏及びブロイラー

ア　次の方法により都道府県別の値を推定し、当該都道府県別の値の積み上げにより全国値を推定した。

(ア)　標本調査を行った一般階層にあっては以下のイの推定式を用いて、戸数については階層ごとに単純推定、頭羽数については母集団情報の頭羽数の値（母集団リストの整備の過程で把握した飼養者ごとの飼養頭羽数（出荷羽数））を補助変量とする分離比推定により推定した値に、全数調査を行った階層の調査値の合計を加えて算出した。

なお、調査の結果、標本の調査対象者の階層区分が移動していた場合であっても、標本の抽出時の階層区分を用いて推定を行った。

ただし、母集団情報の飼養頭羽数に対して調査値が極端に大きく変動している調査対象があった場合には、原則、当該調査対象をその属する階層の推定式から除

外し、調査値を単純に加算した。

　a　全数調査を行った階層において、調査不能が発生した場合は、一般階層と同様の推定方式に切り替えて実施した。

　b　調査不能となった調査対象者は集計に用いないため推定の対象外とした。

　c　調査対象者が飼養を中止していた場合は、飼養規模0頭又は0羽（飼養者としてはカウントしない）とし、推定の対象に含めた。

　d　母集団リスト戸数及び母集団リストの頭羽数には調査不能標本の分も含めた。

　e　階層において全ての標本が調査不能標本となった場合は、母集団情報及び前年の畜産統計調査の結果を用いて欠測値の補完を行った。

(イ)　特殊階層及び採卵鶏のうち種鶏は階層別の値には含めないが、全体の戸数、総頭羽数には含めて集計した。

イ　都道府県別の標本調査階層の推定式は次のとおりである。ただし、計算式の頭羽数については、採卵鶏調査は飼養羽数を、ブロイラー調査は出荷羽数を適用した。

(ア)　戸数

$$\hat{M} = \sum_{i=1}^{L} \frac{N_i}{n_i} \sum_{j=1}^{n_i} x_{ij}$$

(イ)　頭羽数

$$\hat{T} = \sum_{i=1}^{L} \frac{\sum_{j=1}^{n_i} x_{ij}}{\sum_{j=1}^{n_i} y_{ij}} T_{y_i}$$

上記の計算式に用いた記号は次のとおり。

L　：標本調査階層の階層の数
i　：階層を表す添字
j　：標本の調査対象者を表す添字
N_i　：第i階層の大きさ
n_i　：第i階層の調査対象数
x_{ij}　：第i階層のj番目の調査対象者の調査値
y_{ij}　：第i階層のj番目の調査対象者のy（母集団情報の頭羽数）の値
$\hat{M}$　：都道府県全体の飼養戸数又は出荷戸数の推定値
$\hat{T}$　：都道府県全体のx（調査項目）の推定値
T_{y_i}　：第i階層のy（母集団情報の頭羽数）の総計

12 実績精度（全国）

　豚調査、採卵鶏調査及びブロイラー調査における総飼養頭数、総飼養羽数及び総出荷羽数についての実績精度を標準誤差率（標準誤差の推定値÷総飼養頭数、総飼養羽数又は総出荷羽数の推定値×100）により示すと、次のとおりである。

調　査　名	項　　目	標準誤差率
豚　　調　　査	総飼養頭数	1.0％
採　卵　鶏　調　査	総飼養羽数	0.8％
ブロイラー調査	総出荷羽数	1.8％

13　用語の定義・約束

　(1)　乳用牛及び肉用牛
　　　ア　乳用牛

乳　用　牛	搾乳を目的として飼養している牛及び将来搾乳牛に仕立てる目的で飼養している子牛をいう。したがって、本統計の対象はめすのみとし、交配するための同種のおすは除いた。 　乳用牛、肉用牛の区分は、品種区分ではなく、利用目的によることとし、めすの未経産牛を肉用目的に肥育しているものは肉用牛とした。 　ただし、搾乳の経験のある牛を肉用に肥育（例えば老廃牛の肥育）中のものは肉用牛とせず乳用牛とした。 　これは、と畜前の短期間の肥育が一般的であり、本来の肉用牛の生産と性格を異にしていること、及び1頭の牛が乳用牛と肉用牛に2度カウントされることを防ぐためである。
成　　畜	満2歳以上の牛をいう。 　ただし、2歳未満であっても既に分べんの経験のある牛は、成畜に含めた。
経　産　牛	分べん経験のある牛をいい、搾乳牛と乾乳牛とに分けられる。
搾　乳　牛	経産牛のうち、搾乳中の牛をいう。
乾　乳　牛	経産牛のうち、搾乳していない牛をいう。
未　経　産　牛	出生してから、初めて分べんするまでの牛をいう。
月別経産牛頭数	各月1日現在毎の、経産牛（搾乳牛・乾乳牛）の頭数をいう。
出　生　頭　数	生きて生まれた子牛の頭数をいう。

　　　イ　肉用牛

肉　用　牛	肉用を目的として飼養している牛をいう（種おす、子取り用めす牛を含む。）。 　肉用牛、乳用牛の区分は、品種区分ではなく、利用目的によって区分することとし、乳用種のおすばかりでなく、めすの未経産牛も肥育を目的として飼養している場合は肉用牛とした。

肉用種の肥育用牛	黒毛和種、褐毛（あか毛）和種、無角和種、日本短角種等の和牛のほか、外国系統牛の肉専用種を肉牛として販売することを目的に飼養している牛（種おすを含む。）をいう。 　なお、子取り用めす牛を除き、ほ乳・育成期間の牛においては、もと牛として出荷する予定のものは含めないが、引き続き自家で肥育する予定のものは含めた。
肉用種の子取り用めす牛	子牛を生産することを目的として飼養している肉専用種のめす牛をいう。
肉用種の育成牛	もと牛として出荷する予定の肉専用種の牛をいう。
乳　用　種	ホルスタイン種、ジャージー種等の乳用種のうち、肉用を目的として飼養している牛をいう。
ホルスタイン種他	交雑種を除く乳用種のおす牛及び未経産のめす牛をいう。
交　雑　種	乳用種のめす牛に和牛等の肉専用種のおす牛を交配し生産されたＦ１牛・Ｆ１クロス牛をいう。

ウ　乳用牛及び肉用牛共通

飼料作物作付実面積	乳用牛又は肉用牛飼養者が、家畜の飼料にする目的で、飼料作物（牧草を含む。）を作付けした田と畑の作付実面積をいう。

(2)　豚、採卵鶏及びブロイラー

ア　豚

豚	肉用を目的として飼養している豚をいう。
肥　育　豚	自家で肥育して肉豚として販売することを目的として飼養している豚をいい、肥育用のもと豚として販売するものは含めない。
子取り用めす豚	生後６か月以上で子豚を生産することを目的として飼養しているめす豚をいい、過去に種付けしたことのある豚及び近い将来種付けすることが確定している豚をいう。
種　お　す　豚	生後６か月以上で種付けに供することを目的として飼養しているおす豚をいい、過去に種付けに供したことのある豚及び近い将来種付けすることが確定している豚をいう。
そ　の　他	肥育豚、子取り用めす豚及び種おす豚以外の豚をいう。また、肥育用のもと豚として販売する場合はここに含めた。
経　営　タ　イ　プ	調査時点における豚飼養者（学校、試験場等の非営利的な飼養者を除く。以下同じ。）の主な経営形態によって、次の経営タイプのいずれかに分類した。
子　取　り　経　営	過去１年間に養豚による販売額の７割以上が子豚の販売による経営をいう。

肥 育 経 営	子取り経営以外のもので、肥育用もと豚に占める自家生産子豚の割合が7割未満の経営をいう。
一 貫 経 営	子取り経営以外のもので、肥育用もと豚に占める自家生産子豚の割合が7割以上の経営をいう。
経 営 組 織	調査時点における豚飼養者の主な経営形態によって、次のいずれかに分類した。
農 家	調査期日現在で、経営耕地面積が10a以上の農業を営む世帯又は経営耕地面積が10a未満であっても、調査期日前1年間における農産物の販売金額が15万円以上あった世帯をいう。
会 社	会社法（平成17年法律第86号）に定める株式会社（会社法施行に伴う関係法律の整備等に関する法律（平成17年法律第87号）に定める特例有限会社を含む。）、合資会社、合名会社又は合同会社をいう。 　ただし、1戸1法人（農家とみなす。）及び協業経営は除いた。
そ の 他	協業経営の場合又は農協が経営している場合をいう（学校、試験場等の非営利的な飼養者は除いた。）。

イ　採卵鶏

採 卵 鶏	鶏卵を生産することを目的として飼養している鶏をいう。
飼 養 羽 数	2月1日現在で鶏卵を生産する目的で飼養している鶏の飼養羽数をいう。
成 鶏	ふ化後6か月齢以上のめすの鶏をいう。ただし、種鶏の成鶏めすは除いた。
ひ な	ふ化後6か月齢未満のめすの鶏をいい、産卵しても6か月齢未満の鶏はここに含めた。ただし、種鶏のひなは除いた。
種 鶏	採卵用のひなの生産を目的として、種卵採取を行うための鶏をいい、おすは含めた。

ウ　ブロイラー

ブ ロ イ ラ ー	当初から「食用」に供する目的で飼養し、ふ化後3か月未満で肉用として出荷する鶏をいう。肉用目的で飼養している鶏であれば、「肉用種」「卵用種」の種類を問わないが、採卵鶏の廃鶏は含めない。 　なお、ふ化後3か月未満で肉用として出荷する鶏であれば、地鶏及び銘柄鶏もここに含めた。 　この場合の「地鶏」とは特定JAS規格の認定を受けた鶏（ふ化後75日以上で出荷）を、「銘柄鶏」とは一般社団法人日本食鳥協会の定義により出荷時に「銘柄鶏」の表示がされる鶏をいう。
出 荷 羽 数	前年の2月2日から本年の2月1日までの1年間に出荷した羽数をいう。2月1日現在で飼養を休止し、又は中止している場

	合でも、年間3,000羽以上出荷した場合は、その飼養者の出荷羽数を含めた。
飼 養 羽 数	2月1日現在で飼養している鶏のうち、ふ化後3か月未満で出荷予定の鶏の飼養羽数をいう。

14 利用上の注意

(1) 統計表に掲載した全国農業地域・地方農政局の区分は、次のとおりである。

ア 全国農業地域

全国農業地域名	所 属 都 道 府 県 名
北 海 道	北海道
東 北	青森、岩手、宮城、秋田、山形、福島
北 陸	新潟、富山、石川、福井
関 東 ・ 東 山	茨城、栃木、群馬、埼玉、千葉、東京、神奈川、山梨、長野
東 海	岐阜、静岡、愛知、三重
近 畿	滋賀、京都、大阪、兵庫、奈良、和歌山
中 国	鳥取、島根、岡山、広島、山口
四 国	徳島、香川、愛媛、高知
九 州	福岡、佐賀、長崎、熊本、大分、宮崎、鹿児島
沖 縄	沖縄

イ 地方農政局

地方農政局名	所 属 都 道 府 県 名
東 北 農 政 局	アの東北の所属都道府県と同じ。
北 陸 農 政 局	アの北陸の所属都道府県と同じ。
関 東 農 政 局	茨城、栃木、群馬、埼玉、千葉、東京、神奈川、山梨、長野、静岡
東 海 農 政 局	岐阜、愛知、三重
近 畿 農 政 局	アの近畿の所属都道府県と同じ。
中 国 四 国 農 政 局	鳥取、島根、岡山、広島、山口、徳島、香川、愛媛、高知
九 州 農 政 局	アの九州の所属都道府県と同じ。

注: 東北農政局、北陸農政局、近畿農政局及び九州農政局の結果については、当該農業地域の結果と同じであることから、統計表章はしていない。

(2) 統計表に用いた記号は、次のとおりである。

「0」：1～4頭を四捨五入したもの（例：4頭→0頭）

「－」：事実のないもの

「…」：事実不詳又は調査を欠くもの

「‥」：未発表のもの

「x」：個人又は法人その他の団体に関する秘密を保護するため、統計数値を公表しないもの

「nc」：計算不能

(3) 秘匿措置について

統計結果について、飼養戸数が2以下の場合には当該結果の秘密保護の観点から、該当結果を「x」表示とする秘匿措置を講じた。

　なお、全体（計）から差引きにより、秘匿措置を講じた当該結果が推定できる場合には、本来秘匿措置を講じる必要がない箇所についても「ｘ」表示としている。

　また、(4)により四捨五入をしている場合は、差引きによっても推定できないため、秘匿措置を講じる箇所のみ「ｘ」表示としている場合もある。

(4)　数値の四捨五入について

　統計数値は、次の方法により四捨五入をしている。したがって、合計値と内訳の計は一致しない場合がある。

ア　戸数

　3桁以下の数値を原数表示することとし、4桁以上の数値については次の方法により四捨五入を行った。

原数		7桁以上 (100万)	6桁 (10万)	5桁 (万)	4桁 (1,000)	3桁 (100)	2桁 (10)	1桁 (1)
四捨五入する桁 （下から）		3桁	2桁		1桁	四捨五入しない		
例	四捨五入する前 （原数）	1,234,567	123,456	12,345	1,234	123	12	1
	四捨五入した数値 （統計数値）	1,235,000	123,500	12,300	1,230	123	12	1

イ　頭数及び面積

　次の方法により四捨五入を行った。

原数		7桁以上 (100万)	6桁 (10万)	5桁 (万)	4桁 (1,000)	3桁 (100)	2桁 (10)	1桁 (1)
四捨五入する桁 （下から）		3桁	2桁		1桁			
例	四捨五入する前 （原数）	1,234,567	123,456	12,345	1,234	123	12	1
	四捨五入した数値 （統計数値）	1,235,000	123,500	12,300	1,230	120	10	0

ウ　羽数

　表示単位（千羽）未満の桁について四捨五入を行った。

(5)　豚、採卵鶏及びブロイラーに関する統計表の規模別、経営タイプ別、経営組織別戸数及び頭羽数については、学校、試験場等の非営利的な飼養者を除いた。

(6)　本統計の累年データは、農林水産省ホームページ「統計情報」の分野別分類「作付面積・生産量、被害、家畜の頭数など」、品目別分類「畜産」の「畜産統計調査」で御覧いただけます。

【 https://www.maff.go.jp/j/tokei/kouhyou/tikusan/index.html#r 】

(7)　この統計表に掲載された数値を他に転載する場合は、「畜産統計」（農林水産省）に

よる旨を記載してください。

15　お問合せ先

農林水産省　大臣官房統計部　生産流通消費統計課　畜産・木材統計班

電話：（代表）03-3502-8111（内線 3686）

　　　（直通）03-3502-5665

FAX：03-5511-8771

※　本調査に関するご意見・ご要望は、上記問合せ先のほか、農林水産省ホームページで
　受け付けております。

　【 https://www.contactus.maff.go.jp/j/form/tokei/kikaku/160815.html 】

Ⅰ　調査（統計）結果の概要

1　乳用牛

（1）　飼養戸数・頭数

　　令和4年2月1日現在（以下「令和4年」という。）の乳用牛の全国の飼養戸数は1万3,300戸で、前年に比べ500戸（3.6%）減少した。

　　飼養頭数は137万1,000頭で、前年に比べ1万5,000頭（1.1%）増加した。

　　飼養頭数の内訳をみると、経産牛は86万1,700頭で、前年に比べ1万2,400頭（1.5%）増加した。また、未経産牛は50万9,500頭で、前年に比べ3,000頭（0.6%）増加した。

　　なお、1戸当たり飼養頭数は103.1頭となった。

図1　乳用牛の飼養戸数・頭数の推移

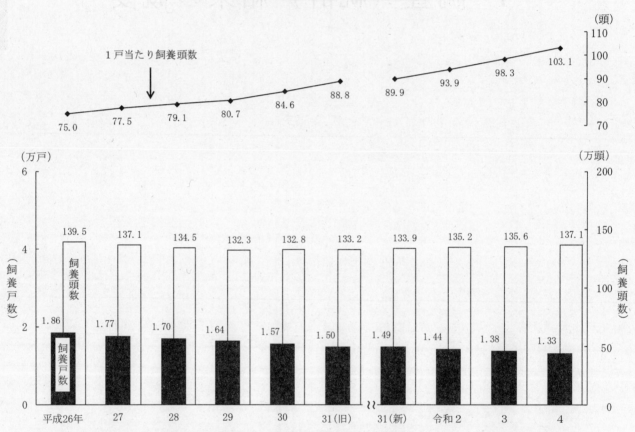

注：1　令和2年以降は、牛個体識別全国データベース等の行政記録情報及び関係統計を用いて集計した加工統計である
　　　（以下の図において同じ。）。また、平成31年（新）は、牛個体識別全国データベース等の行政記録情報及び関係
　　　統計を用いた令和2年と同様の集計方法により作成した参考値である（以下図4において同じ。）。
　　2　平成26年から平成31年（旧）までは、畜産統計調査である（以下図4において同じ。）。

表1　乳用牛の飼養戸数・頭数

区　　分	飼養戸数	飼養頭数					1戸当たり飼養頭数
		計	経　産　牛			未経産牛	
			小　計	搾乳牛	乾乳牛		
	戸	千頭	千頭	千頭	千頭	千頭	頭
実　　数							
令和3年	13,800	1,356.0	849.3	726.0	123.3	506.5	98.3
4	13,300	1,371.0	861.7	736.5	125.2	509.5	103.1
対前年比（%）							
4／3	96.4	101.1	101.5	101.4	101.5	100.6	1) 4.8
構　成　比（%）							
令和3年	－	100.0	62.6	53.5	9.1	37.4	－
4	－	100.0	62.9	53.7	9.1	37.2	－

注：　数値については、表示単位未満を四捨五入したため、合計値と内訳の計が一致しない場合がある（四捨五入の方法については、
　　「利用者のために」参照。以下同じ。）。
　　1)は対前年差である。

(2) 全国農業地域別飼養戸数・頭数

　　全国農業地域別にみると、乳用牛の飼養戸数は、前年に比べ沖縄で増加したが、これ以外の地域では減少した。

　　飼養頭数は、前年に比べ北海道、関東・東山及び中国で増加したほか、北陸及び四国で前年並みとなったが、これら以外の地域では減少した。

　　なお、地域別の飼養頭数割合は、北海道が全国の約6割を占めている。

図2　乳用牛の全国農業地域別飼養戸数・頭数

－飼養戸数－

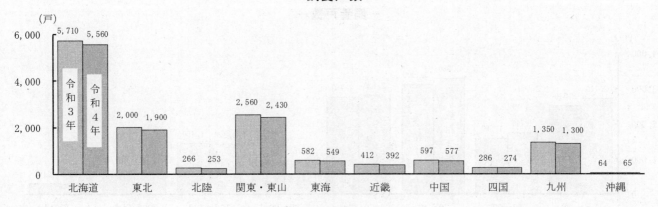

－飼養頭数－

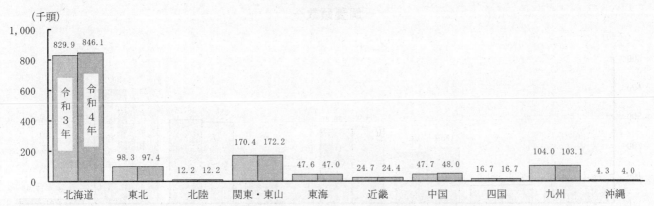

表2　乳用牛の全国農業地域別飼養戸数・頭数

区　分	単位	全　国	北海道	東　北	北　陸	関東・東山	東　海	近　畿	中　国	四　国	九　州	沖　縄
飼養戸数												
実数　令和3年	戸	13,800	5,710	2,000	266	2,560	582	412	597	286	1,350	64
4	〃	13,300	5,560	1,900	253	2,430	549	392	577	274	1,300	65
対前年比　4／3	%	96.4	97.4	95.0	95.1	94.9	94.3	95.1	96.6	95.8	96.3	101.6
全国割合　令和3年	〃	100.0	41.4	14.5	1.9	18.6	4.2	3.0	4.3	2.1	9.8	0.5
4	〃	100.0	41.8	14.3	1.9	18.3	4.1	2.9	4.3	2.1	9.8	0.5
飼養頭数												
実数　令和3年	千頭	1,356.0	829.9	98.3	12.2	170.4	47.6	24.7	47.7	16.7	104.0	4.3
4	〃	1,371.0	846.1	97.4	12.2	172.2	47.0	24.4	48.0	16.7	103.1	4.0
対前年比　4／3	%	101.1	102.0	99.1	100.0	101.1	98.7	98.8	100.6	100.0	99.1	93.7
全国割合　令和3年	〃	100.0	61.2	7.2	0.9	12.6	3.5	1.8	3.5	1.2	7.7	0.3
4	〃	100.0	61.7	7.1	0.9	12.6	3.4	1.8	3.5	1.2	7.5	0.3

注：沖縄の飼養頭数の対前年比は、小数第2位までの実数をもとに算出している。

24

(3) 成畜飼養頭数規模別飼養戸数・頭数

　　成畜飼養頭数規模別にみると、飼養戸数は、前年に比べ「100～199頭」及び「200頭以上」の
階層で増加したが、これら以外の階層で減少した。

　　飼養頭数は、前年に比べ「100～199頭」及び「200頭以上」の階層で増加したほか、「1～19
頭」の階層で前年並みとなったが、これら以外の階層では減少した。

　　なお、成畜飼養頭数規模別の飼養頭数割合は、「100～199頭」及び「200頭以上」の階層で全
体の約5割を占めている。

図3　乳用牛の成畜飼養頭数規模別飼養戸数・頭数

－飼養戸数－

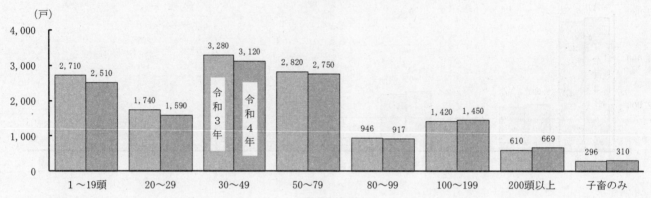

－飼養頭数－

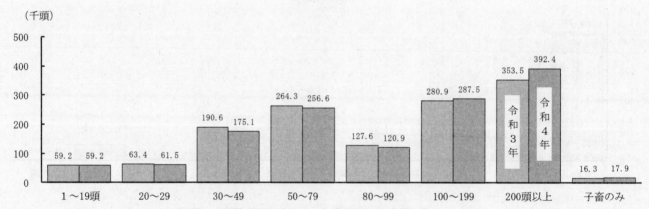

表3　乳用牛の成畜飼養頭数規模別飼養戸数・頭数

区　分	単位	計	成畜飼養頭数規模									子畜のみ
			小計	1～19頭	20～29	30～49	50～79	80～99	100～199	200頭以上	300頭以上	
飼養戸数												
実数　令和3年	戸	13,800	13,500	2,710	1,740	3,280	2,820	946	1,420	610	316	296
4	〃	13,300	13,000	2,510	1,590	3,120	2,750	917	1,450	669	348	310
対前年比　4／3	%	96.4	96.3	92.6	91.4	95.1	97.5	96.9	102.1	109.7	110.1	104.7
構成比　令和3年	〃	100.0	97.8	19.6	12.6	23.8	20.4	6.9	10.3	4.4	2.3	2.1
4	〃	100.0	97.7	18.9	12.0	23.5	20.7	6.9	10.9	5.0	2.6	2.3
飼養頭数												
実数　令和3年	千頭	1,356.0	1,339.0	59.2	63.4	190.6	264.3	127.6	280.9	353.5	254.0	16.3
4	〃	1,371.0	1,353.0	59.2	61.5	175.1	256.6	120.9	287.5	392.4	281.1	17.9
対前年比　4／3	%	101.1	101.0	100.0	97.0	91.9	97.1	94.7	102.3	111.0	110.7	109.8
構成比　令和3年	〃	100.0	98.7	4.4	4.7	14.1	19.5	9.4	20.7	26.1	18.7	1.2
4	〃	100.0	98.7	4.3	4.5	12.8	18.7	8.8	21.0	28.6	20.5	1.3

注：飼養頭数は、飼養者が飼養している全ての乳用牛（成畜及び子畜）の頭数である。

2 肉用牛

(1) 飼養戸数・頭数

　令和4年の肉用牛の全国の飼養戸数は4万400戸で、前年に比べ1,700戸（4.0%）減少した。

　飼養頭数は261万4,000頭で、前年に比べ9,000頭（0.3%）増加した。

　飼養頭数の内訳をみると、肉用種は181万2,000頭で、前年に比べ1万7,000頭（0.9%）減少した。このうち、子取り用めす牛は63万6,800頭で、前年に比べ4,000頭（0.6%）増加し、肥育用牛は79万8,300頭で、前年に比べ1,100頭（0.1%）減少した。

　また、乳用種は80万2,200頭で、前年に比べ2万6,400頭（3.4%）増加した。このうち、ホルスタイン種他は24万6,900頭で、前年に比べ3,100頭（1.2%）減少し、交雑種は55万5,300頭で、前年に比べ2万9,600頭（5.6%）増加した。

　なお、1戸当たり飼養頭数は64.7頭となった。

図4　肉用牛の飼養戸数・頭数の推移

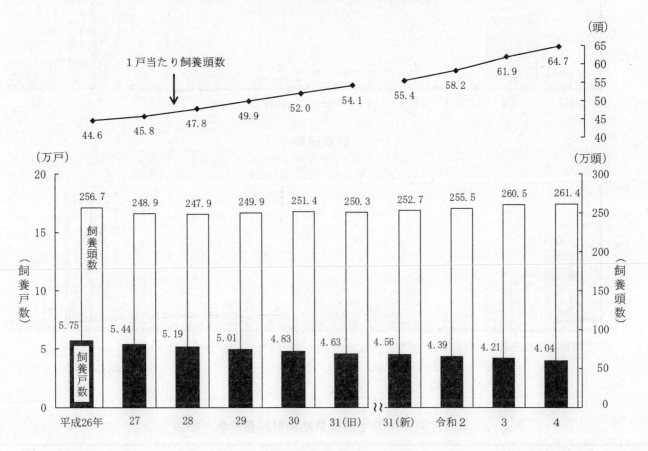

表4　肉用牛の飼養戸数・頭数

区　　分	飼養戸数	飼　養　頭　数							1戸当たり飼養頭数
		計	肉用種			乳　用　種			
				子取り用めす牛	肥育用牛	小　計	ホルスタイン種他	交雑種	
	戸	千頭	千頭	千頭	千頭	千頭	千頭	千頭	頭
実　数									
令和3年	42,100	2,605.0	1,829.0	632.8	799.4	775.8	250.0	525.7	61.9
4	40,400	2,614.0	1,812.0	636.8	798.3	802.2	246.9	555.3	64.7
対前年比（%）									
4／3	96.0	100.3	99.1	100.6	99.9	103.4	98.8	105.6	1) 2.8
構　成　比（%）									
令和3年	－	100.0	70.2	24.3	30.7	29.8	9.6	20.2	－
4	－	100.0	69.3	24.4	30.5	30.7	9.4	21.2	－

注：1)は対前年差である。

(2) 全国農業地域別飼養戸数・頭数

　　全国農業地域別にみると、肉用牛の飼養戸数は、前年に比べ全ての地域で減少した。

　　飼養頭数は、前年に比べ東北、北陸、九州及び沖縄で減少したが、これら以外の地域では増加した。

　　なお、地域別の飼養頭数割合は、九州が全国の約4割を占めている。

図5　肉用牛の全国農業地域別飼養戸数・頭数

－飼養戸数－

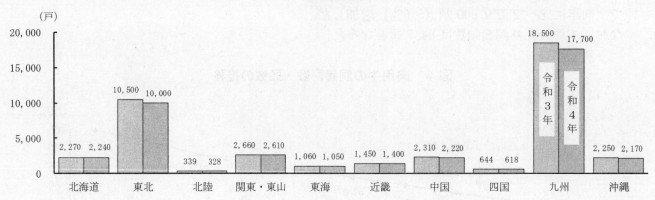

－飼養頭数－

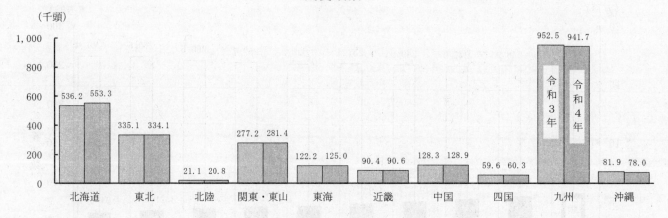

表5　肉用牛の全国農業地域別飼養戸数・頭数

区　分	単位	全　国	北海道	東　北	北　陸	関　東・東　山	東　海	近　畿	中　国	四　国	九　州	沖　縄
飼　養　戸　数												
実　　数　令和 3 年	戸	42,100	2,270	10,500	339	2,660	1,060	1,450	2,310	644	18,500	2,250
4	〃	40,400	2,240	10,000	328	2,610	1,050	1,400	2,220	618	17,700	2,170
対 前 年 比　4／3	％	96.0	98.7	95.2	96.8	98.1	99.1	96.6	96.1	96.0	95.7	96.4
全 国 割 合 令和 3 年	〃	100.0	5.4	24.9	0.8	6.3	2.5	3.4	5.5	1.5	43.9	5.3
4	〃	100.0	5.5	24.8	0.8	6.5	2.6	3.5	5.5	1.5	43.8	5.4
飼　養　頭　数												
実　　数　令和 3 年	千頭	2,605.0	536.2	335.1	21.1	277.2	122.2	90.4	128.3	59.6	952.5	81.9
4	〃	2,614.0	553.3	334.1	20.8	281.4	125.0	90.6	128.9	60.3	941.7	78.0
対 前 年 比　4／3	％	100.3	103.2	99.7	98.6	101.5	102.3	100.2	100.5	101.2	98.9	95.2
全 国 割 合 令和 3 年	〃	100.0	20.6	12.9	0.8	10.6	4.7	3.5	4.9	2.3	36.6	3.1
4	〃	100.0	21.2	12.8	0.8	10.8	4.8	3.5	4.9	2.3	36.0	3.0

(3) 総飼養頭数規模別飼養戸数・頭数
　ア　総飼養頭数規模別飼養戸数・頭数
　　総飼養頭数規模別にみると、飼養戸数は、前年に比べ「100～199頭」、「200～499頭」及び
　「500頭以上」の階層で増加したが、これら以外の階層で減少した。
　　飼養頭数は、前年に比べ「500頭以上」の階層で増加したが、これ以外の階層では減少した。
　　なお、総飼養頭数規模別の飼養頭数割合は、「500 頭以上」の階層が全体の約4割を占めて
　いる。

図6　肉用牛の総飼養頭数規模別飼養戸数・頭数

－飼養戸数－

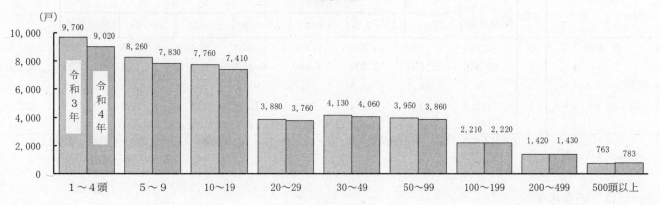

－飼養頭数－

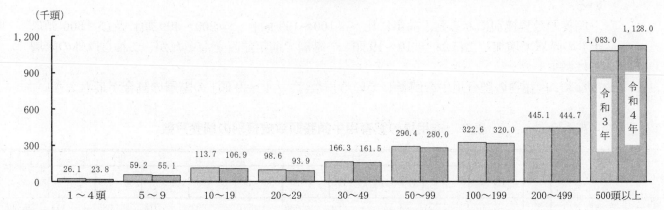

表6　肉用牛の総飼養頭数規模別飼養戸数・頭数

区　　分	単位	総　飼　養　頭　数　規　模								
		計	1 ～ 4 頭	5 ～ 9	10 ～ 19	20 ～ 29	30 ～ 49	50 ～ 99	100 ～ 199	200 ～ 499	500頭以上
飼 養 戸 数										
実　　　　数 令和3年	戸	42,100	9,700	8,260	7,760	3,880	4,130	3,950	2,210	1,420	763
4	〃	40,400	9,020	7,830	7,410	3,760	4,060	3,860	2,220	1,430	783
対前年比　4／3	％	96.0	93.0	94.8	95.5	96.9	98.3	97.7	100.5	100.7	102.6
構　成　比 令和3年	〃	100.0	23.0	19.6	18.4	9.2	9.8	9.4	5.2	3.4	1.8
4	〃	100.0	22.3	19.4	18.3	9.3	10.0	9.6	5.5	3.5	1.9
飼 養 頭 数										
実　　　　数 令和3年	千頭	2,605.0	26.1	59.2	113.7	98.6	166.3	290.4	322.6	445.1	1,083.0
4	〃	2,614.0	23.8	55.1	106.9	93.9	161.5	280.0	320.0	444.7	1,128.0
対前年比　4／3	％	100.3	91.2	93.1	94.0	95.2	97.1	96.4	99.2	99.9	104.2
構　成　比 令和3年	〃	100.0	1.0	2.3	4.4	3.8	6.4	11.1	12.4	17.1	41.6
4	〃	100.0	0.9	2.1	4.1	3.6	6.2	10.7	12.2	17.0	43.2

イ　肉用種の目的別飼養頭数別飼養戸数

（ア）　子取り用めす牛

　　肉用種の子取り用めす牛を飼養している戸数は3万5,500戸で、肉用牛飼養戸数の87.9％となっている。

　　飼養頭数規模別にみると、前年に比べ「20〜49頭」、「50〜99頭」及び「100頭以上」の階層で増加したが、これら以外の階層では減少した。

　　なお、肉用種の子取り用めす牛を飼養している戸数は、「1〜4頭」の階層の割合が最も大きい。

表7　子取り用めす牛飼養頭数規模別の飼養戸数

区　　分	単位	肉用牛の飼養戸数	子 取 り 用 め す 牛 飼 養 頭 数 規 模							子取り用めす牛なし
			計	1〜4頭	5〜9	10〜19	20〜49	50〜99	100頭以上	
実　　数　令和3年	戸	42,100	36,900	14,500	8,330	6,670	5,460	1,470	549	5,130
4	〃	40,400	35,500	13,400	7,960	6,520	5,510	1,520	583	4,850
対 前 年 比　4／3	％	96.0	96.2	92.4	95.6	97.8	100.9	103.4	106.2	94.5
構 成 比　令和3年	〃	100.0	87.6	34.4	19.8	15.8	13.0	3.5	1.3	12.2
4	〃	100.0	87.9	33.2	19.7	16.1	13.6	3.8	1.4	12.0

注：　この統計表の子取り用めす牛飼養頭数規模は、牛個体識別全国データベースにおいて出産経験のある肉用種めすの頭数を階層として区分したものである。

（イ）　肥育用牛

　　肉用種の肥育用牛を飼養している戸数は6,660戸で、肉用牛飼養戸数の16.5％となっている。

　　飼養頭数規模別にみると、前年に比べ「100〜199頭」、「200〜499頭」及び「500頭以上」の階層で増加したほか、「10〜19頭」の階層で前年並みとなったが、これら以外の階層では減少した。

　　なお、肉用種の肥育用牛を飼養している戸数は、「1〜9頭」の階層の割合が最も大きい。

表8　肉用種の肥育用牛飼養頭数規模別の飼養戸数

区　　分	単位	肉用牛の飼養戸数	肥 育 用 牛 飼 養 頭 数 規 模									肥育用牛なし
			計	1〜9頭	10〜19	20〜29	30〜49	50〜99	100〜199	200〜499	500頭以上	
実　　数　令和3年	戸	42,100	6,790	3,550	660	435	537	692	515	285	114	35,300
4	〃	40,400	6,660	3,470	660	399	530	651	529	294	129	33,700
対 前 年 比　4／3	％	96.0	98.1	97.7	100.0	91.7	98.7	94.1	102.7	103.2	113.2	95.5
構 成 比　令和3年	〃	100.0	16.1	8.4	1.6	1.0	1.3	1.6	1.2	0.7	0.3	83.8
4	〃	100.0	16.5	8.6	1.6	1.0	1.3	1.6	1.3	0.7	0.3	83.4

注：　この統計表の肉用種の肥育用牛飼養頭数規模は、牛個体識別全国データベースにおいて1歳以上の肉用種おすの頭数を階層として区分したものである。

ウ　乳用種の飼養頭数規模別飼養戸数

　　肉用の乳用種を飼養している戸数は4,270戸で、肉用牛飼養戸数の10.6%となっている。

　　飼養頭数規模別にみると、前年に比べ「5～19頭」、「100～199頭」、「200～499頭」及び
「500頭以上」の階層で増加したが、これら以外の階層では減少した。

　　なお、肉用の乳用種を飼養している戸数は、「1～4頭」の階層の割合が最も大きい。

表9　乳用種飼養頭数規模別の飼養戸数

| 区　分 | 単位 | 肉用牛の飼養戸数 | 乳　用　種　飼　養　頭　数　規　模 | | | | | | | | | 乳用種なし |
			計	1～4頭	5～19	20～29	30～49	50～99	100～199	200～499	500頭以上	
実　数　令和3年	戸	42,100	4,390	1,730	767	187	200	308	386	442	364	37,700
4	〃	40,400	4,270	1,660	772	165	182	287	389	446	370	36,100
対前年比　4／3	%	96.0	97.3	96.0	100.7	88.2	91.0	93.2	100.8	100.9	101.6	95.8
構成比　令和3年	〃	100.0	10.4	4.1	1.8	0.4	0.5	0.7	0.9	1.0	0.9	89.5
4	〃	100.0	10.6	4.1	1.9	0.4	0.5	0.7	1.0	1.1	0.9	89.4

3 豚
（1）飼養戸数・頭数

　　令和4年の豚の全国の飼養戸数は3,590戸で、前年に比べ260戸（6.8%）減少した。

　　飼養頭数は894万9,000頭で、前年に比べ34万1,000頭（3.7%）減少した。

　　飼養頭数の内訳をみると、子取り用めす豚は78万9,100頭で、前年に比べ3万4,100頭（4.1
%）減少し、肥育豚は751万5,000頭で、前年に比べ16万1,000頭（2.1%）減少した。

　　なお、1戸当たり飼養頭数は2,492.8頭となった。

図7　豚の飼養戸数・頭数の推移

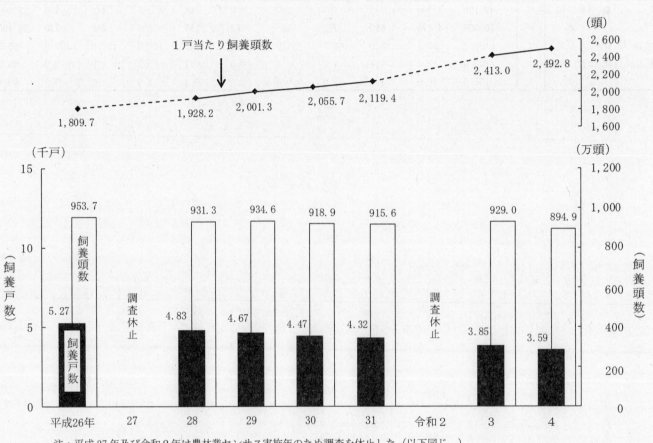

注：平成27年及び令和2年は農林業センサス実施年のため調査を休止した（以下同じ。）。

表10　豚の飼養戸数・頭数

区　　　分	飼養戸数	子取り用めす豚のいる戸数	飼養頭数					1戸当たり飼養頭数	子取り用めす豚
			計	子取り用めす豚	種おす豚	肥育豚	その他		
	戸	戸	千頭	千頭	千頭	千頭	千頭	頭	頭
実　　数									
令和3年	3,850	3,040	9,290.0	823.2	32.0	7,676.0	758.8	2,413.0	270.8
4	3,590	2,750	8,949.0	789.1	30.0	7,515.0	615.4	2,492.8	286.9
対前年比（%）									
4／3	93.2	90.5	96.3	95.9	93.8	97.9	81.1	1) 79.8	1) 16.1
構　成　比（%）									
令和3年	100.0	79.0	100.0	8.9	0.3	82.6	8.2	―	―
4	100.0	76.6	100.0	8.8	0.3	84.0	6.9	―	―

注：1)は対前年差である。

(2) 全国農業地域別飼養戸数・頭数

　全国農業地域別にみると、豚の飼養戸数は、前年に比べ北海道及び四国で増加したが、これら以外の地域では減少した。

　飼養頭数は、前年に比べ北海道、東海、中国及び沖縄で増加したが、これら以外の地域では減少した。

　なお、地域別の飼養頭数割合は、関東・東山及び九州で全国の約6割を占めている。

図8　豚の全国農業地域別飼養戸数・頭数

－飼養戸数－

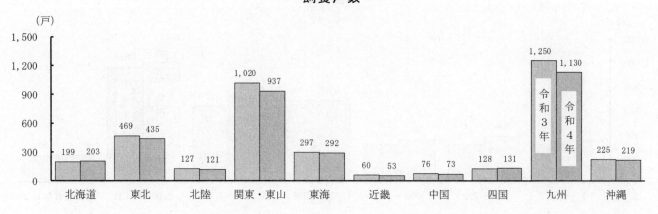

－飼養頭数－

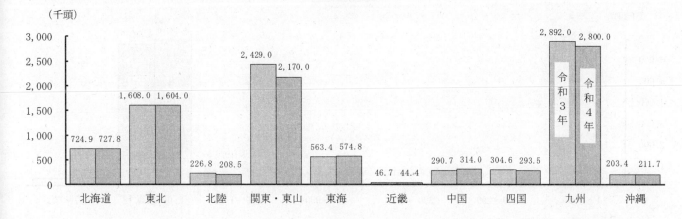

表11　豚の全国農業地域別飼養戸数・頭数

		単位	全　国	北 海 道	東　北	北　陸	関　東・東　山	東　海	近　畿	中　国	四　国	九　州	沖　縄
飼 養 戸 数													
実　　数 令和 3 年		戸	3,850	199	469	127	1,020	297	60	76	128	1,250	225
	4	〃	3,590	203	435	121	937	292	53	73	131	1,130	219
対 前 年 比 　 4／3		％	93.2	102.0	92.8	95.3	91.9	98.3	88.3	96.1	102.3	90.4	97.3
全 国 割 合 令和 3 年		〃	100.0	5.2	12.2	3.3	26.5	7.7	1.6	2.0	3.3	32.5	5.8
	4	〃	100.0	5.7	12.1	3.4	26.1	8.1	1.5	2.0	3.6	31.5	6.1
飼 養 頭 数													
実　　数 令和 3 年		千頭	9,290.0	724.9	1,608.0	226.8	2,429.0	563.4	46.7	290.7	304.6	2,892.0	203.4
	4	〃	8,949.0	727.8	1,604.0	208.5	2,170.0	574.8	44.4	314.0	293.5	2,800.0	211.7
対 前 年 比 　 4／3		％	96.3	100.4	99.8	91.9	89.3	102.0	95.1	108.0	96.4	96.8	104.1
全 国 割 合 令和 3 年		〃	100.0	7.8	17.3	2.4	26.1	6.1	0.5	3.1	3.3	31.1	2.2
	4	〃	100.0	8.1	17.9	2.3	24.2	6.4	0.5	3.5	3.3	31.3	2.4

(3) 肥育豚の飼養頭数規模別飼養戸数・頭数

肥育豚の飼養頭数規模別（学校、試験場等の非営利的な飼養者は含まない。）にみると、飼養戸数及び飼養頭数は、いずれも前年に比べ「500～999頭」の階層で増加したが、これ以外の階層で減少した。

なお、肥育豚の飼養頭数規模別の飼養頭数割合は、「2,000頭以上」の階層が全体の約8割を占めている。

図9　肥育豚の飼養頭数規模別飼養戸数・頭数

－飼養戸数－

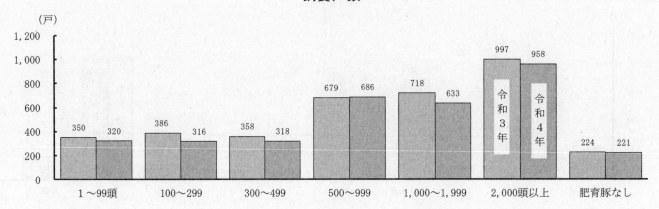

－飼養頭数－

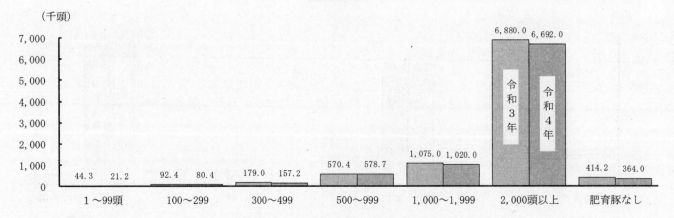

表12　肥育豚の飼養頭数規模別飼養戸数・頭数

| 区　分 | 単位 | 計 | 肥　育　豚　飼　養　頭　数　規　模 | | | | | | | | 肥育豚なし |
			小　計	1～99頭	100～299	300～499	500～999	1,000～1,999	2,000頭以上	3,000頭以上	
飼養戸数											
実　　数　令和3年	戸	3,710	3,490	350	386	358	679	718	997	695	224
4	〃	3,450	3,230	320	316	318	686	633	958	662	221
対前年比　4／3	%	93.0	92.6	91.4	81.9	88.8	101.0	88.2	96.1	95.3	98.7
構成比　令和3年	〃	100.0	94.1	9.4	10.4	9.6	18.3	19.4	26.9	18.7	6.0
4	〃	100.0	93.6	9.3	9.2	9.2	19.9	18.3	27.8	19.2	6.4
飼養頭数											
実　　数　令和3年	千頭	9,255.0	8,841.0	44.3	92.4	179.0	570.4	1,075.0	6,880.0	6,095.0	414.2
4	〃	8,914.0	8,550.0	21.2	80.4	157.2	578.7	1,020.0	6,692.0	5,913.0	364.0
対前年比　4／3	%	96.3	96.7	47.9	87.0	87.8	101.5	94.9	97.3	97.0	87.9
構成比　令和3年	〃	100.0	95.5	0.5	1.0	1.9	6.2	11.6	74.3	65.9	4.5
4	〃	100.0	95.9	0.2	0.9	1.8	6.5	11.4	75.1	66.3	4.1

注：1　飼養頭数規模別飼養戸数・頭数には、学校、試験場等の非営利的な飼養者は含まない。
　　2　飼養頭数規模別飼養頭数は、各階層の飼養者が飼養している全ての豚（子取り用めす豚、肥育豚、種おす豚及びその他（肥育用のもと豚等）を含む。）の頭数である。

4 採卵鶏

(1) 飼養戸数・羽数

　　令和4年の採卵鶏の全国の飼養戸数は1,810戸で、前年に比べ70戸（3.7%）減少した。

　　採卵鶏の飼養羽数は1億8,266万1,000羽で、前年に比べ71万2,000羽（0.4%）減少した。

　　また、種鶏を除く飼養羽数は1億8,009万6,000羽で、前年に比べ82万2,000羽（0.5%）減少した。このうち、成鶏めす（6か月以上）の飼養羽数は1億3,729万1,000羽で、前年に比べ340万6,000羽（2.4%）減少した。

　　なお、1戸当たり成鶏めす飼養羽数は7万5,900羽となった。

図10　採卵鶏の飼養戸数及び成鶏めすの飼養羽数の推移

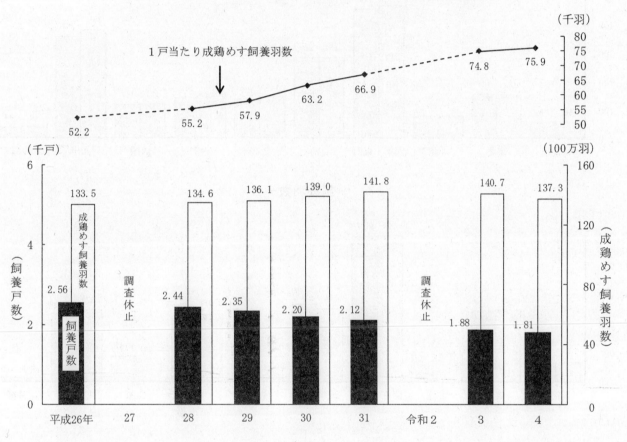

表13　採卵鶏の飼養戸数・羽数

| 区　　分 | 採卵鶏の飼養戸数 | 飼養羽数 | | | | 1戸当たり成鶏めす飼養羽数 |
		計	採卵鶏（種鶏を除く。）	成鶏めす（6か月以上）	種鶏	
	戸	千羽	千羽	千羽	千羽	千羽
実　数						
令和3年	1,880	183,373	180,918	140,697	2,455	74.8
4	1,810	182,661	180,096	137,291	2,565	75.9
対前年比（%）						
4／3	96.3	99.6	99.5	97.6	104.5	1) 1.1
構成比（%）						
令和3年	－	100.0	98.7	76.7	1.3	－
4	－	100.0	98.6	75.2	1.4	－

注：採卵鶏の飼養戸数には、種鶏のみの飼養者及び成鶏めすの飼養羽数が1,000羽未満の飼養者を含まない。
　　1)は対前年差である。

(2) 全国農業地域別飼養戸数・羽数

　　全国農業地域別にみると、採卵鶏の飼養戸数は、前年に比べ東北で増加したほか、北海道及び
北陸で前年並みとなったが、これら以外の地域では減少した。

　　飼養羽数は、前年に比べ東海、四国及び沖縄で増加したが、これら以外の地域では減少した。

　　なお、地域別の飼養羽数割合は、関東・東山が全国の約3割を占めている。

図11　採卵鶏の全国農業地域別飼養戸数・羽数

－飼養戸数－

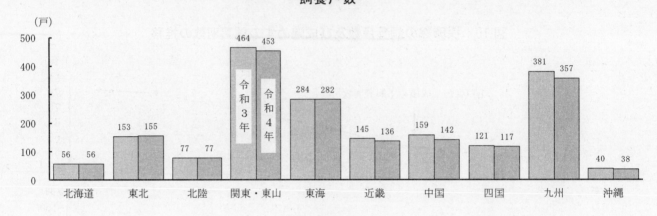

－飼養羽数－

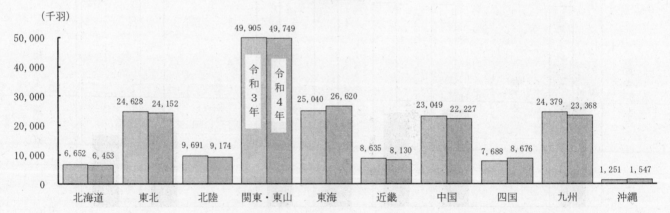

表14　採卵鶏の全国農業地域別飼養戸数・羽数

区　分		単位	全　国	北海道	東　北	北　陸	関　東・東　山	東　海	近　畿	中　国	四　国	九　州	沖　縄
飼　養　戸　数													
実　　数	令和3年	戸	1,880	56	153	77	464	284	145	159	121	381	40
	4	〃	1,810	56	155	77	453	282	136	142	117	357	38
対　前　年　比	4／3	%	96.3	100.0	101.3	100.0	97.6	99.3	93.8	89.3	96.7	93.7	95.0
全　国　割　合	令和3年	〃	100.0	3.0	8.1	4.1	24.7	15.1	7.7	8.5	6.4	20.3	2.1
	4	〃	100.0	3.1	8.6	4.3	25.0	15.6	7.5	7.8	6.5	19.7	2.1
飼　養　羽　数													
実　　数	令和3年	千羽	180,918	6,652	24,628	9,691	49,905	25,040	8,635	23,049	7,688	24,379	1,251
	4	〃	180,096	6,453	24,152	9,174	49,749	26,620	8,130	22,227	8,676	23,368	1,547
対　前　年　比	4／3	%	99.5	97.0	98.1	94.7	99.7	106.3	94.2	96.4	112.9	95.9	123.7
全　国　割　合	令和3年	〃	100.0	3.7	13.6	5.4	27.6	13.8	4.8	12.7	4.2	13.5	0.7
	4	〃	100.0	3.6	13.4	5.1	27.6	14.8	4.5	12.3	4.8	13.0	0.9

(3)　成鶏めすの飼養羽数規模別飼養戸数・成鶏めす飼養羽数

　　成鶏めすの飼養羽数規模別（学校、試験場等の非営利的な飼養者は含まない。）にみると、飼養戸数及び飼養羽数は、いずれも前年に比べ「50,000～99,999 羽」の階層で増加したが、「1,000～9,999 羽」及び「10,000～49,999 羽」の階層では減少した。

　　なお、成鶏めすの飼養羽数規模別の飼養羽数割合は、「100,000～499,999 羽」及び「500,000羽以上」の階層で全体の約8割を占めている。

図12　成鶏めすの飼養羽数規模別飼養戸数・成鶏めす飼養羽数

－飼養戸数－

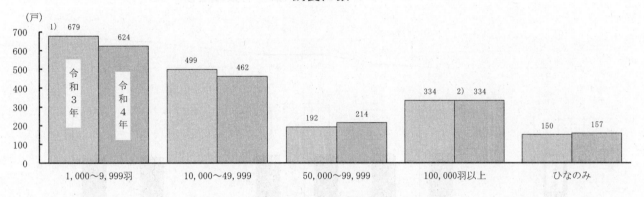

－成鶏めす飼養羽数－

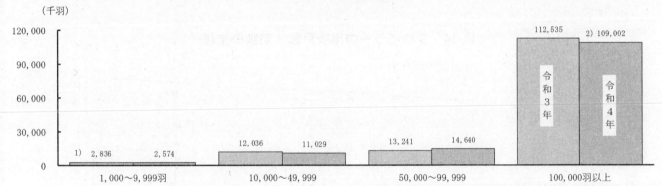

注：　令和4年から階層区分を変更し、「1,000～4,999 羽」及び「5,000～9,999」を「1,000～9,999 羽」に、「100,000羽以上」を「100,000～499,999」及び「500,000 羽以上」にした。
　　　1)は「1,000～4,999 羽」及び「5,000～9,999」を合計した数値である。
　　　2)は「100,000～499,999」及び「500,000 羽以上」を合計した数値である。

表15　成鶏めすの飼養羽数規模別飼養戸数・成鶏めす飼養羽数

区　分	単位	計	成　鶏　め　す　飼　養　羽　数　規　模							ひなのみ
			小計	1,000～9,999羽	10,000～49,999	50,000～99,999	100,000羽以上	100,000～499,999	500,000羽以上	
飼　養　戸　数										
実　数　令和3年	戸	1,850	1,700	1) 679	499	192	334	…	…	150
4	〃	1,790	1,630	624	462	214	2) 334	279	55	157
対前年比 4／3	%	96.8	95.9	91.9	92.6	111.5	100.0	nc	nc	104.7
構　成　比　令和3年	〃	100.0	91.9	36.7	27.0	10.4	18.1	nc	nc	8.1
4	〃	100.0	91.1	34.9	25.8	12.0	18.7	15.6	3.1	8.8
成鶏めす飼養羽数										
実　数　令和3年	千羽	－	140,648	1) 2,836	12,036	13,241	112,535	…	…	－
4	〃		137,245	2,574	11,029	14,640	2) 109,002	60,160	48,842	－
対前年比 4／3	%		97.6	90.8	91.6	110.6	96.9	nc	nc	
構　成　比　令和3年	〃		100.0	2.0	8.6	9.4	80.0	nc	nc	
4	〃		100.0	1.9	8.0	10.7	79.4	43.8	35.6	

注：1　飼養羽数規模別飼養戸数・成鶏めす飼養羽数には、学校、試験場等の非営利的な飼養者及び種鶏のみの飼養者は含まない。
　　2　令和4年から階層区分を変更し、「1,000～4,999羽」及び「5,000～9,999」を「1,000～9,999羽」に、「100,000羽以上」を「100,000～499,999」及び「500,000羽以上」にした。
　　1)は「1,000～4,999羽」及び「5,000～9,999」を合計した数値である。
　　2)は「100,000～499,999」及び「500,000羽以上」を合計した数値である。

5 ブロイラー
(1) 飼養戸数・羽数及び出荷戸数・羽数

　令和4年のブロイラーの全国の飼養戸数は2,100戸で、前年に比べ60戸（2.8%）減少した。

　飼養羽数は1億3,923万羽で、前年に比べ42万8,000羽（0.3%）減少した。

　なお、1戸当たり飼養羽数は6万6,300羽となった。

　また、出荷戸数は2,150戸で、前年に比べ40戸（1.8%）減少した。

　出荷羽数は7億1,925万9,000羽で、前年に比べ542万5,000羽（0.8%）増加した。

　なお、1戸当たり出荷羽数は33万4,500羽となった。

図13　ブロイラーの飼養戸数・羽数の推移

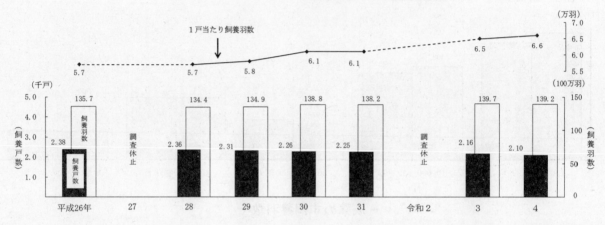

図14　ブロイラーの出荷戸数・羽数の推移

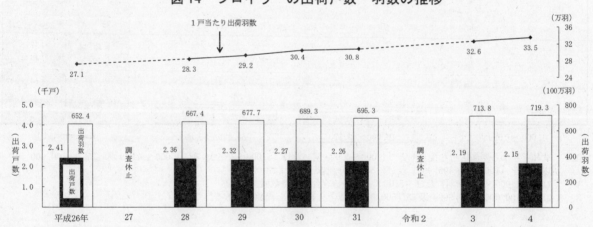

表16　ブロイラーの飼養戸数・羽数及び出荷戸数・羽数

区　分	飼養戸数	飼養羽数	1戸当たり飼養羽数	出荷戸数	出荷羽数	1戸当たり出荷羽数
	戸	千羽	千羽	戸	千羽	千羽
実　数						
令和3年	2,160	139,658	64.7	2,190	713,834	326.0
4	2,100	139,230	66.3	2,150	719,259	334.5
対前年比（%）						
4／3	97.2	99.7 1)	1.6	98.2	100.8 1)	8.5

注：1　ブロイラーの飼養戸数・羽数及び出荷戸数・羽数には、ブロイラーの年間出荷羽数が3,000羽未満の飼養者を含まない。
　　2　各年次の2月1日現在でブロイラーの飼養実態がない場合でも、過去1年間に3,000羽以上のブロイラーの出荷があれば出荷戸数・羽数に含めた。
　1)は対前年差である。

(2) 全国農業地域別出荷戸数・羽数

　　全国農業地域別にみると、ブロイラーの出荷戸数は、前年に比べ四国で増加したほか、北海道、九州及び沖縄で前年並みとなったが、これら以外の地域では減少した。

　　出荷羽数は、前年に比べ北陸、東海、中国、四国及び九州で増加したが、これら以外の地域では減少した。

　　なお、地域別の出荷羽数割合は、東北及び九州で全国の約7割を占めている。

図15　ブロイラーの全国農業地域別出荷戸数・羽数

－出荷戸数－

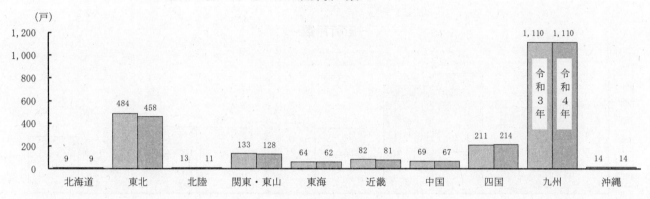

－出荷羽数－

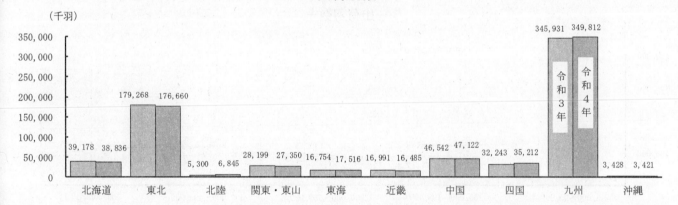

表17　ブロイラーの全国農業地域別出荷戸数・羽数

区　　分		単位	全　国	北海道	東　北	北　陸	関　東・東　山	東　海	近　畿	中　国	四　国	九　州	沖　縄
出荷戸数													
実　　数	令和3年	戸	2,190	9	484	13	133	64	82	69	211	1,110	14
	4	〃	2,150	9	458	11	128	62	81	67	214	1,110	14
対前年比	4／3	％	98.2	100.0	94.6	84.6	96.2	96.9	98.8	97.1	101.4	100.0	100.0
全国割合	令和3年	〃	100.0	0.4	22.1	0.6	6.1	2.9	3.7	3.2	9.6	50.7	0.6
	4	〃	100.0	0.4	21.3	0.5	6.0	2.9	3.8	3.1	10.0	51.6	0.7
出荷羽数													
実　　数	令和3年	千羽	713,834	39,178	179,268	5,300	28,199	16,754	16,991	46,542	32,243	345,931	3,428
	4	〃	719,259	38,836	176,660	6,845	27,350	17,516	16,485	47,122	35,212	349,812	3,421
対前年比	4／3	％	100.8	99.1	98.5	129.2	97.0	104.5	97.0	101.2	109.2	101.1	99.8
全国割合	令和3年	〃	100.0	5.5	25.1	0.7	4.0	2.3	2.4	6.5	4.5	48.5	0.5
	4	〃	100.0	5.4	24.6	1.0	3.8	2.4	2.3	6.6	4.9	48.6	0.5

(3) 出荷羽数規模別出荷戸数・羽数

　出荷羽数規模別（学校、試験場等の非営利的な飼養者は含まない。）にみると、出荷戸数は、前年に比べ「3,000～99,999羽」及び「100,000～199,999羽」の階層で減少したが、これら以外の階層では増加した。

　出荷羽数は、前年に比べ「200,000～299,999羽」及び「500,000羽以上」の階層で増加したが、これら以外の階層では減少した。

　なお、出荷羽数規模別の出荷羽数割合は、「500,000羽以上」の階層が全体の約5割を占めている。

図16　ブロイラーの出荷羽数規模別出荷戸数・羽数

－出荷戸数－

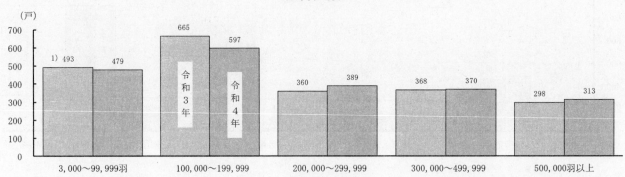

－出荷羽数－

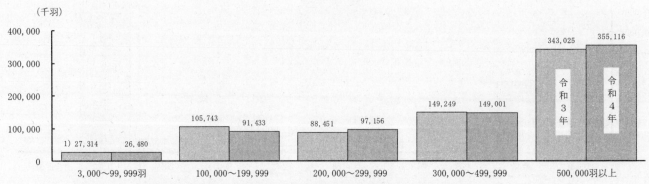

注：令和4年から階層区分を変更し、「3,000～49,999羽」及び「50,000～99,999」を「3,000～99,999羽」にした。
　　1)は「3,000～49,999羽」及び「50,000～99,999」を合計した数値である。

表18　ブロイラーの出荷羽数規模別出荷戸数・羽数

区　分		単位	計	3,000～99,999羽	100,000～199,999	200,000～299,999	300,000～499,999	500,000羽以上
出荷戸数								
実数	令和3年	戸	2,180	1) 493	665	360	368	298
	4	〃	2,150	479	597	389	370	313
対前年比	4／3	%	98.6	97.2	89.8	108.1	100.5	105.0
構成比	令和3年	〃	100.0	22.6	30.5	16.5	16.9	13.7
	4	〃	100.0	22.3	27.8	18.1	17.2	14.6
出荷羽数								
実数	令和3年	千羽	713,782	1) 27,314	105,743	88,451	149,249	343,025
	4	〃	719,186	・26,480	91,433	97,156	149,001	355,116
対前年比	4／3	%	100.8	96.9	86.5	109.8	99.8	103.5
構成比	令和3年	〃	100.0	3.8	14.8	12.4	20.9	48.1
	4	〃	100.0	3.7	12.7	13.5	20.7	49.4

注：1　出荷羽数規模別出荷戸数・羽数には、学校、試験場等の非営利的な飼養者は含まない。
　　2　令和4年から階層区分を変更し、「3,000～49,999羽」及び「50,000～99,999」を「3,000～99,999羽」にした。
　　1)は「3,000～49,999羽」及び「50,000～99,999」を合計した数値である。

II 統 計 表

1 乳 用 牛
（令和4年2月1日現在）

40 乳 用 牛

(1) 全国農業地域・都道府県別

ア 飼養戸数・頭数

全国農業地域・都道府県		飼養戸数	飼　養　頭　数						
			合　計 (3)＋(8)	成　畜 （2　歳　以　上）					未経産牛
				計	経　産　牛				
					小　計	搾乳牛	乾乳牛		
		(1)	(2)	(3)	(4)	(5)	(6)		(7)
		戸	頭	頭	頭	頭	頭		頭
全　　　　　国	(1)	13,300	1,371,000	924,000	861,700	736,500	125,200		62,300
(全国農業地域)									
北　海　道	(2)	5,560	846,100	516,000	480,900	409,700	71,200		35,200
都　府　県	(3)	7,740	525,100	407,900	380,800	326,800	54,000		27,100
東　　　北	(4)	1,900	97,400	71,800	66,700	57,200	9,470		5,110
北　　　陸	(5)	253	12,200	9,570	9,030	7,700	1,330		540
関東・東山	(6)	2,430	172,200	136,200	126,900	108,500	18,400		9,250
東　　　海	(7)	549	47,000	38,100	36,200	31,000	5,250		1,850
近　　　畿	(8)	392	24,400	19,700	18,400	16,000	2,470		1,220
中　　　国	(9)	577	48,000	37,300	35,000	30,200	4,800		2,340
四　　　国	(10)	274	16,700	13,500	12,700	11,100	1,650		790
九　　　州	(11)	1,300	103,100	78,400	72,700	62,500	10,200		5,720
沖　　　縄	(12)	65	4,040	3,400	3,100	2,670	430		300
(都道府県)									
北　海　道	(13)	5,560	846,100	516,000	480,900	409,700	71,200		35,200
青　　　森	(14)	156	12,200	9,500	8,830	7,570	1,250		670
岩　　　手	(15)	765	40,100	27,100	25,100	21,500	3,610		2,070
宮　　　城	(16)	430	17,800	13,700	12,600	10,900	1,690		1,130
秋　　　田	(17)	82	3,920	3,020	2,820	2,450	370		200
山　　　形	(18)	200	11,700	9,600	9,100	7,760	1,350		490
福　　　島	(19)	263	11,600	8,820	8,270	7,060	1,210		560
茨　　　城	(20)	292	24,000	19,800	18,100	15,400	2,720		1,610
栃　　　木	(21)	615	54,800	44,600	41,700	36,000	5,710		2,870
群　　　馬	(22)	412	33,600	24,900	23,200	19,800	3,420		1,670
埼　　　玉	(23)	162	7,680	5,830	5,440	4,700	740		390
千　　　葉	(24)	453	27,800	22,400	21,000	17,700	3,260		1,360
東　　　京	(25)	45	1,480	1,130	1,050	900	140		90
神　奈　川	(26)	142	4,850	3,930	3,640	3,090	550		290
新　　　潟	(27)	155	5,860	4,760	4,440	3,820	620		320
富　　　山	(28)	34	2,180	1,770	1,690	1,390	300		80
石　　　川	(29)	42	3,100	2,290	2,190	1,870	310		100
福　　　井	(30)	22	1,060	760	720	620	100		40
山　　　梨	(31)	52	3,590	2,630	2,440	2,090	350		190
長　　　野	(32)	258	14,400	11,100	10,300	8,760	1,530		790
岐　　　阜	(33)	95	5,450	3,800	3,600	3,090	500		210
静　　　岡	(34)	175	13,700	11,200	10,500	8,760	1,770		640
愛　　　知	(35)	247	21,100	17,400	16,500	14,300	2,250		830
三　　　重	(36)	32	6,820	5,750	5,580	4,850	730		170
滋　　　賀	(37)	42	2,660	2,190	2,080	1,800	280		110
京　　　都	(38)	46	3,890	3,190	3,000	2,620	380		190
大　　　阪	(39)	24	1,220	1,100	1,060	890	170		40
兵　　　庫	(40)	232	12,900	9,800	9,010	7,780	1,230		790
奈　　　良	(41)	39	3,150	2,890	2,830	2,490	340		70
和　歌　山	(42)	9	530	490	470	400	70		20
鳥　　　取	(43)	109	8,980	6,750	6,370	5,480	890		380
島　　　根	(44)	86	10,900	8,750	8,250	7,130	1,120		490
岡　　　山	(45)	207	16,800	13,400	12,600	10,900	1,760		740
広　　　島	(46)	121	8,900	6,500	5,890	5,110	780		620
山　　　口	(47)	54	2,480	1,930	1,820	1,570	250		110
徳　　　島	(48)	81	3,920	3,190	3,020	2,630	390		170
香　　　川	(49)	61	4,950	4,180	4,000	3,450	550		180
愛　　　媛	(50)	88	4,770	3,620	3,330	2,900	430		290
高　　　知	(51)	44	3,090	2,510	2,370	2,090	280		140
福　　　岡	(52)	183	11,700	8,880	8,350	7,190	1,160		540
佐　　　賀	(53)	39	2,140	1,740	1,650	1,420	220		100
長　　　崎	(54)	132	6,530	5,590	5,260	4,540	730		330
熊　　　本	(55)	494	43,600	32,800	30,400	26,300	4,100		2,460
大　　　分	(56)	98	12,500	8,990	8,010	6,730	1,270		990
宮　　　崎	(57)	209	13,600	10,300	9,700	8,380	1,320		580
鹿　児　島	(58)	147	13,100	10,100	9,340	7,990	1,360		730
沖　　　縄	(59)	65	4,040	3,400	3,100	2,670	430		300
関東農政局	(60)	2,610	185,900	147,400	137,500	117,300	20,200		9,890
東海農政局	(61)	374	33,300	26,900	25,700	22,200	3,480		1,210
中国四国農政局	(62)	851	64,800	50,800	47,700	41,200	6,450		3,130

注： 1　統計数値は、四捨五入の関係で内訳と計は必ずしも一致しない（以下同じ。）。
　　 2　成畜（2歳以上）には、2歳未満の経産牛（分べん経験のある牛）を含む。

(め す)		経産牛 頭数割合	搾乳牛 頭数割合	子 畜 頭数割合	1戸当たり 飼養頭数	対 前 年 比		
子 畜 (2歳未満の 未経産牛)	未経産牛計 (7) + (8)	(4) / (2)	(5) / (4)	(8) / (2)	(2) / (1)	飼養戸数	飼養頭数	
(8)	(9)	(10)	(11)	(12)	(13)	(14)	(15)	
頭	頭	%	%	%	頭	%	%	
447,200	509,500	62.9	85.5	32.6	103.1	96.4	101.1	(1)
330,000	365,200	56.8	85.2	39.0	152.2	97.4	102.0	(2)
117,200	144,300	72.5	85.8	22.3	67.8	95.3	99.8	(3)
25,600	30,700	68.5	85.8	26.3	51.3	95.0	99.1	(4)
2,630	3,170	74.0	85.3	21.6	48.2	95.1	100.0	(5)
36,000	45,200	73.7	85.5	20.9	70.9	94.9	101.1	(6)
8,940	10,800	77.0	85.6	19.0	85.6	94.3	98.7	(7)
4,710	5,920	75.4	87.0	19.3	62.2	95.1	98.8	(8)
10,700	13,100	72.9	86.3	22.3	83.2	96.6	100.6	(9)
3,230	4,020	76.0	87.4	19.3	60.9	95.8	100.0	(10)
24,700	30,400	70.5	86.0	24.0	79.3	96.3	99.1	(11)
650	940	76.7	86.1	16.1	62.2	101.6	93.7	(12)
330,000	365,200	56.8	85.2	39.0	152.2	97.4	102.0	(13)
2,680	3,360	72.4	85.7	22.0	78.2	95.1	101.7	(14)
13,000	15,100	62.6	85.7	32.4	52.4	94.9	97.8	(15)
4,050	5,180	70.8	86.5	22.8	41.4	94.1	97.8	(16)
910	1,110	71.9	86.9	23.2	47.8	98.8	99.0	(17)
2,140	2,630	77.8	85.3	18.3	58.5	98.5	103.5	(18)
2,790	3,340	71.3	85.4	24.1	44.1	92.9	98.3	(19)
4,280	5,890	75.4	85.1	17.8	82.2	97.3	100.8	(20)
10,200	13,100	76.1	86.3	18.6	89.1	96.7	103.2	(21)
8,740	10,400	69.0	85.3	26.0	81.6	94.9	100.3	(22)
1,850	2,240	70.8	86.4	24.1	47.4	94.7	96.0	(23)
5,460	6,810	75.5	84.3	19.6	61.4	92.8	100.4	(24)
350	430	70.9	85.7	23.6	32.9	95.7	98.7	(25)
920	1,210	75.1	84.9	19.0	34.2	91.0	97.2	(26)
1,110	1,430	75.8	86.0	18.9	37.8	93.9	97.0	(27)
420	490	77.5	82.2	19.3	64.1	97.1	105.8	(28)
810	910	70.6	85.4	26.1	73.8	93.3	100.3	(29)
300	340	67.9	86.1	28.3	48.2	104.8	101.0	(30)
960	1,140	68.0	85.7	26.7	69.0	96.3	103.8	(31)
3,270	4,060	71.5	85.0	22.7	55.8	93.8	100.0	(32)
1,650	1,850	66.1	85.8	30.3	57.4	93.1	98.9	(33)
2,510	3,150	76.6	83.4	18.3	78.3	94.6	100.0	(34)
3,710	4,540	78.2	86.7	17.6	85.4	95.7	97.2	(35)
1,080	1,250	81.8	86.9	15.8	213.1	86.5	101.6	(36)
470	580	78.2	86.5	17.7	63.3	95.5	97.1	(37)
710	900	77.1	87.3	18.3	84.6	97.9	96.3	(38)
120	160	86.9	84.0	9.8	50.8	100.0	102.5	(39)
3,110	3,900	69.8	86.3	24.1	55.6	94.3	99.2	(40)
250	320	89.8	88.0	7.9	80.2	97.5	98.7	(41)
40	60	88.7	85.1	7.5	58.9	81.8	94.6	(42)
2,230	2,610	70.9	86.0	24.8	82.4	97.3	102.0	(43)
2,130	2,620	75.7	86.4	19.5	126.7	97.7	100.0	(44)
3,420	4,160	75.0	86.5	20.4	81.2	95.8	100.0	(45)
2,390	3,010	66.2	86.8	26.9	73.6	95.3	102.7	(46)
550	660	73.4	86.3	22.2	45.9	100.0	95.8	(47)
730	900	77.0	87.1	18.6	48.4	97.6	98.2	(48)
770	950	80.8	86.3	15.6	81.1	95.3	103.8	(49)
1,150	1,450	69.8	87.1	24.1	54.2	96.7	98.8	(50)
580	720	76.7	88.2	18.8	70.2	91.7	100.0	(51)
2,770	3,310	71.4	86.1	23.7	63.9	96.3	99.2	(52)
390	490	77.1	86.1	18.2	54.9	97.5	101.4	(53)
940	1,260	80.6	86.3	14.4	49.5	93.6	94.1	(54)
10,800	13,200	69.7	86.5	24.8	88.3	97.2	99.5	(55)
3,510	4,500	64.1	84.0	28.1	127.6	95.1	103.3	(56)
3,280	3,860	71.3	86.4	24.1	65.1	97.2	100.0	(57)
3,060	3,790	71.3	85.5	23.4	89.1	94.8	97.0	(58)
650	940	76.7	86.1	16.1	62.2	101.6	93.7	(59)
38,500	48,400	74.0	85.3	20.7	71.2	94.9	100.9	(60)
6,430	7,640	77.2	86.4	19.3	89.0	94.2	98.2	(61)
14,000	17,100	73.6	86.4	21.6	76.1	96.4	100.6	(62)

42 乳 用 牛

(1) 全国農業地域・都道府県別（続き）

イ 成畜飼養頭数規模別の飼養戸数

単位：戸

全国農業地域・都道府県	計	成 畜 飼 養 頭 数 規 模									子畜のみ
		小 計	1～19頭	20～29	30～49	50～79	80～99	100～199	200頭以上	300頭以上	
全　　　　国	13,300	13,000	2,510	1,590	3,120	2,750	917	1,450	669	348	310
(全国農業地域)											
北　海　道	5,560	5,400	445	279	1,050	1,610	617	968	429	218	169
都　府　県	7,740	7,600	2,060	1,310	2,060	1,140	300	485	240	130	141
東　　　北	1,900	1,830	705	330	442	216	46	62	30	14	65
北　　　陸	253	250	65	54	76	37	11	4	3	1	3
関東・東山	2,430	2,400	617	433	676	354	92	143	83	49	33
東　　　海	549	545	92	79	160	97	27	64	26	17	4
近　　　畿	392	388	110	70	104	52	14	26	12	7	4
中　　　国	577	567	153	95	152	73	27	40	27	15	10
四　　　国	274	271	83	44	76	37	10	9	12	5	3
九　　　州	1,300	1,280	224	196	359	259	69	131	46	22	18
沖　　　縄	65	64	11	6	18	18	4	6	1	-	1
(都道府県)											
北　海　道	5,560	5,400	445	279	1,050	1,610	617	968	429	218	169
青　　　森	156	154	30	18	55	31	5	11	4	1	2
岩　　　手	765	727	292	131	164	91	17	20	12	6	38
宮　　　城	430	421	173	70	112	45	7	10	4	1	9
秋　　　田	82	81	23	20	20	11	4	2	1	-	1
山　　　形	200	193	72	39	40	18	8	10	6	3	7
福　　　島	263	255	115	52	51	20	5	9	3	3	8
茨　　　城	292	288	75	51	86	32	15	16	13	10	4
栃　　　木	615	611	137	90	161	117	30	49	27	16	4
群　　　馬	412	408	90	71	111	76	10	31	19	9	4
埼　　　玉	162	158	51	31	52	11	4	7	2	1	4
千　　　葉	453	443	125	75	123	62	18	24	16	11	10
東　　　京	45	45	20	9	11	5	-	-	-	-	-
神　奈　川	142	141	44	35	51	10	1	-	-	-	1
新　　　潟	155	153	51	38	43	17	1	2	1	-	2
富　　　山	34	34	3	4	11	11	4	-	1	-	-
石　　　川	42	41	8	5	13	6	6	2	1	1	1
福　　　井	22	22	3	7	9	3	-	-	-	-	-
山　　　梨	52	52	9	11	15	8	4	4	1	-	-
長　　　野	258	252	66	60	66	33	10	12	5	2	6
岐　　　阜	95	95	31	14	25	16	3	5	1	1	-
静　　　岡	175	174	35	26	52	20	10	24	7	5	1
愛　　　知	247	244	24	28	76	61	13	28	14	8	3
三　　　重	32	32	2	11	7	-	1	7	4	3	-
滋　　　賀	42	42	12	6	13	6	-	2	3	-	-
京　　　都	46	46	6	9	17	6	1	4	3	3	-
大　　　阪	24	23	5	2	5	8	2	1	-	-	1
兵　　　庫	232	229	76	44	55	24	9	17	4	2	3
奈　　　良	39	39	5	9	12	8	2	2	1	1	-
和　歌　山	9	9	6	-	2	-	-	-	1	1	-
鳥　　　取	109	107	26	12	31	17	3	14	4	2	2
島　　　根	86	86	30	11	19	9	2	6	9	7	-
岡　　　山	207	204	52	38	57	23	13	12	9	4	3
広　　　島	121	119	25	27	35	15	6	6	5	2	2
山　　　口	54	51	20	7	10	9	3	2	-	-	3
徳　　　島	81	80	32	12	20	10	3	1	2	1	1
香　　　川	61	61	13	11	20	10	-	1	6	2	-
愛　　　媛	88	86	27	14	27	8	4	4	2	1	2
高　　　知	44	44	11	7	9	9	3	3	2	1	-
福　　　岡	183	182	24	34	61	38	7	17	1	-	1
佐　　　賀	39	38	14	7	9	3	1	2	2	1	1
長　　　崎	132	132	42	25	29	21	5	8	2	2	-
熊　　　本	494	482	74	57	132	96	37	61	25	10	12
大　　　分	98	98	20	9	19	26	4	16	4	3	-
宮　　　崎	209	208	34	42	75	35	7	9	6	3	1
鹿　児　島	147	144	16	22	34	40	8	18	6	3	3
沖　　　縄	65	64	11	6	18	18	4	6	1	-	1
関 東 農 政 局	2,610	2,570	652	459	728	374	102	167	90	54	34
東 海 農 政 局	374	371	57	53	108	77	17	40	19	12	3
中国四国農政局	851	838	236	139	228	110	37	49	39	20	13

ウ　成畜飼養頭数規模別の飼養頭数

単位：頭

| 全国農業地域・都道府県 | 計 | 成畜飼養頭数規模 | | | | | | | | | 子畜のみ |
		小 計	1～19頭	20～29	30～49	50～79	80～99	100～199	200頭以上	300頭以上	
全　　　国	1,371,000	1,353,000	59,200	61,500	175,100	256,600	120,900	287,500	392,400	281,100	17,900
（全国農業地域）											
北　海　道	846,100	829,600	27,900	19,200	71,500	164,900	85,700	205,700	254,600	177,600	16,400
都　府　県	525,100	523,600	31,300	42,300	103,600	91,700	35,200	81,800	137,800	103,400	1,430
東　　　北	97,400	96,800	10,100	10,500	23,100	18,100	5,920	10,000	19,100	13,000	580
北　　　陸	12,200	12,200	890	1,580	3,780	2,840	1,300	870	920	x	20
関東・東山	172,200	171,900	9,390	13,800	33,700	27,900	10,700	24,600	52,000	41,100	280
東　　　海	47,000	47,000	1,820	3,210	7,710	7,260	3,090	10,400	13,500	10,800	40
近　　　畿	24,400	24,300	1,620	2,280	4,960	4,070	1,540	4,450	5,400	4,010	50
中　　　国	48,000	47,700	2,360	2,940	7,510	6,040	3,130	7,090	18,700	15,100	290
四　　　国	16,700	16,700	1,170	1,400	3,450	2,730	1,070	1,350	5,500	3,400	90
九　　　州	103,100	103,000	3,790	6,130	18,600	21,600	8,130	22,200	22,500	15,600	100
沖　　　縄	4,040	4,040	120	490	780	1,250	380	780	x	-	x
（都道府県）											
北　海　道	846,100	829,600	27,900	19,200	71,500	164,900	85,700	205,700	254,600	177,600	16,400
青　　　森	12,200	12,000	400	530	3,430	2,360	570	1,750	3,010	x	x
岩　　　手	40,100	39,800	4,540	4,430	8,680	7,850	2,750	3,230	8,360	5,150	300
宮　　　城	17,800	17,700	2,320	2,140	5,690	3,500	790	1,560	1,730	x	40
秋　　　田	3,920	3,840	300	600	1,030	780	440	x	x	-	x
山　　　形	11,700	11,700	910	1,130	1,820	1,350	830	1,600	4,080	3,270	10
福　　　島	11,600	11,600	1,630	1,650	2,430	2,210	530	1,530	1,600	1,600	20
茨　　　城	24,000	24,000	1,120	1,570	4,200	2,410	1,860	3,030	9,820	8,890	10
栃　　　木	54,800	54,600	1,730	2,950	8,720	9,180	3,290	7,990	20,700	17,500	150
群　　　馬	33,600	33,600	1,270	2,180	5,480	6,490	1,160	5,480	11,600	8,060	20
埼　　　玉	7,680	7,660	780	970	2,420	840	470	1,360	x	x	20
千　　　葉	27,800	27,800	2,260	2,390	5,880	4,650	2,150	3,850	6,590	5,250	40
東　　　京	1,480	1,480	320	300	470	390	-	-	-	-	-
神　奈　川	4,850	4,840	610	1,060	2,410	670	x	-	-	-	x
新　　　潟	5,860	5,860	690	1,100	1,970	1,300	x	x	x	-	x
富　　　山	2,180	2,180	40	110	480	800	530	-	x	-	-
石　　　川	3,100	3,080	150	180	700	540	670	x	x	x	x
福　　　井	1,060	1,060	30	200	630	210	-	-	-	-	-
山　　　梨	3,590	3,590	130	470	790	600	480	890	x	-	-
長　　　野	14,400	14,300	1,180	1,880	3,320	2,650	1,150	1,960	2,190	x	20
岐　　　阜	5,450	5,450	370	1,170	1,080	1,230	390	770	x	x	-
静　　　岡	13,700	13,700	600	820	2,540	1,580	1,190	3,990	2,940	2,340	x
愛　　　知	21,100	21,100	830	900	3,780	4,450	1,400	4,600	5,100	3,310	20
三　　　重	6,820	6,820	x	330	310	-	x	1,080	4,990	4,680	-
滋　　　賀	2,660	2,660	170	190	630	440	-	x	850	-	-
京　　　都	3,890	3,890	130	320	770	500	x	590	1,490	1,490	-
大　　　阪	1,220	1,180	60	x	210	500	x	x	-	-	x
兵　　　庫	12,900	12,900	1,040	1,470	2,740	2,090	1,060	3,010	1,500	x	10
奈　　　良	3,150	3,150	140	250	530	540	x	x	x	x	-
和　歌　山	530	530	80	-	x	-	-	-	x	x	-
鳥　　　取	8,980	8,860	300	390	1,500	1,420	360	2,760	2,130	x	x
島　　　根	10,900	10,900	380	330	940	660	x	980	7,360	6,780	-
岡　　　山	16,800	16,700	1,030	1,100	2,740	2,240	1,490	1,870	6,280	4,950	50
広　　　島	8,900	8,900	440	930	1,810	1,040	720	1,050	2,910	x	x
山　　　口	2,480	2,370	220	200	510	670	340	x	-	-	110
徳　　　島	3,920	3,890	460	330	880	710	320	x	x	x	x
香　　　川	4,950	4,950	220	300	910	690	-	x	2,680	x	-
愛　　　媛	4,770	4,710	350	560	1,270	590	430	580	x	x	x
高　　　知	3,090	3,090	140	210	390	740	320	480	x	x	x
福　　　岡	11,700	11,700	370	1,100	3,350	3,060	850	2,610	x	x	x
佐　　　賀	2,140	2,130	180	220	460	260	x	x	x	x	x
長　　　崎	6,530	6,530	590	760	1,350	1,550	490	1,030	x	x	x
熊　　　本	43,600	43,600	1,240	1,820	7,110	8,070	4,460	10,600	10,300	6,070	70
大　　　分	12,500	12,500	610	270	940	2,350	510	2,740	5,100	4,770	-
宮　　　崎	13,600	13,600	510	1,240	3,670	2,910	800	2,080	2,350	1,480	x
鹿　児　島	13,100	13,100	290	720	1,780	3,390	930	2,870	3,130	2,120	30
沖　　　縄	4,040	4,040	120	490	780	1,250	380	780	x	-	x
関 東 農 政 局	185,900	185,600	9,980	14,600	36,200	29,500	11,900	28,600	54,900	43,500	300
東 海 農 政 局	33,300	33,300	1,220	2,390	5,170	5,680	1,900	6,460	10,500	8,430	20
中国四国農政局	64,800	64,400	3,530	4,340	11,000	8,780	4,200	8,430	24,200	18,500	380

注：この統計表の飼養頭数は、飼養者が飼養している全ての乳用牛（成畜及び子畜）の頭数である。

44 乳 用 牛

(1) 全国農業地域・都道府県別（続き）

エ 成畜飼養頭数規模別の成畜飼養頭数

単位：頭

全国農業地域・都道府県	計	成 畜 飼 養 頭 数 規 模							
		1～19頭	20～29	30～49	50～79	80～99	100～199	200頭以上	300頭以上
全 国	924,000	25,700	39,300	122,200	172,100	81,900	196,200	286,600	209,700
（全国農業地域）									
北 海 道	516,000	3,740	6,980	42,600	101,600	55,100	132,800	173,200	122,800
都 府 県	407,900	22,000	32,300	79,600	70,600	26,800	63,400	113,400	86,800
東 北	71,800	7,270	8,130	16,900	13,100	4,090	7,910	14,300	10,300
北 陸	9,570	730	1,360	2,900	2,220	950	630	780	x
関 東・東 山	136,200	6,770	10,600	25,900	21,800	8,170	19,100	43,800	35,700
東 海	38,100	1,060	1,990	6,210	6,040	2,470	8,670	11,700	9,310
近 畿	19,700	1,160	1,750	3,960	3,240	1,250	3,420	4,870	3,630
中 国	37,300	1,550	2,350	6,000	4,430	2,440	5,330	15,200	12,300
四 国	13,500	910	1,070	2,840	2,220	900	1,080	4,510	2,830
九 州	78,400	2,420	4,850	14,100	16,400	6,150	16,500	18,000	12,400
沖 縄	3,400	100	160	700	1,150	360	720	x	−
（都 道 府 県）									
北 海 道	516,000	3,740	6,980	42,600	101,600	55,100	132,800	173,200	122,800
青 森	9,500	320	430	2,210	1,890	440	1,480	2,740	x
岩 手	27,100	2,850	3,260	6,260	5,630	1,540	2,360	5,240	3,750
宮 城	13,700	1,810	1,740	4,230	2,650	600	1,200	1,510	x
秋 田	3,020	260	470	770	630	340	x	x	−
山 形	9,600	760	960	1,550	1,090	730	1,340	3,160	2,390
福 島	8,820	1,280	1,280	1,930	1,230	450	1,260	1,400	1,400
茨 城	19,800	900	1,220	3,290	1,950	1,340	2,260	8,790	8,130
栃 木	44,600	1,390	2,200	6,220	7,180	2,670	6,470	18,400	15,800
群 馬	24,900	1,010	1,760	4,270	4,780	890	4,170	8,030	5,630
埼 玉	5,830	550	770	1,920	660	350	970	x	x
千 葉	22,400	1,320	1,860	4,800	3,770	1,600	3,000	6,000	4,780
東 京	1,130	250	230	370	290	−	−	−	−
神 奈 川	3,930	490	870	1,900	590	x	−	−	−
新 潟	4,760	560	940	1,620	1,000	x	x	x	−
富 山	1,770	40	110	430	640	340	−	x	−
石 川	2,290	110	140	490	390	510	x	x	x
福 井	760	20	180	370	190	−	−	−	−
山 梨	2,630	100	260	590	490	350	620	x	−
長 野	11,100	770	1,450	2,540	2,080	880	1,640	1,730	x
岐 阜	3,800	300	350	940	980	270	580	x	x
静 岡	11,200	490	640	1,980	1,230	920	3,280	2,630	2,100
愛 知	17,400	250	720	3,020	3,840	1,180	3,890	4,470	2,950
三 重	5,750	x	280	260	−	x	910	4,170	3,870
滋 賀	2,190	140	150	520	360	−	x	770	−
京 都	3,190	60	240	620	370	x	510	1,290	1,290
大 阪	1,100	50	x	200	480	x	x	−	−
兵 庫	9,800	780	1,090	2,070	1,540	810	2,230	1,280	x
奈 良	2,890	70	220	490	490	x	x	x	x
和 歌 山	490	70	−	x	−	−	−	x	x
鳥 取	6,750	240	310	1,190	1,110	270	2,010	1,630	x
島 根	8,750	300	260	750	530	x	740	6,000	5,480
岡 山	13,400	540	910	2,280	1,420	1,170	1,450	5,620	4,470
広 島	6,500	290	710	1,380	820	560	790	1,980	x
山 口	1,930	190	170	410	550	270	x	−	−
徳 島	3,190	360	300	750	590	260	x	x	x
香 川	4,180	170	260	780	590	−	x	2,280	x
愛 媛	3,620	270	340	990	500	360	450	x	x
高 知	2,510	110	170	320	530	270	390	x	x
福 岡	8,880	280	840	2,480	2,360	640	2,020	x	−
佐 賀	1,740	150	170	320	170	x	x	x	x
長 崎	5,590	490	630	1,180	1,330	420	940	x	x
熊 本	32,800	770	1,420	5,200	6,060	3,320	7,900	8,180	4,760
大 分	8,990	180	210	720	1,690	360	2,020	3,820	3,550
宮 崎	10,300	400	1,050	2,930	2,250	620	1,190	1,840	1,160
鹿 児 島	10,100	150	530	1,300	2,530	710	2,170	2,680	1,990
沖 縄	3,400	100	160	700	1,150	360	720	x	−
関 東 農 政 局	147,400	7,260	11,300	27,900	23,000	9,090	22,400	46,400	37,800
東 海 農 政 局	26,900	570	1,350	4,230	4,810	1,550	5,390	9,020	7,200
中国四国農政局	50,800	2,450	3,410	8,840	6,640	3,340	6,410	19,700	15,200

オ 年齢別飼養頭数

単位：頭

全国農業地域 ・ 都 道 府 県	計	1歳未満	1	2	3〜8	9歳以上
全 国	1,371,000	249,900	236,900	238,400	617,400	28,600
(全国農業地域)						
北 海 道	846,100	180,000	173,200	140,600	338,700	13,500
都 府 県	525,100	69,900	63,700	97,800	278,600	15,100
東 北	97,400	14,900	13,500	17,900	48,100	2,960
北 陸	12,200	1,600	1,330	2,070	6,720	480
関 東 ・ 東 山	172,200	22,100	19,300	34,100	92,000	4,700
東 海	47,000	5,630	4,800	9,210	26,300	1,050
近 畿	24,400	3,060	2,320	4,630	13,600	740
中 国	48,000	6,410	5,660	8,790	26,100	1,120
四 国	16,700	2,120	1,800	3,060	9,020	740
九 州	103,100	13,700	14,500	17,300	54,500	3,090
沖 縄	4,040	350	440	770	2,260	230
(都 道 府 県)						
北 海 道	846,100	180,000	173,200	140,600	338,700	13,500
青 森	12,200	1,510	1,660	2,900	5,950	160
岩 手	40,100	7,380	6,770	6,810	18,300	880
宮 城	17,800	2,240	2,170	3,290	9,510	570
秋 田	3,920	520	490	700	2,080	140
山 形	11,700	1,330	1,270	2,160	6,230	750
福 島	11,600	1,950	1,110	2,020	6,070	470
茨 城	24,000	2,780	2,150	5,050	13,500	550
栃 木	54,800	6,120	6,250	11,000	29,800	1,610
群 馬	33,600	5,430	4,210	6,610	16,500	890
埼 玉	7,680	990	1,040	1,160	4,170	320
千 葉	27,800	3,390	2,840	5,920	15,100	620
東 京	1,480	260	140	270	760	40
神 奈 川	4,850	640	420	850	2,760	190
新 潟	5,860	710	520	970	3,460	200
富 山	2,180	280	230	440	1,140	100
石 川	3,100	450	420	490	1,580	160
福 井	1,060	160	160	170	540	30
山 梨	3,590	550	480	660	1,800	100
長 野	14,400	1,910	1,810	2,580	7,680	380
岐 阜	5,450	860	950	880	2,630	120
静 岡	13,700	1,490	1,510	2,570	7,740	370
愛 知	21,100	2,510	1,670	4,310	12,100	490
三 重	6,820	770	660	1,450	3,870	70
滋 賀	2,660	310	250	490	1,530	80
京 都	3,890	510	300	800	2,200	90
大 阪	1,220	100	50	190	820	60
兵 庫	12,900	1,940	1,480	2,500	6,620	370
奈 良	3,150	190	210	550	2,080	120
和 歌 山	530	20	40	90	370	20
鳥 取	8,980	1,560	890	1,730	4,690	110
島 根	10,900	1,200	1,170	2,110	6,180	230
岡 山	16,800	1,960	1,900	3,250	9,260	430
広 島	8,900	1,370	1,400	1,300	4,580	250
山 口	2,480	330	300	410	1,350	100
徳 島	3,920	450	480	600	2,150	240
香 川	4,950	470	470	1,090	2,730	200
愛 媛	4,770	770	520	840	2,470	180
高 知	3,090	440	340	530	1,670	110
福 岡	11,700	1,580	1,600	1,870	6,190	420
佐 賀	2,140	230	210	380	1,240	80
長 崎	6,530	540	640	1,090	3,900	370
熊 本	43,600	6,070	6,430	7,580	22,500	1,030
大 分	12,500	1,790	2,030	2,000	6,290	400
宮 崎	13,600	1,870	1,870	2,210	7,150	450
鹿 児 島	13,100	1,660	1,770	2,180	7,180	350
沖 縄	4,040	350	440	770	2,260	230
関 東 農 政 局	185,900	23,500	20,800	36,600	99,800	5,070
東 海 農 政 局	33,300	4,150	3,280	6,640	18,600	680
中国四国農政局	64,800	8,530	7,460	11,900	35,100	1,850

46 乳 用 牛

(1) 全国農業地域・都道府県別 (続き)

カ 月別経産牛頭数

全国農業地域・都道府県		令和3年 3月	4	5	6	7	8
全 国	(1)	852,100	854,800	858,400	861,100	864,100	867,100
(全国農業地域)							
北 海 道	(2)	474,700	475,500	478,300	480,500	482,600	484,600
都 府 県	(3)	377,500	379,300	380,100	380,700	381,500	382,600
東 北	(4)	67,000	66,600	66,500	66,500	66,500	66,600
北 陸	(5)	8,990	9,040	9,070	9,070	9,100	9,120
関東・東山	(6)	123,800	125,100	125,700	126,100	126,300	126,800
東 海	(7)	36,300	36,700	36,800	36,900	37,100	37,100
近 畿	(8)	18,600	18,700	18,700	18,700	18,800	18,800
中 国	(9)	34,600	34,700	34,700	34,700	34,900	35,000
四 国	(10)	12,700	12,700	12,800	12,800	12,800	12,700
九 州	(11)	72,500	72,500	72,500	72,700	72,800	73,200
沖 縄	(12)	3,100	3,200	3,230	3,220	3,230	3,240
(都道府県)							
北 海 道	(13)	474,700	475,500	478,300	480,500	482,600	484,600
青 森	(14)	8,510	8,580	8,590	8,580	8,660	8,650
岩 手	(15)	25,800	25,600	25,500	25,400	25,400	25,400
宮 城	(16)	12,700	12,600	12,600	12,600	12,600	12,600
秋 田	(17)	2,890	2,880	2,820	2,800	2,800	2,820
山 形	(18)	8,770	8,850	8,870	8,860	8,850	8,840
福 島	(19)	8,280	8,170	8,180	8,200	8,230	8,260
茨 城	(20)	18,000	18,000	18,000	18,100	18,000	18,000
栃 木	(21)	39,500	40,100	40,500	40,700	40,800	41,100
群 馬	(22)	22,900	23,000	23,100	23,000	23,100	23,200
埼 玉	(23)	5,530	5,660	5,630	5,640	5,650	5,630
千 葉	(24)	20,500	20,900	21,000	21,100	21,100	21,200
東 京	(25)	1,040	1,070	1,070	1,060	1,050	1,050
神 奈 川	(26)	3,770	3,820	3,820	3,800	3,780	3,760
新 潟	(27)	4,530	4,530	4,530	4,520	4,540	4,540
富 山	(28)	1,570	1,620	1,620	1,630	1,630	1,640
石 川	(29)	2,180	2,190	2,190	2,190	2,210	2,220
福 井	(30)	710	710	720	730	720	720
山 梨	(31)	2,330	2,340	2,360	2,370	2,380	2,420
長 野	(32)	10,200	10,200	10,200	10,200	10,300	10,400
岐 阜	(33)	3,690	3,740	3,730	3,710	3,690	3,720
静 岡	(34)	10,300	10,600	10,500	10,600	10,600	10,600
愛 知	(35)	16,800	16,800	16,900	16,900	17,100	17,000
三 重	(36)	5,560	5,610	5,630	5,680	5,730	5,720
滋 賀	(37)	2,030	2,050	2,060	2,050	2,050	2,080
京 都	(38)	3,010	3,040	3,050	3,030	3,070	3,070
大 阪	(39)	1,020	1,040	1,030	1,050	1,050	1,030
兵 庫	(40)	9,100	9,140	9,140	9,170	9,230	9,210
奈 良	(41)	2,880	2,900	2,880	2,890	2,920	2,900
和 歌 山	(42)	520	520	520	500	500	510
鳥 取	(43)	6,360	6,440	6,420	6,380	6,420	6,440
島 根	(44)	8,080	8,100	8,100	8,170	8,250	8,240
岡 山	(45)	12,400	12,400	12,400	12,400	12,400	12,500
広 島	(46)	5,870	5,980	5,960	5,940	5,920	5,970
山 口	(47)	1,890	1,860	1,850	1,840	1,850	1,830
徳 島	(48)	3,040	3,090	3,120	3,110	3,100	3,070
香 川	(49)	3,870	3,860	3,940	3,960	3,960	3,960
愛 媛	(50)	3,350	3,300	3,300	3,300	3,280	3,300
高 知	(51)	2,410	2,440	2,440	2,430	2,440	2,400
福 岡	(52)	8,300	8,320	8,330	8,350	8,340	8,380
佐 賀	(53)	1,610	1,620	1,610	1,620	1,620	1,630
長 崎	(54)	5,340	5,390	5,390	5,370	5,410	5,400
熊 本	(55)	30,300	30,100	30,200	30,200	30,300	30,600
大 分	(56)	7,750	7,930	7,940	8,010	8,040	8,090
宮 崎	(57)	9,770	9,720	9,700	9,740	9,750	9,810
鹿 児 島	(58)	9,500	9,460	9,400	9,370	9,320	9,350
沖 縄	(59)	3,100	3,200	3,230	3,220	3,230	3,240
関 東 農 政 局	(60)	134,100	135,600	136,300	136,700	136,900	137,400
東 海 農 政 局	(61)	26,000	26,200	26,200	26,300	26,500	26,500
中国四国農政局	(62)	47,200	47,400	47,500	47,500	47,700	47,700

注：各月の1日現在における頭数である。

単位：頭

9	10	11	12	令和4年 1月	2	
865,800	865,000	863,100	861,500	862,900	861,700	(1)
484,100	483,900	482,800	481,700	481,500	480,900	(2)
381,700	381,100	380,300	379,700	381,300	380,800	(3)
66,500	66,500	66,400	66,300	66,600	66,700	(4)
9,070	9,100	9,020	8,990	9,040	9,030	(5)
126,700	126,700	126,500	126,400	127,100	126,900	(6)
36,900	36,600	36,600	36,400	36,500	36,200	(7)
18,600	18,500	18,500	18,500	18,600	18,400	(8)
35,000	35,000	34,800	34,800	35,000	35,000	(9)
12,700	12,700	12,600	12,600	12,700	12,700	(10)
73,100	72,800	72,700	72,600	72,700	72,700	(11)
3,230	3,220	3,180	3,140	3,130	3,100	(12)
484,100	483,900	482,800	481,700	481,500	480,900	(13)
8,660	8,670	8,670	8,750	8,830	8,830	(14)
25,400	25,300	25,200	25,100	25,100	25,100	(15)
12,600	12,600	12,500	12,500	12,600	12,600	(16)
2,810	2,810	2,790	2,800	2,820	2,820	(17)
8,800	8,870	8,880	8,930	9,030	9,100	(18)
8,260	8,260	8,250	8,240	8,250	8,270	(19)
18,000	18,000	18,000	17,900	18,000	18,100	(20)
41,300	41,300	41,500	41,500	41,800	41,700	(21)
23,200	23,200	23,200	23,100	23,300	23,200	(22)
5,570	5,520	5,460	5,450	5,460	5,440	(23)
21,000	21,100	21,000	21,000	21,100	21,000	(24)
1,050	1,050	1,050	1,050	1,050	1,050	(25)
3,710	3,720	3,680	3,650	3,660	3,640	(26)
4,480	4,480	4,420	4,410	4,460	4,440	(27)
1,640	1,660	1,670	1,680	1,690	1,690	(28)
2,240	2,240	2,220	2,190	2,180	2,190	(29)
710	720	710	710	720	720	(30)
2,410	2,410	2,410	2,450	2,450	2,440	(31)
10,400	10,400	10,300	10,200	10,300	10,300	(32)
3,700	3,690	3,660	3,630	3,650	3,600	(33)
10,600	10,500	10,600	10,500	10,600	10,500	(34)
16,900	16,800	16,700	16,600	16,600	16,500	(35)
5,660	5,650	5,660	5,610	5,630	5,580	(36)
2,090	2,100	2,080	2,080	2,090	2,080	(37)
3,060	3,040	3,020	3,010	3,020	3,000	(38)
1,020	1,020	1,030	1,050	1,050	1,060	(39)
9,150	9,060	9,080	9,080	9,080	9,010	(40)
2,830	2,800	2,800	2,800	2,840	2,830	(41)
500	490	470	480	470	470	(42)
6,450	6,460	6,450	6,410	6,400	6,370	(43)
8,250	8,280	8,230	8,210	8,280	8,250	(44)
12,500	12,500	12,400	12,500	12,600	12,600	(45)
5,960	5,930	5,890	5,880	5,900	5,890	(46)
1,820	1,820	1,810	1,820	1,830	1,820	(47)
3,020	3,020	3,020	3,020	3,040	3,020	(48)
3,950	3,940	3,910	3,950	3,980	4,000	(49)
3,290	3,300	3,270	3,280	3,310	3,330	(50)
2,420	2,390	2,390	2,380	2,380	2,370	(51)
8,330	8,310	8,330	8,310	8,340	8,350	(52)
1,630	1,630	1,620	1,630	1,640	1,650	(53)
5,360	5,330	5,300	5,300	5,300	5,260	(54)
30,600	30,500	30,500	30,400	30,400	30,400	(55)
8,110	8,120	8,100	8,090	8,070	8,010	(56)
9,770	9,730	9,690	9,680	9,710	9,700	(57)
9,340	9,240	9,220	9,190	9,280	9,340	(58)
3,230	3,220	3,180	3,140	3,130	3,100	(59)
137,200	137,200	137,100	136,900	137,600	137,500	(60)
26,300	26,100	26,000	25,900	25,900	25,700	(61)
47,600	47,600	47,400	47,400	47,700	47,700	(62)

48 乳 用 牛

(1) 全国農業地域・都道府県別（続き）

キ　月別出生頭数（乳用種めす）

全国農業地域 ・ 都 道 府 県		計	令和3年 2月	3	4	5	6
全　　　　　国	(1)	274,700	20,400	22,700	21,700	19,400	20,600
(全国農業地域)							
北　海　道	(2)	191,700	13,500	16,100	16,100	15,000	15,600
都　府　県	(3)	83,000	6,870	6,570	5,670	4,390	5,050
東　　　北	(4)	17,200	1,360	1,410	1,280	1,060	1,120
北　　　陸	(5)	1,960	170	130	140	110	140
関東・東山	(6)	27,400	2,270	2,150	1,890	1,490	1,640
東　　　海	(7)	7,070	590	550	540	370	460
近　　　畿	(8)	4,250	360	350	280	190	250
中　　　国	(9)	7,400	670	620	510	350	440
四　　　国	(10)	2,390	190	160	150	90	140
九　　　州	(11)	14,900	1,230	1,150	860	700	830
沖　　　縄	(12)	350	40	50	20	30	20
(都道府県)							
北　海　道	(13)	191,700	13,500	16,100	16,100	15,000	15,600
青　　　森	(14)	2,000	170	180	120	110	160
岩　　　手	(15)	8,070	620	620	630	550	520
宮　　　城	(16)	2,640	190	230	210	160	170
秋　　　田	(17)	610	60	50	40	40	30
山　　　形	(18)	1,530	120	130	100	80	80
福　　　島	(19)	2,400	190	210	180	120	160
茨　　　城	(20)	3,600	300	280	220	180	200
栃　　　木	(21)	7,670	610	610	560	420	450
群　　　馬	(22)	6,330	560	470	430	360	410
埼　　　玉	(23)	1,090	80	80	70	30	60
千　　　葉	(24)	4,670	380	400	330	260	260
東　　　京	(25)	330	30	10	20	10	20
神　奈　川	(26)	870	70	70	60	40	50
新　　　潟	(27)	950	80	60	70	50	60
富　　　山	(28)	340	30	30	30	20	20
石　　　川	(29)	470	40	30	30	30	40
福　　　井	(30)	200	20	10	10	10	10
山　　　梨	(31)	610	40	50	60	30	50
長　　　野	(32)	2,220	200	170	160	170	160
岐　　　阜	(33)	930	80	70	70	30	40
静　　　岡	(34)	1,730	140	140	140	110	120
愛　　　知	(35)	3,450	290	260	250	180	220
三　　　重	(36)	970	80	80	80	50	70
滋　　　賀	(37)	470	30	40	30	10	30
京　　　都	(38)	750	90	80	50	40	50
大　　　阪	(39)	130	10	10	0	0	10
兵　　　庫	(40)	2,660	210	200	190	130	150
奈　　　良	(41)	220	20	20	10	10	10
和　歌　山	(42)	20	0	0	0	0	-
鳥　　　取	(43)	2,140	190	150	150	80	130
島　　　根	(44)	1,320	130	110	80	80	70
岡　　　山	(45)	2,090	180	190	130	90	120
広　　　島	(46)	1,450	130	140	120	90	110
山　　　口	(47)	400	40	30	30	10	20
徳　　　島	(48)	460	30	40	30	30	40
香　　　川	(49)	510	50	30	30	20	20
愛　　　媛	(50)	880	60	60	60	30	60
高　　　知	(51)	540	60	40	40	20	30
福　　　岡	(52)	1,760	150	120	110	80	110
佐　　　賀	(53)	280	10	20	20	20	10
長　　　崎	(54)	610	50	40	30	30	40
熊　　　本	(55)	6,580	570	560	420	330	390
大　　　分	(56)	1,810	120	150	100	80	90
宮　　　崎	(57)	2,050	180	150	110	110	130
鹿　児　島	(58)	1,830	140	120	80	60	80
沖　　　縄	(59)	350	40	50	20	30	20
関 東 農 政 局	(60)	29,100	2,410	2,280	2,030	1,600	1,770
東 海 農 政 局	(61)	5,340	450	410	400	260	330
中国四国農政局	(62)	9,790	860	780	660	440	590

単位：頭

7	8	9	10	11	12	令和4年 1月	
26,000	27,300	25,600	24,500	24,200	24,100	18,100	(1)
18,500	18,400	17,100	16,100	16,200	16,300	12,900	(2)
7,570	8,920	8,510	8,360	8,010	7,880	5,180	(3)
1,620	1,770	1,680	1,510	1,640	1,600	1,200	(4)
180	190	230	170	190	180	150	(5)
2,460	2,980	2,860	2,770	2,640	2,570	1,680	(6)
600	700	720	720	660	730	440	(7)
370	430	390	460	440	410	330	(8)
690	770	740	730	710	710	450	(9)
230	280	270	260	230	210	180	(10)
1,400	1,770	1,590	1,720	1,490	1,450	720	(11)
30	40	30	30	20	40	10	(12)
18,500	18,400	17,100	16,100	16,200	16,300	12,900	(13)
200	190	220	170	170	190	130	(14)
770	820	750	700	790	770	540	(15)
280	290	270	220	240	250	150	(16)
50	70	60	60	60	50	40	(17)
140	140	150	150	170	130	150	(18)
180	260	240	220	220	220	200	(19)
310	400	390	400	380	340	220	(20)
680	850	790	770	680	720	540	(21)
570	690	630	620	610	590	390	(22)
100	130	140	110	100	120	50	(23)
430	480	490	470	490	440	230	(24)
30	40	30	40	30	30	40	(25)
60	90	110	110	100	70	60	(26)
90	90	120	80	90	90	70	(27)
30	30	30	30	30	30	40	(28)
40	50	60	40	40	40	40	(29)
30	10	20	20	30	20	10	(30)
60	60	60	60	70	50	40	(31)
230	230	200	200	180	210	120	(32)
90	80	110	90	100	100	60	(33)
140	180	190	190	160	160	70	(34)
300	360	330	360	320	340	240	(35)
70	80	100	80	80	120	70	(36)
50	60	50	50	50	50	40	(37)
70	60	60	70	60	70	60	(38)
10	10	10	10	20	20	10	(39)
230	270	250	300	280	260	200	(40)
20	20	20	30	20	20	30	(41)
0	0	0	0	0	0	-	(42)
210	240	240	230	200	200	130	(43)
130	130	140	110	130	130	70	(44)
190	230	190	210	210	220	130	(45)
130	130	120	130	120	130	100	(46)
40	50	50	40	50	30	30	(47)
40	50	50	40	40	40	50	(48)
40	70	60	60	60	50	40	(49)
90	100	110	90	90	90	60	(50)
60	60	50	70	50	50	30	(51)
190	220	200	180	180	150	70	(52)
30	30	30	30	30	30	20	(53)
60	80	60	60	60	70	30	(54)
580	780	700	700	640	590	330	(55)
160	220	190	270	220	190	30	(56)
210	230	230	240	190	180	110	(57)
170	220	190	240	180	230	130	(58)
30	40	30	30	20	40	10	(59)
2,610	3,160	3,050	2,960	2,800	2,720	1,750	(60)
460	520	540	530	500	570	380	(61)
910	1,050	1,010	990	940	920	630	(62)

50 乳 用 牛

(2) 乳用牛飼養者の飼料作物作付実面積（全国、北海道、都府県）

単位：ha

区　　　分	飼 料 作 物 作 付 実 面 積
全　　　国	486,000
北　海　道	417,500
都　府　県	68,600

2　肉用牛
（令和4年2月1日現在）

(1)　全国農業地域・都道府県別

ア　飼養戸数・頭数

全国農業地域・都道府県		飼養戸数	乳用種のいる戸数	飼						
				合　計 (4)+(29)	肉					
					計	子取り用めす牛	肥育用牛	育成牛	黒毛和種	褐毛和種
		(1)	(2)	(3)	(4)	(5)	(6)	(7)	(8)	(9)
		戸	戸	頭	頭	頭	頭	頭	頭	頭
全　　国	(1)	40,400	4,270	2,614,000	1,812,000	636,800	798,300	376,800	1,758,000	23,000
(全国農業地域)										
北　海　道	(2)	2,240	821	553,300	201,200	76,400	59,000	65,800	193,900	2,760
都　府　県	(3)	38,100	3,450	2,061,000	1,611,000	560,400	739,300	311,000	1,564,000	20,200
東　　北	(4)	10,000	587	334,100	269,000	99,100	114,500	55,400	263,900	660
北　　陸	(5)	328	109	20,800	12,600	3,160	7,660	1,780	12,600	0
関東・東山	(6)	2,610	878	281,400	150,300	34,600	93,900	21,800	149,300	90
東　　海	(7)	1,050	391	125,000	77,700	14,200	56,300	7,130	77,400	10
近　　畿	(8)	1,400	135	90,600	77,800	21,400	47,500	8,950	74,200	50
中　　国	(9)	2,220	265	128,900	79,700	28,900	38,100	12,600	77,400	60
四　　国	(10)	618	198	60,300	29,000	7,900	18,200	2,890	26,500	2,430
九　　州	(11)	17,700	827	941,700	837,200	306,400	357,100	173,700	806,000	16,900
沖　　縄	(12)	2,170	55	78,000	77,500	44,700	5,980	26,800	76,500	10
(都道府県)										
北　海　道	(13)	2,240	821	553,300	201,200	76,400	59,000	65,800	193,900	2,760
青　　森	(14)	763	112	54,600	30,900	13,600	12,300	4,900	30,300	10
岩　　手	(15)	3,650	157	89,200	71,100	30,400	20,500	20,100	68,000	300
宮　　城	(16)	2,690	118	80,000	70,000	26,500	27,600	15,900	69,600	330
秋　　田	(17)	681	55	19,200	17,700	6,690	6,860	4,130	17,000	20
山　　形	(18)	581	46	41,700	40,200	7,940	29,700	2,600	40,100	0
福　　島	(19)	1,650	99	49,400	39,200	13,900	17,500	7,750	39,000	0
茨　　城	(20)	442	101	49,400	30,300	3,870	24,000	2,460	30,100	80
栃　　木	(21)	799	188	84,400	43,300	13,300	20,400	9,650	43,200	－
群　　馬	(22)	502	232	57,300	32,500	7,940	20,200	4,280	32,100	0
埼　　玉	(23)	136	60	17,800	11,800	2,240	8,530	1,070	11,800	0
千　　葉	(24)	247	144	41,000	11,500	2,690	6,590	2,230	11,400	0
東　　京	(25)	18	2	570	510	150	290	60	510	－
神　奈　川	(26)	58	36	4,970	2,310	460	1,640	210	2,290	10
新　　潟	(27)	178	45	11,300	5,460	1,520	3,210	730	5,440	0
富　　山	(28)	30	16	3,690	2,330	800	1,210	320	2,330	－
石　　川	(29)	76	28	3,680	3,350	590	2,250	520	3,350	－
福　　井	(30)	44	20	2,110	1,450	250	990	210	1,450	－
山　　梨	(31)	60	27	5,020	2,350	760	1,280	310	2,350	－
長　　野	(32)	343	88	20,900	15,700	3,240	11,000	1,480	15,400	0
岐　　阜	(33)	452	61	32,900	30,700	8,130	17,800	4,780	30,700	－
静　　岡	(34)	110	57	19,500	7,740	1,040	6,250	450	7,600	10
愛　　知	(35)	340	248	42,400	12,700	3,520	8,060	1,100	12,600	0
三　　重	(36)	148	25	30,200	26,600	1,560	24,200	800	26,500	0
滋　　賀	(37)	89	30	21,100	17,100	2,060	14,700	380	17,100	0
京　　都	(38)	67	14	5,180	4,920	790	3,640	500	4,810	0
大　　阪	(39)	9	5	780	560	70	500	0	550	0
兵　　庫	(40)	1,140	52	56,400	48,600	17,300	23,900	7,370	46,000	30
奈　　良	(41)	41	19	4,370	4,090	460	3,280	350	3,170	10
和　歌　山	(42)	47	15	2,790	2,540	690	1,490	360	2,540	－
鳥　　取	(43)	257	52	21,000	12,900	4,800	6,610	1,510	12,900	20
島　　根	(44)	746	45	32,800	26,100	9,610	11,800	4,690	25,200	10
岡　　山	(45)	406	94	34,900	15,300	5,600	7,390	2,320	15,300	20
広　　島	(46)	460	40	25,700	13,900	4,650	6,880	2,350	13,900	0
山　　口	(47)	350	34	14,500	11,500	4,260	5,460	1,780	10,100	20
徳　　島	(48)	170	80	22,500	9,760	2,470	6,360	930	9,690	50
香　　川	(49)	159	70	21,800	8,850	1,790	6,260	800	8,840	0
愛　　媛	(50)	154	32	10,000	5,330	1,650	3,040	640	5,310	20
高　　知	(51)	135	16	6,000	5,050	1,990	2,540	520	2,680	2,360
福　　岡	(52)	169	60	23,400	15,200	2,980	11,600	570	13,700	0
佐　　賀	(53)	532	28	52,800	51,600	10,000	36,600	4,990	51,600	－
長　　崎	(54)	2,180	88	88,100	72,700	30,600	23,500	18,600	71,600	390
熊　　本	(55)	2,170	238	133,600	105,000	42,000	39,800	23,100	87,100	16,400
大　　分	(56)	1,050	83	51,500	40,700	17,700	14,000	8,930	40,200	90
宮　　崎	(57)	4,940	182	254,500	229,000	85,200	88,900	54,900	220,800	30
鹿　児　島	(58)	6,690	148	337,800	323,100	117,900	142,700	62,600	321,000	20
沖　　縄	(59)	2,170	55	78,000	77,500	44,700	5,980	26,800	76,500	10
関東農政局	(60)	2,720	935	300,900	158,000	35,700	100,200	22,200	156,900	90
東海農政局	(61)	940	334	105,500	69,900	13,200	50,000	6,680	69,800	0
中国四国農政局	(62)	2,840	463	189,300	108,700	36,800	56,300	15,500	103,900	2,490

その他	養		頭						種	数	
		用		め				す			
	小 計	1歳未満	1	2	3	4～5	6～7	8～9	10歳以上		
(10)	(11)	(12)	(13)	(14)	(15)	(16)	(17)	(18)	(19)		
頭	頭	頭	頭	頭	頭	頭	頭	頭	頭		
31,300	1,158,000	228,200	248,700	154,700	76,500	135,100	106,400	75,200	133,500	(1)	
4,560	137,900	33,800	24,100	15,800	10,000	17,900	13,900	8,050	14,300	(2)	
26,700	1,020,000	194,400	224,600	138,900	66,500	117,200	92,500	67,200	119,100	(3)	
4,380	180,100	34,400	37,700	26,500	11,500	21,300	18,200	12,700	17,700	(4)	
30	6,350	1,480	1,350	810	460	780	470	300	700	(5)	
920	72,700	15,900	17,500	10,000	4,560	7,910	5,850	4,010	6,960	(6)	
210	53,100	9,200	21,100	10,900	2,210	3,240	2,360	1,490	2,710	(7)	
3,570	49,700	8,090	17,100	9,370	2,400	3,730	2,510	1,760	4,790	(8)	
2,260	52,500	10,300	10,700	7,490	3,270	6,100	4,800	3,530	6,250	(9)	
40	17,700	3,200	5,440	2,570	880	1,740	1,190	780	1,910	(10)	
14,400	528,400	100,400	109,100	66,500	36,900	64,000	49,400	37,100	65,000	(11)	
950	59,800	11,400	4,640	4,660	4,360	8,490	7,750	5,460	13,100	(12)	
4,560	137,900	33,800	24,100	15,800	10,000	17,900	13,900	8,050	14,300	(13)	
590	20,000	4,160	3,280	2,640	1,740	2,700	2,170	1,290	2,000	(14)	
2,810	50,800	10,100	8,200	5,460	3,790	7,010	5,970	4,120	6,160	(15)	
80	40,100	8,370	6,310	4,790	2,630	5,140	4,780	3,870	4,180	(16)	
630	11,000	2,310	1,870	1,140	820	1,690	1,400	750	1,050	(17)	
90	32,100	4,260	13,200	9,250	840	1,640	1,000	680	1,200	(18)	
180	26,100	5,200	4,860	3,250	1,690	3,120	2,900	2,000	3,120	(19)	
130	12,000	2,500	4,120	1,860	460	890	680	420	1,060	(20)	
70	23,700	5,610	3,660	2,790	1,820	3,180	2,310	1,730	2,560	(21)	
320	16,800	3,380	4,320	2,570	940	1,660	1,320	890	1,750	(22)	
30	3,580	560	870	500	290	450	290	230	400	(23)	
50	5,880	1,510	1,330	800	390	630	470	300	450	(24)	
－	420	50	170	100	10	30	20	10	30	(25)	
20	1,020	200	290	190	50	130	50	30	70	(26)	
20	2,760	620	470	300	240	440	240	170	280	(27)	
－	1,410	350	240	140	100	180	120	70	210	(28)	
10	1,400	360	330	260	90	120	70	30	160	(29)	
0	790	160	320	100	30	50	40	30	60	(30)	
0	1,440	260	340	180	110	190	150	90	130	(31)	
300	7,880	1,850	2,350	1,050	480	750	570	320	510	(32)	
0	15,600	3,100	3,730	2,110	1,170	1,840	1,300	960	1,360	(33)	
130	5,660	990	2,930	960	100	220	170	80	200	(34)	
40	6,870	1,510	1,380	880	440	840	680	350	800	(35)	
30	25,000	3,600	13,000	6,920	500	340	200	100	350	(36)	
10	13,100	1,930	6,660	2,980	290	500	280	150	350	(37)	
110	2,710	470	1,090	530	90	190	120	90	150	(38)	
10	340	50	160	80	0	20	20	10	0	(39)	
2,530	29,800	5,070	7,670	4,980	1,860	2,810	1,940	1,410	4,000	(40)	
910	2,660	360	1,280	670	80	80	60	40	90	(41)	
－	1,150	220	230	140	80	130	90	70	200	(42)	
10	9,150	1,670	2,260	1,750	570	1,070	800	360	670	(43)	
900	17,400	3,560	3,450	2,360	1,070	2,090	1,520	1,280	2,030	(44)	
20	10,600	2,150	2,150	1,550	620	1,220	870	590	1,420	(45)	
－	8,600	1,680	1,860	990	520	920	870	660	1,100	(46)	
1,340	6,830	1,280	1,010	830	490	800	740	650	1,030	(47)	
20	6,340	1,050	2,270	1,010	260	460	330	220	750	(48)	
10	4,410	840	1,380	630	150	430	390	190	400	(49)	
10	3,670	700	1,050	520	230	390	200	160	440	(50)	
10	3,270	620	740	400	250	470	270	200	330	(51)	
1,480	5,890	1,170	1,370	700	430	830	520	330	560	(52)	
10	26,800	4,540	9,270	4,380	1,200	2,350	1,630	1,210	2,220	(53)	
720	48,800	9,560	8,640	5,360	3,530	6,850	5,060	3,760	6,100	(54)	
1,530	68,800	14,000	12,100	8,110	5,170	9,480	7,180	4,660	8,020	(55)	
430	26,700	5,330	4,560	3,400	1,940	3,540	2,850	2,010	3,120	(56)	
8,190	142,600	30,000	25,000	17,300	10,500	17,400	14,300	11,000	17,100	(57)	
2,010	208,700	35,800	48,100	27,300	14,100	23,500	17,800	14,100	27,900	(58)	
950	59,800	11,400	4,640	4,660	4,360	8,490	7,750	5,460	13,100	(59)	
1,060	78,400	16,900	20,400	11,000	4,660	8,130	6,020	4,100	7,160	(60)	
70	47,500	8,210	18,100	9,910	2,100	3,020	2,190	1,410	2,510	(61)	
2,310	70,200	13,500	16,200	10,100	4,140	7,840	5,990	4,310	8,160	(62)	

54 肉 用 牛

(1) 全国農業地域・都道府県別（続き）

ア 飼養戸数・頭数（続き）

全国農業地域・都道府県	飼養頭 肉用種（続き） め　す（続き） 子取り用めす牛のうち、出産経験のある牛 小計 (20)	2歳以下 (21)	3 (22)	4 (23)	5歳以上 (24)	お　す 小計 (25)	1歳未満 (26)	1 (27)	2歳以上 (28)
	頭	頭	頭	頭	頭	頭	頭	頭	頭
全　　国 (1)	574,600	57,600	71,600	68,800	376,500	653,600	251,200	282,600	119,900
（全国農業地域）									
北　海　道 (2)	71,100	8,130	9,410	9,170	44,400	63,300	36,300	19,900	7,080
都　府　県 (3)	503,500	49,500	62,200	59,700	332,100	590,300	214,800	262,700	112,800
東　　北 (4)	89,000	8,580	10,800	10,600	58,900	88,900	37,800	35,300	15,800
北　　陸 (5)	2,940	290	410	370	1,860	6,250	1,970	3,010	1,270
関東・東山 (6)	32,300	3,640	4,270	3,990	20,400	77,600	21,300	39,000	17,300
東　　海 (7)	13,100	1,530	1,810	1,630	8,110	24,500	7,970	11,900	4,660
近　　畿 (8)	16,300	1,700	2,050	1,920	10,700	28,100	8,000	13,300	6,780
中　　国 (9)	26,100	2,550	3,060	3,050	17,500	27,200	11,400	11,800	4,030
四　　国 (10)	6,990	640	790	910	4,660	11,300	3,520	5,720	2,060
九　　州 (11)	277,500	27,800	35,100	33,000	181,600	308,900	111,200	140,500	57,200
沖　　縄 (12)	39,200	2,790	3,810	4,160	28,500	17,700	11,700	2,150	3,790
（都道府県）									
北　海　道 (13)	71,100	8,130	9,410	9,170	44,400	63,300	36,300	19,900	7,080
青　　森 (14)	10,900	1,190	1,630	1,370	6,740	10,900	4,750	4,420	1,730
岩　　手 (15)	29,600	2,720	3,660	3,510	19,700	20,300	11,400	6,130	2,740
宮　　城 (16)	22,700	2,290	2,500	2,540	15,300	29,900	10,400	13,000	6,490
秋　　田 (17)	6,270	600	790	800	4,080	6,650	2,610	3,080	960
山　　形 (18)	5,800	660	680	880	3,580	8,120	2,820	3,680	1,630
福　　島 (19)	13,800	1,120	1,590	1,560	9,500	13,000	5,760	5,030	2,220
茨　　城 (20)	3,800	370	410	440	2,570	18,300	3,640	9,910	4,740
栃　　木 (21)	12,800	1,490	1,730	1,570	8,050	19,600	7,310	8,370	3,950
群　　馬 (22)	7,290	820	890	880	4,690	15,600	4,410	8,590	2,640
埼　　玉 (23)	1,820	210	270	230 〜 1,110	8,260	1,330	4,560	2,370
千　　葉 (24)	2,480	300	360	340	1,480	5,630	1,780	2,520	1,320
東　　京 (25)	120	20	10	10	70	80	50	30	10
神　奈　川 (26)	370	40	50	80	210	1,290	290	680	320
新　　潟 (27)	1,490	150	230	190	920	2,710	870	1,310	530
富　　山 (28)	730	60	90	80	500	920	380	420	120
石　　川 (29)	500	60	70	70	290	1,950	530	930	500
福　　井 (30)	230	20	30	30	150	670	200	360	120
山　　梨 (31)	710	60	110	100	440	920	350	430	140
長　　野 (32)	2,900	320	440	350	1,790	7,850	2,150	3,940	1,760
岐　　阜 (33)	7,510	920	1,130	920	4,540	15,100	4,280	7,700	3,110
静　　岡 (34)	860	80	100	110	570	2,070	780	940	350
愛　　知 (35)	3,430	380	400	430	2,220	5,820	2,190	2,660	970
三　　重 (36)	1,290	150	180	170	790	1,540	720	590	230
滋　　賀 (37)	1,610	190	150	210	1,060	3,990	1,160	2,060	770
京　　都 (38)	700	70	80	120	420	2,200	610	1,160	430
大　　阪 (39)	50	0	0	0	30	230	60	110	60
兵　　庫 (40)	12,900	1,280	1,660	1,470	8,490	18,800	5,340	8,480	5,030
奈　　良 (41)	420	70	80	50	220	1,440	380	830	220
和　歌　山 (42)	640	80	80	60	430	1,390	440	680	270
鳥　　取 (43)	3,770	410	520	520	2,310	3,770	1,570	1,620	590
島　　根 (44)	8,850	920	1,030	1,030	5,870	8,730	3,850	3,690	1,200
岡　　山 (45)	5,080	480	560	620	3,420	4,740	2,400	1,650	700
広　　島 (46)	4,430	390	490	460	3,080	5,280	2,100	2,620	550
山　　口 (47)	4,010	350	470	410	2,780	4,660	1,470	2,200	1,000
徳　　島 (48)	2,110	150	230	220	1,520	3,410	1,040	1,800	580
香　　川 (49)	1,730	190	140	210	1,190	4,450	1,190	2,380	870
愛　　媛 (50)	1,510	140	210	210	950	1,660	680	750	230
高　　知 (51)	1,640	150	220	270	990	1,780	610	790	380
福　　岡 (52)	2,980	340	410	430	1,800	9,300	1,930	5,570	1,800
佐　　賀 (53)	9,490	970	1,150	1,190	6,180	24,800	6,250	13,200	5,430
長　　崎 (54)	27,500	2,410	3,420	3,650	18,100	23,900	10,300	9,750	3,850
熊　　本 (55)	38,200	4,110	4,890	4,760	24,400	36,200	15,700	14,700	5,790
大　　分 (56)	14,800	1,490	1,840	1,820	9,650	13,900	5,630	5,940	2,350
宮　　崎 (57)	80,000	10,100	10,200	9,110	50,600	86,300	31,700	37,000	17,700
鹿　児　島 (58)	104,500	8,320	13,200	12,000	71,000	114,400	39,700	54,400	20,300
沖　　縄 (59)	39,200	2,790	3,810	4,160	28,500	17,700	11,700	2,150	3,790
関東農政局 (60)	33,200	3,720	4,370	4,100	21,000	79,700	22,100	40,000	17,600
東海農政局 (61)	12,200	1,450	1,710	1,520	7,550	22,500	7,190	11,000	4,310
中国四国農政局 (62)	33,100	3,190	3,860	3,960	22,100	38,500	14,900	17,500	6,090

乳 計 (29)	めす (30)	ホルスタイン種 他 (31)	めす (32)	交雑種 (33)	めす (34)	乳用種頭数割合 (29)/(3) (35)	交雑種頭数割合 (33)/(29) (36)	1戸当たり飼養頭数 (3)/(1) (37)	対前年比 飼養戸数 (38)	飼養頭数 (39)	
頭	頭	頭	頭	頭	頭	%	%	頭	%	%	
802,200	279,000	246,900	9,140	555,300	269,900	30.7	69.2	64.7	96.0	100.3	(1)
352,100	90,200	175,600	5,770	176,500	84,400	63.6	50.1	247.0	98.7	103.2	(2)
450,100	188,800	71,300	3,370	378,800	185,500	21.8	84.2	54.1	95.7	99.7	(3)
65,100	25,400	17,000	590	48,100	24,800	19.5	73.9	33.4	95.2	99.7	(4)
8,160	3,050	780	50	7,380	3,000	39.2	90.4	63.4	96.8	98.6	(5)
131,100	56,600	22,500	1,430	108,600	55,200	46.6	82.8	107.8	98.1	101.5	(6)
47,400	21,500	4,050	240	43,300	21,300	37.9	91.4	119.0	99.1	102.3	(7)
12,800	6,760	920	170	11,900	6,590	14.1	93.0	64.7	96.6	100.2	(8)
49,200	23,900	8,830	280	40,400	23,700	38.2	82.1	58.1	96.1	100.5	(9)
31,300	8,210	3,070	90	28,300	8,120	51.9	90.4	97.6	96.0	101.2	(10)
104,500	43,100	14,000	520	90,500	42,600	11.1	86.6	53.2	95.7	98.9	(11)
460	240	70	0	390	240	0.6	84.8	35.9	96.4	95.2	(12)
352,100	90,200	175,600	5,770	176,500	84,400	63.6	50.1	247.0	98.7	103.2	(13)
23,800	6,170	12,200	140	11,600	6,030	43.6	48.7	71.6	96.3	102.2	(14)
18,200	6,500	3,150	340	15,000	6,160	20.4	82.4	24.4	94.6	98.0	(15)
10,000	4,090	1,000	10	9,030	4,070	12.5	90.3	29.7	95.4	100.0	(16)
1,490	560	120	20	1,360	540	7.8	91.3	28.2	94.8	99.5	(17)
1,460	490	210	10	1,250	480	3.5	85.6	71.8	95.9	102.0	(18)
10,300	7,560	380	60	9,880	7,510	20.9	95.9	29.9	94.3	97.8	(19)
19,100	8,100	4,520	70	14,600	8,030	38.7	76.4	111.8	96.9	99.0	(20)
41,100	10,400	9,210	860	31,900	9,580	48.7	77.6	105.6	98.4	102.4	(21)
24,900	15,400	1,690	100	23,200	15,300	43.5	93.2	114.1	97.1	101.6	(22)
5,980	2,510	2,400	90	3,590	2,430	33.6	60.0	130.9	97.8	102.9	(23)
29,500	14,100	4,150	290	25,400	13,800	72.0	86.1	166.0	101.6	102.5	(24)
x	x	x	x	x	x	x	x	31.7	81.8	90.5	(25)
2,660	1,520	70	–	2,600	1,520	53.5	97.7	85.7	107.4	97.6	(26)
5,820	1,850	620	30	5,200	1,820	51.5	89.3	63.5	96.7	98.3	(27)
1,360	780	80	10	1,280	770	36.9	94.1	123.0	96.8	102.5	(28)
330	140	60	0	270	130	9.0	81.8	48.4	96.2	95.6	(29)
650	280	20	10	630	280	30.8	96.9	48.0	97.8	97.2	(30)
2,670	1,690	160	0	2,500	1,690	53.2	93.6	83.7	95.2	100.2	(31)
5,190	2,840	330	30	4,860	2,800	24.8	93.6	60.9	96.9	102.0	(32)
2,210	1,170	50	10	2,160	1,160	6.7	97.7	72.8	97.4	100.3	(33)
11,800	4,930	600	60	11,200	4,870	60.5	94.9	177.3	98.2	101.6	(34)
29,700	13,100	3,280	160	26,500	13,000	70.0	89.2	124.7	100.0	102.2	(35)
3,660	2,320	120	10	3,540	2,320	12.1	96.7	204.1	100.0	104.9	(36)
3,940	1,240	220	100	3,720	1,140	18.7	94.4	237.1	100.0	105.5	(37)
260	170	40	30	230	140	5.0	88.5	77.3	95.7	97.4	(38)
210	70	x	x	170	70	26.9	81.0	86.7	100.0	91.8	(39)
7,830	4,930	550	30	7,280	4,900	13.9	93.0	49.5	95.8	98.4	(40)
270	160	50	10	230	150	6.2	85.2	106.6	91.1	104.5	(41)
250	200	20	0	230	200	9.0	92.0	59.4	90.4	101.5	(42)
8,130	2,170	3,770	130	4,350	2,040	38.7	53.5	81.7	97.0	101.4	(43)
6,740	2,070	1,160	20	5,580	2,050	20.5	82.8	44.0	93.0	99.7	(44)
19,600	10,900	2,520	40	17,100	10,800	56.2	87.2	86.0	102.8	102.0	(45)
11,800	6,710	1,030	30	10,800	6,670	45.9	91.5	55.9	95.0	99.6	(46)
3,000	2,100	350	40	2,650	2,060	20.7	88.3	41.4	96.2	98.6	(47)
12,800	2,880	930	30	11,900	2,850	56.9	93.0	132.4	97.7	99.1	(48)
12,900	3,600	230	10	12,700	3,600	59.2	98.4	137.1	97.0	104.3	(49)
4,670	1,660	1,270	50	3,400	1,610	46.7	72.8	64.9	96.3	100.1	(50)
950	60	640	0	310	60	15.8	32.6	44.4	92.5	100.2	(51)
8,190	3,970	2,010	20	6,180	3,940	35.0	75.5	138.5	88.5	104.0	(52)
1,220	840	30	10	1,190	830	2.3	97.5	99.2	96.0	100.4	(53)
15,400	8,210	820	40	14,600	8,170	17.5	94.8	40.4	96.9	97.2	(54)
28,700	8,250	2,750	60	25,900	8,190	21.5	90.2	61.6	95.2	99.2	(55)
10,800	4,200	3,830	270	6,990	3,930	21.0	64.7	49.0	97.2	100.8	(56)
25,500	11,700	2,780	90	22,700	11,600	10.0	89.0	51.5	95.9	101.8	(57)
14,700	5,950	1,810	40	12,900	5,910	4.4	87.8	50.5	95.2	96.2	(58)
460	240	70	0	390	240	0.6	84.8	35.9	96.4	95.2	(59)
142,900	61,600	23,100	1,490	119,700	60,100	47.5	83.8	110.6	98.2	101.6	(60)
35,600	16,600	3,460	180	32,200	16,400	33.7	90.4	112.2	98.7	102.3	(61)
80,600	32,100	11,900	360	68,700	31,800	42.6	85.2	66.7	96.3	100.7	(62)

56 肉 用 牛

(1) 全国農業地域・都道府県別（続き）

イ 総飼養頭数規模別の飼養戸数

単位：戸

全国農業地域・都道府県	計	1〜4頭	5〜9	10〜19	20〜29	30〜49	50〜99	100〜199	200〜499	500頭以上
全　　　　国	40,400	9,020	7,830	7,410	3,760	4,060	3,860	2,220	1,430	783
(全国農業地域)										
北　海　道	2,240	161	141	264	236	376	424	259	177	202
都　府　県	38,100	8,860	7,690	7,150	3,520	3,680	3,430	1,960	1,260	581
東　　　北	10,000	3,030	2,340	1,880	862	771	591	312	154	72
北　　　陸	328	72	67	39	27	35	39	24	22	3
関東・東山	2,610	378	353	402	250	326	369	236	181	110
東　　海	1,050	114	114	122	85	108	170	159	133	45
近　　畿	1,400	287	304	278	104	121	115	98	51	37
中　　国	2,220	732	458	344	150	182	139	102	67	45
四　　国	618	106	87	99	64	60	77	60	45	20
九　　州	17,700	3,820	3,610	3,520	1,660	1,760	1,680	876	568	245
沖　　縄	2,170	319	357	464	320	321	255	94	34	4
(都道府県)										
北　海　道	2,240	161	141	264	236	376	424	259	177	202
青　　森	763	105	154	166	96	80	71	51	24	16
岩　　手	3,650	1,330	871	638	289	251	153	76	30	16
宮　　城	2,690	769	650	521	248	226	162	68	36	13
秋　　田	681	221	162	116	49	42	49	20	20	2
山　　形	581	109	105	92	62	64	68	45	22	14
福　　島	1,650	504	399	345	118	108	88	52	22	11
茨　　城	442	78	68	69	48	43	51	35	30	20
栃　　木	799	87	105	132	96	120	116	65	42	36
群　　馬	502	68	59	70	31	74	83	56	41	20
埼　　玉	136	18	17	19	12	20	16	17	10	7
千　　葉	247	35	34	38	11	27	30	20	32	20
東　　京	18	6	1	4	2	3	1	1	-	-
神　奈　川	58	8	12	9	6	2	10	7	2	2
新　　潟	178	41	38	23	16	21	18	9	10	2
富　　山	30	2	1	4	2	4	7	2	8	-
石　　川	76	21	20	8	3	8	6	6	3	1
福　　井	44	8	8	4	6	2	8	7	1	-
山　　梨	60	7	4	11	9	7	11	5	5	1
長　　野	343	71	53	50	35	30	51	30	19	4
岐　　阜	452	59	67	60	39	55	69	61	36	6
静　　岡	110	7	4	8	11	9	14	28	23	6
愛　　知	340	34	38	39	25	33	60	44	48	19
三　　重	148	14	5	15	10	11	27	26	26	14
滋　　賀	89	4	6	5	3	6	11	29	12	13
京　　都	67	9	19	12	5	6	4	5	4	3
大　　阪	9	2	-	-	-	1	4	2	-	-
兵　　庫	1,140	258	264	252	89	92	81	56	33	17
奈　　良	41	10	9	5	3	5	3	2	1	3
和　歌　山	47	4	6	4	4	11	12	4	1	1
鳥　　取	257	53	42	36	26	30	24	21	18	7
島　　根	746	330	153	100	38	47	33	25	10	10
岡　　山	406	117	75	63	30	38	33	17	18	15
広　　島	460	153	113	65	32	29	25	22	12	9
山　　口	350	79	75	80	24	38	24	17	9	4
徳　　島	170	24	23	19	12	18	25	22	18	9
香　　川	159	24	17	26	18	17	24	16	10	7
愛　　媛	154	23	20	31	23	15	15	15	8	4
高　　知	135	35	27	23	11	10	13	7	9	-
福　　岡	169	10	16	27	19	19	26	28	16	8
佐　　賀	532	47	63	98	46	48	86	80	49	15
長　　崎	2,180	538	490	439	192	206	172	74	51	16
熊　　本	2,170	403	365	443	231	214	241	131	111	28
大　　分	1,050	203	209	192	103	137	116	44	26	15
宮　　崎	4,940	897	1,050	1,030	464	513	517	254	144	79
鹿　児　島	6,690	1,720	1,410	1,290	602	618	521	265	171	84
沖　　縄	2,170	319	357	464	320	321	255	94	34	4
関東農政局	2,720	385	357	410	261	335	383	264	204	116
東海農政局	940	107	110	114	74	99	156	131	110	39
中国四国農政局	2,840	838	545	443	214	242	216	162	112	65

ウ　総飼養頭数規模別の飼養頭数

単位：頭

全国農業地域・都道府県	計	1～4頭	5～9	10～19	20～29	30～49	50～99	100～199	200～499	500頭以上
全　　国	2,614,000	23,800	55,100	106,900	93,900	161,500	280,000	320,000	444,700	1,128,000
（全国農業地域）										
北　海　道	553,300	400	1,020	3,970	5,990	15,600	31,100	36,700	59,800	398,700
都　府　県	2,061,000	23,400	54,100	103,000	87,900	145,900	249,000	283,300	384,900	729,400
東　　北	334,100	7,950	16,300	26,700	21,500	30,400	42,600	45,000	44,800	99,000
北　陸	20,800	200	470	580	700	1,410	3,010	3,360	6,960	4,060
関東・東山	281,400	930	2,490	5,840	6,190	13,000	27,000	34,300	57,100	134,600
東　海	125,000	300	780	1,760	2,160	4,280	12,400	23,100	41,600	38,700
近　畿	90,600	770	2,100	4,000	2,560	4,720	8,460	13,800	15,500	38,600
中　国	128,900	1,800	3,130	4,830	3,710	7,070	10,300	14,600	20,600	62,900
四　国	60,300	250	610	1,460	1,530	2,400	5,560	8,480	13,600	26,500
九　州	941,700	10,300	25,700	51,000	41,500	69,900	121,500	127,700	174,800	319,300
沖　縄	78,000	830	2,570	6,840	8,070	12,800	18,200	12,900	9,950	5,800
（都道府県）										
北　海　道	553,300	400	1,020	3,970	5,990	15,600	31,100	36,700	59,800	398,700
青　森	54,600	300	1,130	2,480	2,450	3,230	5,230	7,530	7,540	24,800
岩　手	89,200	3,450	6,000	9,040	7,130	9,830	11,000	11,000	8,710	23,100
宮　城	80,000	2,020	4,510	7,290	6,130	8,840	11,400	9,590	9,730	20,500
秋　田	19,200	560	1,120	1,540	1,230	1,630	3,350	2,690	5,670	x
山　形	41,700	280	710	1,290	1,570	2,540	4,950	6,300	6,430	17,600
福　島	49,400	1,340	2,830	5,030	2,990	4,300	6,640	7,920	6,710	11,600
茨　城	49,400	200	470	950	1,180	1,690	3,590	4,960	9,370	27,000
栃　木	84,400	220	770	2,000	2,420	4,880	8,290	9,500	13,400	42,900
群　馬	57,300	160	400	1,010	760	2,920	6,130	7,900	12,900	25,200
埼　玉	17,800	40	120	290	290	780	1,160	2,580	3,150	9,420
千　葉	41,000	90	230	550	280	1,060	2,250	3,060	10,100	23,400
東　京	570	10	x	70	x	140	x	x	-	-
神　奈　川	4,970	20	80	120	150	x	780	950	x	x
新　潟	11,300	110	270	340	420	880	1,340	1,320	3,490	x
富　山	3,690	x	x	60	x	190	620	x	2,460	-
石　川	3,680	50	150	110	80	280	480	810	790	x
福　井	2,110	30	60	60	160	x	580	940	x	-
山　梨	5,020	20	30	160	230	260	860	640	1,460	x
長　野	20,900	170	380	700	840	1,210	3,870	4,460	5,870	3,420
岐　阜	32,900	160	460	880	990	2,160	4,950	8,640	10,800	3,870
静　岡	19,500	20	30	110	270	360	1,050	4,380	7,410	5,870
愛　知	42,400	90	260	540	640	1,320	4,440	6,340	14,900	13,900
三　重	30,200	40	30	230	260	440	1,950	3,700	8,530	15,100
滋　賀	21,100	10	50	70	80	210	810	4,170	3,650	12,000
京　都	5,180	30	140	170	140	210	330	680	1,010	2,470
大　阪	780	x	-	-	-	x	350	x	-	-
兵　庫	56,400	690	1,810	3,630	2,180	3,630	5,920	7,810	10,400	20,300
奈　良	4,370	20	60	80	80	220	200	x	x	3,210
和　歌　山	2,790	10	40	50	90	410	850	530	x	x
鳥　取	21,000	120	280	510	650	1,160	1,870	2,850	5,640	7,980
島　根	32,800	810	1,030	1,440	930	1,790	2,360	3,630	3,270	17,600
岡　山	34,900	280	500	850	740	1,470	2,470	2,540	5,530	20,500
広　島	25,700	390	780	900	800	1,160	2,010	3,210	3,570	12,900
山　口	14,500	200	530	1,130	600	1,500	1,570	2,430	2,610	3,930
徳　島	22,500	60	160	270	270	700	1,870	3,030	5,800	10,400
香　川	21,800	60	120	390	430	700	1,610	2,280	2,590	13,600
愛　媛	10,000	50	140	470	570	590	1,120	2,140	2,470	2,450
高　知	6,000	80	180	330	260	410	960	1,030	2,750	-
福　岡	23,400	30	110	430	480	760	2,090	4,280	4,960	10,300
佐　賀	52,800	130	450	1,370	1,110	1,920	6,410	11,300	15,100	15,100
長　崎	88,100	1,500	3,560	6,560	4,900	8,450	13,000	11,300	15,000	23,800
熊　本	133,600	1,080	2,610	6,370	5,790	8,650	17,300	19,800	33,000	39,100
大　分	51,500	560	1,470	2,880	2,620	5,580	8,380	6,550	8,840	14,600
宮　崎	254,500	2,470	7,270	14,400	11,100	19,700	36,000	34,700	43,300	85,500
鹿　児　島	337,800	4,580	10,200	19,000	15,400	24,800	38,400	39,800	54,600	131,100
沖　縄	78,000	830	2,570	6,840	8,070	12,800	18,200	12,900	9,950	5,800
関東農政局	300,900	940	2,510	5,950	6,460	13,400	28,000	38,700	64,500	140,500
東海農政局	105,500	280	750	1,650	1,890	3,920	11,300	18,700	34,200	32,900
中国四国農政局	189,300	2,050	3,730	6,290	5,240	9,470	15,800	23,100	34,200	89,300

58 肉 用 牛

(1) 全国農業地域・都道府県別（続き）

エ 子取り用めす牛飼養頭数規模別の飼養戸数

単位：戸

全国農業地域・都道府県	計	子 取 り 用 め す 牛 飼 養 頭 数 規 模							子取り用めす牛なし
		小 計	1〜4頭	5〜9	10〜19	20〜49	50〜99	100頭以上	
全　　　国	40,400	35,500	13,400	7,960	6,520	5,510	1,520	583	4,850
（全国農業地域）									
北　海　道	2,240	1,830	223	235	379	659	228	103	413
都　府　県	38,100	33,700	13,200	7,720	6,140	4,850	1,290	480	4,440
東　　北	10,000	9,000	4,480	2,130	1,370	814	157	46	1,010
北　　陸	328	197	82	38	45	21	9	2	131
関東・東山	2,610	1,770	529	382	375	375	86	26	832
東　　海	1,050	561	153	88	114	140	50	16	489
近　　畿	1,400	1,170	447	293	216	155	39	18	227
中　　国	2,220	2,010	975	419	276	236	72	28	213
四　　国	618	428	128	98	91	92	12	7	190
九　　州	17,700	16,400	5,880	3,820	3,090	2,590	757	300	1,290
沖　　縄	2,170	2,120	520	456	567	430	106	37	52
（都道府県）									
北　海　道	2,240	1,830	223	235	379	659	228	103	413
青　　森	763	673	215	170	155	99	27	7	90
岩　　手	3,650	3,390	1,850	766	473	255	33	15	256
宮　　城	2,690	2,400	1,200	574	364	219	39	10	291
秋　　田	681	625	326	139	74	64	18	4	56
山　　形	581	411	167	91	77	58	15	3	170
福　　島	1,650	1,500	725	394	228	119	25	7	149
茨　　城	442	290	109	69	61	42	7	2	152
栃　　木	799	624	148	139	151	145	30	11	175
群　　馬	502	308	74	51	55	94	27	7	194
埼　　玉	136	92	22	21	21	21	6	1	44
千　　葉	247	143	47	43	27	15	7	4	104
東　　京	18	14	7	4	1	2	−	−	4
神　奈　川	58	27	10	5	6	5	1	−	31
新　　潟	178	121	57	22	28	11	2	1	57
富　　山	30	18	2	3	4	4	4	1	12
石　　川	76	36	15	8	5	6	2	−	40
福　　井	44	22	8	5	8	−	1	−	22
山　　梨	60	38	10	10	8	9	−	1	22
長　　野	343	237	102	40	45	42	8	−	106
岐　　阜	452	340	102	52	71	77	30	8	112
静　　岡	110	39	10	4	7	15	3	−	71
愛　　知	340	138	29	22	30	39	13	5	202
三　　重	148	44	12	10	6	9	4	3	104
滋　　賀	89	42	5	9	6	12	6	4	47
京　　都	67	49	17	12	10	6	4	−	18
大　　阪	9	3	1	−	1	1	−	−	6
兵　　庫	1,140	1,020	407	263	191	117	26	14	124
奈　　良	41	23	11	1	2	7	2	−	18
和　歌　山	47	33	6	8	6	12	1	−	14
鳥　　取	257	225	85	40	42	43	10	5	32
島　　根	746	697	415	116	76	55	22	13	49
岡　　山	406	349	143	85	50	53	13	5	57
広　　島	460	414	212	95	52	36	16	3	46
山　　口	350	321	120	83	56	49	11	2	29
徳　　島	170	100	27	23	15	27	5	3	70
香　　川	159	96	20	23	26	23	2	2	63
愛　　媛	154	113	31	26	30	23	3	−	41
高　　知	135	119	50	26	20	19	2	2	16
福　　岡	169	114	19	22	28	28	14	3	55
佐　　賀	532	407	83	103	77	91	42	11	125
長　　崎	2,180	2,030	817	501	354	275	62	25	144
熊　　本	2,170	1,980	633	460	395	336	107	45	191
大　　分	1,050	960	334	205	184	187	42	8	85
宮　　崎	4,940	4,680	1,650	1,110	854	758	223	90	260
鹿　児　島	6,690	6,250	2,350	1,420	1,200	911	267	118	433
沖　　縄	2,170	2,120	520	456	567	430	106	37	52
関東農政局	2,720	1,810	539	386	382	390	89	26	903
東海農政局	940	522	143	84	107	125	47	16	418
中国四国農政局	2,840	2,430	1,100	517	367	328	84	35	403

注： この統計表の子取り用めす牛飼養頭数規模は、牛個体識別全国データベースにおいて出産経験のある肉用種めすの頭数を階層として区分したものである（以下オにおいて同じ。）。

オ　子取り用めす牛飼養頭数規模別の飼養頭数

単位：頭

全国農業地域・都道府県	計	子 取 り 用 め す 牛 飼 養 頭 数 規 模							子取り用めす牛なし
		小　計	1～4頭	5～9	10～19	20～49	50～99	100頭以上	
全　　　　国	2,614,000	1,572,000	129,400	144,600	231,500	407,600	259,700	398,900	1,042,000
(全国農業地域)									
北　海　道	553,300	245,500	16,300	6,830	23,300	60,300	40,600	98,200	307,800
都　府　県	2,061,000	1,326,000	113,000	137,800	208,200	347,300	219,200	300,800	734,600
東　　北	334,100	245,400	33,300	33,800	43,500	62,200	27,400	45,100	88,700
北　　陸	20,800	9,160	1,500	1,190	2,080	2,130	1,410	x	11,600
関東・東山	281,400	128,800	13,600	10,400	26,900	33,400	17,500	27,000	152,600
東　海	125,000	47,600	5,390	3,350	5,570	14,200	10,600	8,510	77,400
近　畿	90,600	57,900	5,250	9,990	8,670	12,700	9,960	11,400	32,700
中　国	128,900	85,300	7,400	9,400	11,900	21,800	14,000	20,800	43,600
四　国	60,300	25,900	1,800	4,130	4,230	8,710	2,420	4,570	34,500
九　州	941,700	649,200	42,300	59,700	90,400	167,000	122,100	167,700	292,500
沖　縄	78,000	76,900	2,490	5,730	15,000	25,100	13,700	14,900	1,060
(都道府県)									
北　海　道	553,300	245,500	16,300	6,830	23,300	60,300	40,600	98,200	307,800
青　　森	54,600	37,400	7,430	3,260	4,840	8,940	5,530	7,360	17,300
岩　　手	89,200	64,800	9,220	9,390	12,800	15,500	5,820	12,000	24,400
宮　　城	80,000	64,400	7,620	10,900	11,000	16,600	6,060	12,200	15,600
秋　　田	19,200	15,600	1,600	1,740	3,390	5,350	2,350	1,190	3,560
山　　形	41,700	28,800	2,650	2,700	5,120	7,520	3,940	6,890	12,900
福　　島	49,400	34,400	4,830	5,820	6,360	8,230	3,750	5,410	15,000
茨　　城	49,400	15,900	1,870	1,540	4,630	4,910	1,300	x	33,600
栃　　木	84,400	46,500	5,280	3,670	7,770	9,510	6,430	13,900	37,900
群　　馬	57,300	23,200	1,720	740	1,820	8,000	4,750	6,150	34,100
埼　　玉	17,800	7,910	710	290	1,160	3,760	1,560	x	9,910
千　　葉	41,000	18,900	1,900	2,170	7,740	960	1,600	4,520	22,100
東　　京	570	280	50	70	x	x	－	－	290
神　奈　川	4,970	3,100	80	60	1,230	1,300	x	－	1,870
新　　潟	11,300	4,710	1,060	630	1,260	980	x	x	6,580
富　　山	3,690	2,150	x	90	230	670	630	x	1,530
石　　川	3,680	1,370	120	290	160	480	x	－	2,320
福　　井	2,110	940	230	170	440	－	x	－	1,170
山　　梨	5,020	1,850	70	180	460	660	－	x	3,170
長　　野	20,900	11,300	1,870	1,720	2,030	4,230	1,410	－	9,660
岐　　阜	32,900	21,200	1,240	770	2,390	7,430	6,470	2,950	11,600
静　　岡	19,500	4,620	1,250	70	280	1,630	1,400	－	14,900
愛　　知	42,400	14,200	1,080	1,460	2,700	3,900	2,130	2,890	28,300
三　　重	30,200	7,610	1,820	1,050	200	1,270	580	2,680	22,600
滋　　賀	21,100	10,200	70	2,550	530	1,930	1,930	3,160	10,900
京　　都	5,180	3,530	140	950	500	410	1,520	－	1,650
大　　阪	780	340	x	－	x	x	－	－	440
兵　　庫	56,400	38,200	4,440	5,430	6,750	8,910	4,410	8,220	18,300
奈　　良	4,370	4,190	210	x	x	530	x	－	180
和　歌　山	2,790	1,540	190	260	180	800	x	－	1,250
鳥　　取	21,000	14,100	940	780	2,080	5,690	2,880	1,710	6,970
島　　根	32,800	29,300	1,840	4,460	2,020	3,070	4,410	13,600	3,480
岡　　山	34,900	18,700	990	1,450	4,670	5,340	2,030	4,210	16,200
広　　島	25,700	12,900	2,800	1,670	1,610	3,540	2,280	960	12,800
山　　口	14,500	10,300	830	1,030	1,510	4,170	2,440	x	4,150
徳　　島	22,500	8,820	960	2,220	520	2,650	770	1,700	13,700
香　　川	21,800	7,440	390	920	2,320	1,370	x	x	14,300
愛　　媛	10,000	4,920	190	640	830	2,460	800	－	5,080
高　　知	6,000	4,680	270	360	550	2,230	x	x	1,330
福　　岡	23,400	6,830	240	580	770	2,420	1,820	1,000	16,600
佐　　賀	52,800	28,200	1,560	2,430	2,720	6,920	8,330	6,270	24,600
長　　崎	88,100	57,000	5,030	8,390	9,400	16,000	7,710	10,400	31,100
熊　　本	133,600	92,800	4,850	10,800	14,400	21,600	18,400	22,800	40,900
大　　分	51,500	31,300	1,710	3,010	6,090	11,000	5,640	3,900	20,200
宮　　崎	254,500	192,300	12,700	15,900	27,700	53,800	33,800	48,500	62,100
鹿　児　島	337,800	240,800	16,300	18,700	29,300	55,300	46,500	74,800	97,000
沖　　縄	78,000	76,900	2,490	5,730	15,000	25,100	13,700	14,900	1,060
関東農政局	300,900	133,500	14,800	10,500	27,200	35,100	18,900	27,000	167,400
東海農政局	105,500	43,000	4,140	3,280	5,290	12,600	9,180	8,510	62,500
中国四国農政局	189,300	111,200	9,200	13,500	16,100	30,500	16,500	25,400	78,100

注：　この統計表の飼養頭数は、飼養者が飼養している全ての肉用牛（肉用種（子取り用めす牛、肥育用牛及び育成牛）及び乳用種（交雑種及びホルスタイン種他））の頭数である（以下キ、ケ及びサにおいて同じ。）。

(1) 全国農業地域・都道府県別 (続き)

カ 肉用種の肥育用牛飼養頭数規模別の飼養戸数

単位：戸

全国農業地域・都道府県	計	肥 育 用 牛 飼 養 頭 数 規 模									肥育用牛なし
		小 計	1～9頭	10～19	20～29	30～49	50～99	100～199	200～499	500頭以上	
全　　　　　国	40,400	6,660	3,470	660	399	530	651	529	294	129	33,700
(全国農業地域)											
北　海　道	2,240	503	320	52	20	33	36	20	11	11	1,740
都　府　県	38,100	6,160	3,150	608	379	497	615	509	283	118	32,000
東　　北	10,000	1,290	654	173	106	118	121	71	31	13	8,730
北　陸	328	112	45	14	15	14	17	3	3	1	216
関東・東山	2,610	830	347	108	60	90	102	62	42	19	1,780
東　海	1,050	293	114	31	18	26	53	34	16	1	757
近　畿	1,400	298	136	31	22	21	43	23	16	6	1,100
中　国	2,220	302	161	27	17	36	26	20	7	8	1,920
四　国	618	204	80	37	21	24	22	12	7	1	414
九　州	17,700	2,100	952	142	107	160	228	280	159	68	15,600
沖　縄	2,170	736	660	45	13	8	3	4	2	1	1,430
(都道府県)											
北　海　道	2,240	503	320	52	20	33	36	20	11	11	1,740
青　森	763	126	69	18	9	9	11	7	1	2	637
岩　手	3,650	373	232	43	30	27	23	11	5	2	3,280
宮　城	2,690	400	157	60	35	56	47	29	11	5	2,290
秋　田	681	77	32	13	5	6	9	7	4	1	604
山　形	581	125	69	18	13	5	10	4	4	2	456
福　島	1,650	186	95	21	14	15	21	13	6	1	1,460
茨　城	442	147	42	19	13	17	21	16	12	7	295
栃　木	799	261	114	33	18	35	30	15	12	4	538
群　馬	502	144	70	16	9	11	19	8	7	4	358
埼　玉	136	39	19	5	1	2	4	3	3	2	97
千　葉	247	89	37	15	6	11	9	7	3	1	158
東　京	18	5	4	1	-	-	-	-	-	-	13
神　奈　川	58	22	9	3	-	3	4	2	1	-	36
新　潟	178	60	24	8	8	7	12	-	1	-	118
富　山	30	18	9	1	2	2	3	1	-	-	12
石　川	76	17	7	1	2	2	1	1	2	1	59
福　井	44	17	5	4	3	3	1	1	-	-	27
山　梨	60	30	15	4	6	2	2	1	-	-	30
長　野	343	93	37	12	7	9	13	10	4	1	250
岐　阜	452	149	48	11	7	11	37	24	10	1	303
静　岡	110	35	13	4	4	5	6	3	-	-	75
愛　知	340	78	37	10	6	8	5	7	5	-	262
三　重	148	31	16	6	1	2	5	-	1	-	117
滋　賀	89	54	17	5	8	8	9	4	3	-	35
京　都	67	19	8	3	2	-	2	1	2	1	48
大　阪	9	5	1	2	-	-	2	-	-	-	4
兵　庫	1,140	194	98	17	10	11	28	16	10	4	948
奈　良	41	11	6	3	-	-	1	-	-	1	30
和　歌　山	47	15	6	1	2	2	1	2	1	-	32
鳥　取	257	61	33	8	4	9	5	-	1	1	196
島　根	746	49	24	1	3	5	6	5	2	3	697
岡　山	406	73	44	10	2	3	6	6	2	-	333
広　島	460	61	32	5	3	8	5	5	1	2	399
山　口	350	58	28	3	5	11	4	4	1	2	292
徳　島	170	64	22	13	10	8	4	3	4	-	106
香　川	159	63	27	11	2	6	8	6	2	1	96
愛　媛	154	45	20	7	6	6	6	-	-	-	109
高　知	135	32	11	6	3	4	4	3	1	-	103
福　岡	169	65	23	6	5	7	9	8	4	3	104
佐　賀	532	184	41	15	18	20	32	38	16	4	348
長　崎	2,180	188	74	17	13	15	26	29	12	2	1,990
熊　本	2,170	333	147	29	19	27	43	49	14	5	1,830
大　分	1,050	103	49	7	9	6	7	13	10	2	942
宮　崎	4,940	451	168	21	25	40	53	75	45	24	4,490
鹿　児　島	6,690	772	450	47	18	45	58	68	58	28	5,920
沖　縄	2,170	736	660	45	13	8	3	4	2	1	1,430
関 東 農 政 局	2,720	865	360	112	64	95	108	65	42	19	1,850
東 海 農 政 局	940	258	101	27	14	21	47	31	16	1	682
中国四国農政局	2,840	506	241	64	38	60	48	32	14	9	2,330

注： この統計表の肉用種の肥育用牛飼養頭数規模は、牛個体識別全国データベースにおいて1歳以上の肉用種おすの頭数を階層として区分
　　したものである（以下キにおいて同じ。）。

キ　肉用種の肥育用牛飼養頭数規模別の飼養頭数

単位：頭

全国農業地域・都道府県	計	肥 育 用 牛 飼 養 頭 数 規 模										肥育用牛なし
		小 計	1～9頭	10～19	20～29	30～49	50～99	100～199	200～499	500頭以上		
全 国	2,614,000	1,475,000	371,800	120,000	71,600	89,100	153,800	175,000	177,900	315,300		1,139,000
（全国農業地域）												
北 海 道	553,300	268,500	97,800	36,900	11,200	12,700	31,000	16,200	13,700	48,900		284,800
都 府 県	2,061,000	1,206,000	274,000	83,100	60,400	76,400	122,800	158,800	164,200	266,400		854,700
東 北	334,100	175,500	43,200	16,100	8,930	17,000	19,000	19,900	20,400	30,900		158,600
北 陸	20,800	14,600	5,590	890	1,810	1,710	2,100	630	950	x		6,150
関東・東山	281,400	184,200	38,200	15,300	7,690	13,700	24,800	24,000	22,400	38,100		97,200
東 海	125,000	64,600	20,100	6,260	3,360	5,060	12,900	8,450	7,450			60,500
近 畿	90,600	62,200	11,400	3,400	6,580	2,480	9,110	7,690	10,700	11,000		28,400
中 国	128,900	77,700	15,900	7,420	3,760	7,520	6,310	8,350	6,080	22,400		51,200
四 国	60,300	41,900	5,220	3,090	6,490	3,650	6,150	9,120	3,840	x		18,500
九 州	941,700	534,900	98,800	25,000	19,000	23,600	41,700	79,700	91,700	155,500		406,800
沖 縄	78,000	50,500	35,700	5,600	2,850	1,680	810	900	x	x		27,400
（都道府県）												
北 海 道	553,300	268,500	97,800	36,900	11,200	12,700	31,000	16,200	13,700	48,900		284,800
青 森	54,600	29,400	9,710	3,820	1,520	980	2,320	1,160	x	x		25,300
岩 手	89,200	36,200	9,300	3,060	2,210	7,570	2,960	3,960	4,170	x		53,100
宮 城	80,000	46,400	7,840	2,060	1,610	5,780	6,380	5,100	5,190	12,400		33,600
秋 田	19,200	9,970	2,290	800	330	710	1,630	1,810	1,740	x		9,210
山 形	41,700	29,000	7,650	3,890	2,110	410	2,580	2,620	5,090	x		12,700
福 島	49,400	24,600	6,440	2,520	1,160	1,600	3,090	5,260	3,950	x		24,800
茨 城	49,400	33,700	2,540	1,240	810	1,390	3,580	4,530	7,670	11,900		15,700
栃 木	84,400	47,900	10,600	5,950	1,080	5,300	5,730	3,370	5,250	10,600		36,500
群 馬	57,300	36,600	8,010	1,390	2,110	3,510	5,010	5,140	3,980	7,420		20,800
埼 玉	17,800	12,100	2,330	480	x	x	810	490	1,520	x		5,740
千 葉	41,000	32,600	11,400	5,030	2,040	1,490	5,300	5,690	890	x		8,370
東 京	570	340	310	x	－	－	－	－	－	－		230
神 奈 川	4,970	3,900	230	270	－	260	1,630	x	x	－		1,080
新 潟	11,300	8,120	4,070	510	770	990	1,400	－	x	－		3,170
富 山	3,690	2,500	980	x	x	x	450	x	x	－		1,190
石 川	3,680	2,680	330	x	x	x	x	x	x	x		1,010
福 井	2,110	1,330	210	260	310	240	x	x	－	－		780
山 梨	5,020	3,220	650	210	550	x	x	x	－	－		1,800
長 野	20,900	13,800	2,140	730	900	1,100	2,500	2,830	2,220	x		7,080
岐 阜	32,900	23,300	3,770	1,190	570	1,340	5,640	5,300	4,460	x		9,620
静 岡	19,500	10,500	4,350	1,200	440	890	2,230	1,350	－			9,030
愛 知	42,400	20,800	8,060	2,820	2,080	1,740	1,600	1,800	2,710	－		21,600
三 重	30,200	10,100	3,960	1,050	x	x	3,400	－	x	－		20,200
滋 賀	21,100	15,700	3,640	890	2,950	1,170	3,040	750	3,280	－		5,340
京 都	5,180	3,550	170	390	x	－	x	x	x	x		1,630
大 阪	780	530	x	x	－	－	x	－	－	－		250
兵 庫	56,400	37,500	6,430	1,630	3,360	1,160	4,730	6,320	5,730	8,170		18,900
奈 良	4,370	3,090	390	290	－	－	x			x		1,280
和 歌 山	2,790	1,820	410	x	x	x	x	x	x	－		970
鳥 取	21,000	12,500	3,350	3,210	700	1,900	1,520	－	x	x		8,530
島 根	32,800	22,400	3,150	x	260	1,130	1,120	3,920	x	10,600		10,400
岡 山	34,900	16,100	4,410	3,200	x	780	2,350	1,650	x	－		18,800
広 島	25,700	17,100	3,380	700	300	2,240	710	1,700	x	x		8,540
山 口	14,500	9,550	1,610	210	1,750	1,460	610	1,080	x	x		4,950
徳 島	22,500	16,000	2,500	1,310	5,500	1,800	1,450	1,270	2,160			6,560
香 川	21,800	17,300	1,100	760	x	790	1,900	6,820	－	－		4,510
愛 媛	10,000	5,030	1,420	500	580	590	1,960		－	－		4,970
高 知	6,000	3,580	200	520	260	480	840	1,030	x	－		2,430
福 岡	23,400	17,000	3,240	360	470	880	1,260	1,890	1,750	7,110		6,440
佐 賀	52,800	41,200	5,230	1,750	2,330	2,310	4,890	10,300	7,590	6,810		11,600
長 崎	88,100	40,700	8,510	4,080	1,200	1,740	3,760	8,430	9,930	x		47,400
熊 本	133,600	81,300	21,300	4,490	3,820	3,990	10,200	14,200	9,720	13,600		52,400
大 分	51,500	22,300	5,760	2,260	900	550	1,350	3,410	4,730	x		29,200
宮 崎	254,500	132,100	23,600	3,640	7,130	5,360	9,220	20,100	23,300	39,800		122,300
鹿 児 島	337,800	200,400	31,200	8,420	3,110	8,740	11,000	21,300	34,700	81,100		137,400
沖 縄	78,000	50,500	35,700	5,600	2,850	1,680	810	900	x	x		27,400
関東農政局	300,900	194,700	42,600	16,500	8,140	14,600	27,000	25,300	22,400	38,100		106,200
東海農政局	105,500	54,100	15,800	5,050	2,920	4,170	10,600	7,100	7,450	x		51,400
中国四国農政局	189,300	119,600	21,100	10,500	10,200	11,200	12,500	17,500	9,930	26,700		69,700

62 肉 用 牛

(1) 全国農業地域・都道府県別（続き）

　ク　乳用種飼養頭数規模別の飼養戸数

単位：戸

全国農業地域・都道府県	計	乳用種 小計	1～4頭	5～19	20～29	30～49	50～99	100～199	200～499	500頭以上	乳用種なし
全　　国	40,400	4,270	1,660	772	165	182	287	389	446	370	36,100
(全国農業地域)											
北　海　道	2,240	821	302	149	33	19	30	41	85	162	1,420
都　府　県	38,100	3,450	1,350	623	132	163	257	348	361	208	34,700
東　　北	10,000	587	281	97	18	20	44	63	33	31	9,430
北　　陸	328	109	52	21	7	4	10	4	9	2	219
関東・東山	2,610	878	295	159	37	51	89	89	90	68	1,730
東　　海	1,050	391	102	85	15	23	39	53	54	20	659
近　　畿	1,400	135	53	25	4	9	12	14	12	6	1,260
中　国	2,220	265	107	46	7	24	12	15	30	24	1,950
四　国	618	198	70	35	8	12	12	25	23	13	420
九　　州	17,700	827	348	147	35	20	39	84	110	44	16,900
沖　　縄	2,170	55	45	8	1	-	-	1	-	-	2,110
(都道府県)											
北　海　道	2,240	821	302	149	33	19	30	41	85	162	1,420
青　　森	763	112	37	12	6	5	4	23	12	13	651
岩　　手	3,650	157	81	22	1	6	9	21	8	9	3,490
宮　　城	2,690	118	66	22	6	4	10	3	3	4	2,580
秋　　田	681	55	36	10	-	1	4	2	2	-	626
山　　形	581	46	23	14	-	1	4	3	1	-	535
福　　島	1,650	99	38	17	5	3	13	11	7	5	1,550
茨　　城	442	101	34	21	4	6	13	7	3	13	341
栃　　木	799	188	70	18	7	11	19	19	19	25	611
群　　馬	502	232	75	50	12	10	26	24	24	11	270
埼　　玉	136	60	22	13	1	4	4	8	5	3	76
千　　葉	247	144	40	25	4	11	11	14	25	14	103
東　　京	18	2	1	1	-	-	-	-	-	-	16
神　奈　川	58	36	15	7	2	-	6	3	2	1	22
新　　潟	178	45	20	9	2	1	4	2	5	2	133
富　　山	30	16	3	5	1	1	2	1	3	-	14
石　　川	76	28	19	5	2	1	-	1	-	-	48
福　　井	44	20	10	2	2	1	4	-	1	-	24
山　　梨	60	27	8	6	2	5	-	1	4	1	33
長　　野	343	88	30	18	5	4	10	13	8	-	255
岐　　阜	452	61	33	13	2	5	2	2	4	-	391
静　　岡	110	57	10	3	3	2	5	17	13	4	53
愛　　知	340	248	52	61	10	16	30	31	34	14	92
三　　重	148	25	7	8	-	-	2	3	3	2	123
滋　　賀	89	30	7	4	1	1	6	5	3	3	59
京　　都	67	14	9	2	-	2	1	-	-	-	53
大　　阪	9	5	3	1	-	-	-	1	-	-	4
兵　　庫	1,140	52	15	9	1	4	4	7	9	3	1,090
奈　　良	41	19	11	4	2	1	1	-	-	-	22
和　歌　山	47	15	8	5	-	1	-	1	-	-	32
鳥　　取	257	52	19	7	-	4	4	5	10	3	205
島　　根	746	45	23	7	2	4	2	1	3	3	701
岡　　山	406	94	40	16	2	9	2	6	11	9	312
広　　島	460	40	11	7	2	6	2	2	4	6	420
山　　口	350	34	14	9	1	1	3	1	2	3	316
徳　　島	170	80	28	12	2	4	7	14	7	6	90
香　　川	159	70	27	15	4	5	3	5	6	5	89
愛　　媛	154	32	5	7	1	2	2	6	7	2	122
高　　知	135	16	10	1	1	1	-	-	3	-	119
福　　岡	169	60	27	9	2	-	4	7	7	4	109
佐　　賀	532	28	13	5	4	-	1	4	1	-	504
長　　崎	2,180	88	40	10	2	1	4	9	16	6	2,090
熊　　本	2,170	238	98	48	12	9	8	20	35	8	1,930
大　　分	1,050	83	35	23	2	3	5	2	5	8	962
宮　　崎	4,940	182	81	30	7	2	10	15	23	14	4,760
鹿　児　島	6,690	148	54	22	6	5	7	27	23	4	6,540
沖　　縄	2,170	55	45	8	1	-	-	1	-	-	2,110
関東農政局	2,720	935	305	162	40	53	94	106	103	72	1,780
東海農政局	940	334	92	82	12	21	34	36	41	16	606
中国四国農政局	2,840	463	177	81	15	36	24	40	53	37	2,370

ケ　乳用種飼養頭数規模別の飼養頭数

単位：頭

全国農業地域・都道府県	計	乳　用　種　飼　養　頭　数　規　模									乳用種なし
		小　計	1〜4頭	5〜19	20〜29	30〜49	50〜99	100〜199	200〜499	500頭以上	
全　国	2,614,000	1,201,000	91,000	76,100	26,100	28,400	53,900	93,200	192,200	640,500	1,413,000
（全国農業地域）											
北　海　道	553,300	438,400	16,400	13,000	4,680	3,920	5,960	13,200	36,000	345,200	114,900
都　府　県	2,061,000	762,800	74,600	63,100	21,400	24,500	47,900	80,000	156,200	295,200	1,298,000
東　北	334,100	115,700	15,400	11,400	3,020	2,530	5,420	12,100	16,000	49,800	218,400
北　陸	20,800	11,900	1,200	810	1,280	230	1,210	920	3,150	x	8,850
関東・東山	281,400	187,700	9,310	8,250	6,400	6,350	16,600	17,200	34,500	89,100	93,700
東　海	125,000	62,000	4,550	4,940	700	2,110	3,310	9,740	19,500	17,100	63,100
近　畿	90,600	30,300	3,330	1,010	1,900	1,120	3,820	3,080	5,790	10,200	60,400
中　国	128,900	75,900	5,740	3,720	560	3,290	2,010	3,230	13,100	44,200	53,100
四　国	60,300	42,400	3,520	1,780	720	870	1,900	4,890	7,450	21,200	18,000
九　州	941,700	232,500	28,700	30,100	6,760	7,980	13,600	28,300	56,700	60,400	709,200
沖　縄	78,000	4,570	2,910	1,000	x	-		x	-	-	73,400
（都道府県）											
北　海　道	553,300	438,400	16,400	13,000	4,680	3,920	5,960	13,200	36,000	345,200	114,900
青　森	54,600	36,600	1,450	690	1,930	790	590	4,000	8,270	18,900	18,000
岩　手	89,200	27,500	4,050	2,160	x	660	970	3,730	3,400	12,300	61,700
宮　城	80,000	22,500	4,390	1,910	450	430	1,330	840	1,100	12,100	57,500
秋　田	19,200	3,760	1,530	590	-	x	460	x	x	-	15,400
山　形	41,700	8,580	2,950	4,330	-	x	510	510	x	-	33,100
福　島	49,400	16,700	990	1,760	410	370	1,570	2,780	2,300	6,510	32,700
茨　城	49,400	30,700	1,830	1,020	2,190	820	2,920	1,570	1,130	19,200	18,800
栃　木	84,400	55,100	2,630	1,620	1,200	2,390	3,640	4,100	7,560	32,000	29,300
群　馬	57,300	40,600	1,870	1,610	2,290	810	6,340	4,780	9,080	13,800	16,800
埼　玉	17,800	7,530	370	790	x	430	410	1,430	1,760	2,320	10,300
千　葉	41,000	35,900	1,020	1,180	140	1,130	970	2,820	9,150	19,500	5,130
東　京	570	x	x	x	-	-	-	-	-	-	490
神　奈　川	4,970	4,310	140	730	x	-	570	420	x	x	670
新　潟	11,300	7,480	270	350	x	x	670	x	1,960	x	3,800
富　山	3,690	2,500	190	330	x	x	x	x	970	-	1,190
石　川	3,680	1,080	680	110	x	x	-	x	-	-	2,600
福　井	2,110	850	70	x	x	x	370	-	x	-	1,260
山　梨	5,020	3,280	210	130	x	340	-	x	980	x	1,740
長　野	20,900	10,300	1,190	1,140	370	430	1,790	1,900	3,490	-	10,600
岐　阜	32,900	4,420	1,640	660	x	330	x	x	1,300	-	28,500
静　岡	19,500	14,000	310	910	90	x	350	3,000	4,160	4,700	5,450
愛　知	42,400	36,500	2,050	2,710	530	1,240	2,580	4,980	12,100	10,300	5,950
三　重	30,200	7,030	550	670	-	-	x	1,540	1,920	x	23,200
滋　賀	21,100	9,220	340	70	x	x	1,600	1,640	1,710	3,130	11,800
京　都	5,180	1,030	180	x	-	x	x	-	-	-	4,150
大　阪	780	430	200	x	-	-	-	x	-	-	350
兵　庫	56,400	15,700	1,830	190	x	530	350	1,100	4,090	7,070	40,700
奈　良	4,370	2,890	160	90	x	x	x	-	-	-	1,480
和　歌　山	2,790	960	630	130	x	-	x	-	x	-	1,830
鳥　取	21,000	10,800	1,140	660	-	300	410	680	3,260	4,350	10,200
島　根	32,800	16,600	2,050	540	x	340	x	x	1,980	10,500	16,200
岡　山	34,900	25,700	1,190	610	x	1,270	x	1,160	5,850	15,400	9,230
広　島	25,700	15,700	420	1,330	x	400	x	x	1,270	11,100	9,940
山　口	14,500	7,080	950	580	x	x	570	x	x	2,950	7,420
徳　島	22,500	17,100	1,690	750	x	310	860	2,950	1,910	8,340	5,410
香　川	21,800	17,600	1,510	540	310	300	370	720	2,290	11,600	4,170
愛　媛	10,000	6,230	50	480	x	x	x	1,220	2,360	x	3,770
高　知	6,000	1,390	260	x	x	x	-	-	890	-	4,620
福　岡	23,400	12,800	770	860	x	-	490	1,400	3,850	5,410	10,600
佐　賀	52,800	6,550	980	1,290	2,530	-	x	1,020	x	-	46,300
長　崎	88,100	24,600	1,300	1,460	x	x	620	1,970	6,210	12,300	63,600
熊　本	133,600	51,900	4,270	5,170	2,140	2,330	2,320	4,620	15,500	15,500	81,700
大　分	51,500	14,200	920	1,530	x	550	1,260	x	2,170	7,340	37,300
宮　崎	254,500	61,000	10,400	3,060	460	x	3,420	12,300	12,600	15,500	193,400
鹿　児　島	337,800	61,400	10,000	16,700	940	1,660	5,100	6,670	16,000	4,310	276,300
沖　縄	78,000	4,570	2,910	1,000	x	-		x	-	-	73,400
関　東　農　政　局	300,900	201,700	9,610	9,150	6,490	6,880	17,000	20,200	38,700	93,800	99,100
東　海　農　政　局	105,500	47,900	4,240	4,040	610	1,570	2,960	6,740	15,300	12,400	57,600
中国四国農政局	189,300	118,200	9,260	5,490	1,290	4,170	3,910	8,120	20,500	65,500	71,000

(1) 全国農業地域・都道府県別（続き）

　　コ　肉用種の肥育用牛及び乳用種飼養頭数規模別の飼養戸数

単位：戸

全国農業地域・都道府県	計	肉 用 種 の 肥 育 用 牛 及 び 乳 用 種 飼 養 頭 数 規 模									肉用種の肥育用牛及び乳用種なし
		小　計	1～9頭	10～19	20～29	30～49	50～99	100～199	200～499	500頭以上	
全　　国	40,400	9,480	4,570	857	476	637	836	876	720	505	30,900
(全国農業地域)											
北　海　道	2,240	1,080	539	81	52	40	50	58	93	169	1,160
都　府　県	38,100	8,400	4,040	776	424	597	786	818	627	336	29,700
東　　北	10,000	1,700	869	192	112	133	157	129	67	43	8,310
北　　陸	328	186	82	22	15	19	23	9	13	3	142
関東・東山	2,610	1,380	516	153	76	121	157	144	122	95	1,220
東　　海	1,050	584	190	58	26	45	85	87	71	22	466
近　　畿	1,400	367	155	39	21	28	50	36	26	12	1,030
中　　国	2,220	464	223	41	18	44	43	28	37	30	1,760
四　　国	618	338	138	42	22	30	26	34	33	13	280
九　　州	17,700	2,620	1,190	181	121	168	242	346	256	117	15,100
沖　　縄	2,170	757	676	48	13	9	3	5	2	1	1,410
(都道府県)											
北　海　道	2,240	1,080	539	81	52	40	50	58	93	169	1,160
青　　森	763	207	92	20	13	13	11	32	12	14	556
岩　　手	3,650	492	298	46	31	29	34	30	13	11	3,160
宮　　城	2,690	475	204	66	35	59	57	31	14	9	2,220
秋　　田	681	120	63	16	5	6	13	10	6	1	561
山　　形	581	156	89	21	11	7	14	7	5	2	425
福　　島	1,650	252	123	23	17	19	28	19	17	6	1,400
茨　　城	442	216	67	28	16	21	30	21	14	19	226
栃　　木	799	371	144	34	20	39	39	37	27	31	428
群　　馬	502	297	128	29	13	16	34	30	30	17	205
埼　　玉	136	79	30	10	3	3	8	12	8	5	57
千　　葉	247	176	52	20	7	19	17	15	29	17	71
東　　京	18	6	5	1	-	-	-	-	-	-	12
神　奈　川	58	45	19	4	3	3	8	5	1	2	13
新　　潟	178	89	37	13	7	7	13	4	6	2	89
富　　山	30	24	5	3	2	4	5	1	4	-	6
石　　川	76	40	24	3	4	3	1	2	2	1	36
福　　井	44	33	16	3	2	5	4	2	1	-	11
山　　梨	60	47	17	9	5	7	3	1	4	1	13
長　　野	343	147	54	18	9	13	18	23	9	3	196
岐　　阜	452	193	70	16	8	19	39	26	14	1	259
静　　岡	110	74	13	4	6	5	8	21	13	4	36
愛　　知	340	270	84	29	11	20	34	39	38	15	70
三　　重	148	47	23	9	1	1	4	1	6	2	101
滋　　賀	89	66	16	5	7	8	13	9	4	4	23
京　　都	67	30	16	2	3	2	3	1	2	1	37
大　　阪	9	6	1	2	-	-	2	1	-	-	3
兵　　庫	1,140	219	97	23	9	13	31	21	19	6	923
奈　　良	41	22	13	5	1	1	-	1	-	1	19
和　歌　山	47	24	12	2	1	4	1	3	1	-	23
鳥　　取	257	89	36	9	3	11	10	5	11	4	168
島　　根	746	81	43	3	5	9	8	4	4	5	665
岡　　山	406	136	74	13	3	5	9	10	12	10	270
広　　島	460	86	38	7	4	10	9	5	6	7	374
山　　口	350	72	32	9	3	9	7	4	4	4	278
徳　　島	170	119	46	14	7	9	8	16	13	6	51
香　　川	159	107	49	12	5	11	8	9	8	5	52
愛　　媛	154	67	23	10	6	7	5	6	8	2	87
高　　知	135	45	20	6	4	3	5	3	4	-	90
福　　岡	169	110	47	6	7	7	11	16	10	6	59
佐　　賀	532	195	47	14	19	20	32	41	18	4	337
長　　崎	2,180	247	101	21	13	15	29	31	28	9	1,930
熊　　本	2,170	477	206	46	24	33	44	64	49	11	1,690
大　　分	1,050	161	78	14	10	8	11	15	14	11	884
宮　　崎	4,940	569	229	31	25	40	53	87	63	41	4,380
鹿　児　島	6,690	858	478	49	23	45	62	92	74	35	5,830
沖　　縄	2,170	757	676	48	13	9	3	5	2	1	1,410
関 東 農 政 局	2,720	1,460	529	157	82	126	165	165	135	99	1,260
東 海 農 政 局	940	510	177	54	20	40	77	66	58	18	430
中国四国農政局	2,840	802	361	83	40	74	69	62	70	43	2,040

注：　この統計表の肉用種の肥育用牛及び乳用種飼養頭数規模は、牛個体識別全国データベースにおいて1歳以上の肉用種おす及び乳用種の頭数を階層として区分したものである（以下サにおいて同じ。）。

サ 肉用種の肥育用牛及び乳用種飼養頭数規模別の飼養頭数

単位：頭

全国農業地域・都道府県	計	肉用種の肥育用牛及び乳用種飼養頭数規模									肉用種の肥育用牛及び乳用種なし
		小 計	1～9頭	10～19	20～29	30～49	50～99	100～199	200～499	500頭以上	
全 国 (全国農業地域)	2,614,000	1,959,000	241,600	69,000	52,300	73,200	123,300	207,500	308,600	883,800	654,700
北 海 道	553,300	494,500	33,600	8,180	8,770	5,740	9,630	22,700	40,400	365,500	58,800
都 府 県	2,061,000	1,465,000	208,000	60,800	43,500	67,500	113,700	184,800	268,200	518,400	596,000
東 北	334,100	222,300	37,800	12,600	10,200	16,400	20,400	25,600	32,000	67,300	111,800
北 陸	20,800	18,200	1,210	880	1,670	1,660	2,500	1,840	4,410	4,060	2,540
関東・東山	281,400	253,700	16,000	7,430	4,670	10,800	18,100	28,800	44,400	123,400	27,700
東 海	125,000	94,700	9,150	4,820	1,560	4,050	11,200	17,500	27,800	18,700	30,300
近 畿	90,600	68,900	8,970	2,970	5,100	3,420	8,190	10,200	13,000	17,000	21,700
中 国	128,900	102,000	9,410	3,300	1,940	5,340	7,450	6,790	16,000	51,800	26,900
四 国	60,300	54,200	2,750	2,270	1,890	2,510	3,450	7,620	12,400	21,200	6,180
九 州	941,700	599,500	86,600	21,100	13,700	21,600	41,600	85,000	117,500	212,500	342,200
沖 縄	78,000	51,400	36,000	5,440	2,840	1,800	810	1,440	x	x	26,500
(都道府県)											
北 海 道	553,300	494,500	33,600	8,180	8,770	5,740	9,630	22,700	40,400	365,500	58,800
青 森	54,600	43,300	3,800	1,260	2,250	1,560	1,420	5,580	4,730	22,700	11,300
岩 手	89,200	53,300	10,200	2,810	2,500	7,360	3,950	5,600	5,590	15,200	36,000
宮 城	80,000	51,100	7,430	2,320	1,510	4,390	7,080	5,470	6,030	16,900	28,900
秋 田	19,200	12,200	2,850	860	360	600	2,130	2,260	2,430	x	7,020
山 形	41,700	30,700	8,120	4,070	1,600	680	3,090	3,130	5,330	x	11,000
福 島	49,400	31,800	5,380	1,260	1,980	1,800	2,760	3,580	7,910	7,140	17,600
茨 城	49,400	46,000	2,360	1,590	910	1,580	3,680	4,290	5,270	26,300	3,420
栃 木	84,400	74,100	5,530	1,980	1,050	4,000	4,610	7,700	9,580	39,600	10,300
群 馬	57,300	50,200	3,930	1,200	860	1,220	3,340	6,260	11,600	21,800	7,100
埼 玉	17,800	16,300	730	520	120	140	1,370	2,050	3,280	8,140	1,490
千 葉	41,000	40,000	980	660	370	1,730	1,920	3,010	9,890	21,500	990
東 京	570	400	360	x	-	-	-	-	-	-	170
神 奈 川	4,970	4,820	180	100	160	260	750	1,010	x	x	150
新 潟	11,300	9,910	500	480	660	530	1,380	910	2,320	x	1,370
富 山	3,690	3,390	80	140	x	540	630	x	1,290	-	300
石 川	3,680	3,050	360	90	370	210	x	x	x	x	640
福 井	2,110	1,880	270	170	x	380	370	x	x	-	230
山 梨	5,020	4,410	350	330	370	510	350	x	980	x	610
長 野	20,900	17,400	1,610	1,020	830	1,320	2,100	4,360	3,350	2,860	3,470
岐 阜	32,900	26,000	4,020	1,490	620	1,810	5,820	5,530	5,770		6,830
静 岡	19,500	17,400	680	1,200	230	640	960	4,840	4,160	4,700	2,080
愛 知	42,400	40,100	1,670	1,000	440	1,450	3,450	6,990	14,300	10,800	2,330
三 重	30,200	11,100	2,790	1,120	x	x	930	x	3,630	x	19,100
滋 賀	21,100	17,900	1,950	450	2,880	1,170	3,060	2,280	1,930	4,160	3,180
京 都	5,180	4,040	280	x	240	x	540	x	x	x	1,140
大 阪	780	530	x	x	-	-	x	x	-		240
兵 庫	56,400	41,100	6,000	1,770	1,800	1,500	4,320	6,360	9,330	10,000	15,300
奈 良	4,370	3,180	210	320	x	x	-	x	-	x	1,190
和 歌 山	2,790	2,140	520	x	x	250	x	490	x		650
鳥 取	21,000	16,500	1,450	1,320	340	1,120	2,080	680	3,630	5,830	4,590
島 根	32,800	24,400	2,900	280	310	1,470	1,750	1,690	2,640	13,300	8,440
岡 山	34,900	30,600	1,860	850	660	580	1,400	2,240	6,140	16,800	4,300
広 島	25,700	20,600	1,930	490	330	1,180	1,380	1,380	2,120	11,800	5,090
山 口	14,500	9,980	1,270	370	300	990	840	800	1,470	3,930	4,510
徳 島	22,500	20,700	830	730	760	720	800	3,760	4,750	8,340	1,850
香 川	21,800	20,400	770	460	420	950	1,000	1,480	3,730	11,600	1,400
愛 媛	10,000	8,380	780	570	390	520	640	1,350	2,800	x	1,630
高 知	6,000	4,700	370	520	320	310	1,010	1,030	1,140	-	1,300
福 岡	23,400	20,900	1,980	260	460	880	1,350	3,480	3,410	9,120	2,460
佐 賀	52,800	42,100	5,390	1,520	2,160	2,310	4,530	11,200	8,200	6,810	10,800
長 崎	88,100	47,000	5,460	1,020	1,160	1,450	4,030	6,380	11,000	16,500	41,100
熊 本	133,600	96,300	18,200	4,500	3,530	4,080	8,670	15,700	19,800	21,800	37,400
大 分	51,500	29,600	3,370	1,360	810	760	2,270	3,480	6,270	11,300	21,900
宮 崎	254,500	150,900	22,400	4,440	2,460	4,460	8,380	19,900	31,100	57,800	103,600
鹿 児 島	337,800	212,700	29,900	8,050	3,090	7,630	12,300	24,900	37,700	89,200	125,100
沖 縄	78,000	51,400	36,000	5,440	2,840	1,800	810	1,440	x	x	26,500
関東農政局	300,900	271,100	16,700	8,640	4,910	11,400	19,100	33,700	48,600	128,100	29,800
東海農政局	105,500	77,300	8,470	3,610	1,320	3,410	10,200	12,600	23,700	14,000	28,300
中国四国農政局	189,300	156,200	12,200	5,570	3,840	7,850	10,900	14,400	28,400	73,000	33,100

(1) 全国農業地域・都道府県別（続き）

シ　交雑種飼養頭数規模別の飼養戸数

単位：戸

全国農業地域・都道府県	計	交 雑 種 飼 養 頭 数 規 模									交雑種なし
		小 計	1〜4頭	5〜19	20〜29	30〜49	50〜99	100〜199	200〜499	500頭以上	
全　　　国	40,400	3,760	1,490	689	164	166	270	354	368	260	36,600
（全国農業地域）											
北　海　道	2,240	646	255	133	26	16	30	39	60	87	1,590
都　府　県	38,100	3,110	1,230	556	138	150	240	315	308	173	35,000
東　　　北	10,000	505	250	82	22	21	39	45	20	26	9,510
北　　　陸	328	101	48	20	8	1	10	4	8	2	227
関東・東山	2,610	792	263	139	36	52	80	83	84	55	1,810
東　　　海	1,050	370	101	80	14	18	39	48	52	18	680
近　　　畿	1,400	124	51	19	5	8	10	14	11	6	1,270
中　　　国	2,220	236	93	47	10	19	13	16	19	19	1,980
四　　　国	618	183	68	34	8	10	11	24	16	12	435
九　　　州	17,700	752	319	127	34	21	38	80	98	35	17,000
沖　　　縄	2,170	50	40	8	1	−	−	1	−	−	2,120
（都道府県）											
北　海　道	2,240	646	255	133	26	16	30	39	60	87	1,590
青　　　森	763	87	35	10	7	6	3	12	5	9	676
岩　　　手	3,650	128	66	17	3	5	8	17	4	8	3,520
宮　　　城	2,690	102	54	21	7	4	9	2	1	4	2,590
秋　　　田	681	51	36	7	−	1	3	2	2	−	630
山　　　形	581	41	21	12	−	2	2	3	1	−	540
福　　　島	1,650	96	38	15	5	3	14	9	7	5	1,550
茨　　　城	442	89	30	21	2	5	12	6	3	10	353
栃　　　木	799	168	59	17	9	11	16	16	20	20	631
群　　　馬	502	217	71	47	9	10	23	24	22	11	285
埼　　　玉	136	51	20	12	−	5	4	6	3	1	85
千　　　葉	247	126	35	16	5	13	8	15	23	11	121
東　　　京	18	1	1	−	−	−	−	−	−	−	17
神　奈　川	58	33	14	5	2	−	6	3	2	1	25
新　　　潟	178	41	19	8	2	−	4	2	4	2	137
富　　　山	30	16	4	4	1	1	2	1	3	−	14
石　　　川	76	26	17	5	3	−	−	1	−	−	50
福　　　井	44	18	8	3	2	−	4	−	1	−	26
山　　　梨	60	26	7	6	3	5	−	−	4	1	34
長　　　野	343	81	26	15	6	3	11	13	7	−	262
岐　　　阜	452	57	31	11	3	4	2	2	4	−	395
静　　　岡	110	56	9	4	3	3	5	15	13	4	54
愛　　　知	340	234	53	59	8	11	31	28	32	12	106
三　　　重	148	23	8	6	−	−	1	3	3	2	125
滋　　　賀	89	28	7	4	1	1	4	5	3	3	61
京　　　都	67	13	9	2	−	1	1	−	−	−	54
大　　　阪	9	4	2	1	−	−	−	1	−	−	5
兵　　　庫	1,140	47	13	6	2	4	4	7	8	3	1,100
奈　　　良	41	18	11	3	2	1	1	−	−	−	23
和　歌　山	47	14	9	3	−	1	−	1	−	−	33
鳥　　　取	257	46	18	9	1	4	4	5	4	1	211
島　　　根	746	37	17	6	3	2	3	2	1	3	709
岡　　　山	406	86	37	17	2	6	2	6	8	8	320
広　　　島	460	35	8	6	4	6	1	2	3	5	425
山　　　口	350	32	13	9	−	1	3	1	3	2	318
徳　　　島	170	73	25	13	2	3	6	13	5	6	97
香　　　川	159	67	27	13	3	5	3	6	5	5	92
愛　　　媛	154	28	6	7	2	1	1	4	6	1	126
高　　　知	135	15	10	1	1	1	1	1	−	−	120
福　　　岡	169	56	25	10	−	2	4	7	6	2	113
佐　　　賀	532	28	13	5	4	−	2	3	1	−	504
長　　　崎	2,180	82	38	9	2	−	3	8	16	6	2,100
熊　　　本	2,170	214	85	41	13	9	8	20	31	7	1,950
大　　　分	1,050	69	29	19	2	3	3	4	5	4	976
宮　　　崎	4,940	167	74	27	8	2	9	14	21	12	4,780
鹿　児　島	6,690	136	55	16	5	5	9	24	18	4	6,550
沖　　　縄	2,170	50	40	8	1	−	−	1	−	−	2,120
関東農政局	2,720	848	272	143	39	55	85	98	97	59	1,870
東海農政局	940	314	92	76	11	15	34	33	39	14	626
中国四国農政局	2,840	419	161	81	18	29	24	40	35	31	2,420

ス　交雑種飼養頭数規模別の交雑種飼養頭数

単位：頭

全国農業地域・都道府県	交　雑　種　飼　養　頭　数　規　模								
	計	1～4頭	5～19	20～29	30～49	50～99	100～199	200～499	500頭以上
全　　国	555,300	2,990	7,030	4,040	6,710	20,700	52,600	117,900	343,300
(全国農業地域)									
北　海　道	176,500	510	1,370	630	640	2,270	5,710	21,600	143,700
都　府　県	378,800	2,470	5,660	3,410	6,060	18,400	46,900	96,300	199,600
東　　北	48,100	480	810	530	860	3,130	6,790	5,970	29,600
北　　陸	7,380	90	220	200	x	770	690	2,380	x
関東・東山	108,600	550	1,370	880	2,120	6,080	12,200	26,000	59,300
東　　海	43,300	220	850	360	710	3,030	6,940	16,600	14,600
近　　畿	11,900	100	210	130	340	780	1,980	3,610	4,720
中　　国	40,400	180	480	250	740	940	2,460	6,220	29,200
四　　国	28,300	130	370	190	400	780	3,360	4,280	18,800
九　　州	90,500	640	1,260	840	850	2,900	12,300	31,200	40,400
沖　　縄	390	90	100	x	-	-	x	-	-
(都道府県)									
北　海　道	176,500	510	1,370	630	640	2,270	5,710	21,600	143,700
青　　森	11,600	70	90	160	250	260	1,810	1,540	7,440
岩　　手	15,000	110	180	80	200	690	2,560	940	10,200
宮　　城	9,030	100	200	170	170	660	x	x	7,010
秋　　田	1,360	80	60	-	x	250	x	x	-
山　　形	1,250	50	140	-	x	x	490	x	-
福　　島	9,880	80	140	120	100	1,110	1,430	2,030	4,870
茨　　城	14,600	60	200	x	190	830	990	760	11,500
栃　　木	31,900	100	160	220	450	1,250	2,350	6,860	20,500
群　　馬	23,200	140	430	220	420	1,700	3,400	6,600	10,200
埼　　玉	3,590	40	150	-	200	360	1,050	920	x
千　　葉	25,400	70	160	120	530	650	2,200	7,300	14,300
東　　京	x	x	-	-	-	-	-	-	-
神　奈　川	2,600	20	80	x	-	440	420	x	x
新　　潟	5,200	40	90	x	-	310	x	1,360	x
富　　山	1,280	10	50	x	x	x	x	800	-
石　　川	270	30	50	80	-	-	x	-	-
福　　井	630	20	30	x	-	320	-	x	-
山　　梨	2,500	20	60	70	210	-	-	970	x
長　　野	4,860	50	140	150	120	830	1,800	1,780	
岐　　阜	2,160	60	120	80	150	x	x	1,320	-
静　　岡	11,200	20	50	70	120	370	2,230	4,110	4,200
愛　　知	26,500	120	630	210	440	2,380	4,060	10,100	8,570
三　　重	3,540	20	60	-	-	x	430	1,100	x
滋　　賀	3,720	10	40	x	x	260	680	970	1,700
京　　都	230	20	x	-	x	x	-	-	-
大　　阪	170	x	x	-	x	-	x	-	-
兵　　庫	7,280	20	70	x	170	340	980	2,640	3,020
奈　　良	230	30	30	x	x	x	-	-	-
和　歌　山	230	20	30	-	x	-	x	-	-
鳥　　取	4,350	40	90	x	170	300	770	1,090	x
島　　根	5,580	30	40	80	x	230	x	x	4,370
岡　　山	17,100	70	170	x	220	x	870	2,900	12,700
広　　島	10,800	10	60	90	230	x	x	950	8,980
山　　口	2,650	30	110	-	x	210	x	840	x
徳　　島	11,900	50	130	x	120	450	1,840	1,190	8,050
香　　川	12,700	50	140	70	200	200	800	1,230	10,000
愛　　媛	3,400	10	80	x	x	x	600	1,850	x
高　　知	310	20	x	x	x	x	x	-	-
福　　岡	6,180	60	80	-	x	370	1,050	1,770	x
佐　　賀	1,190	30	50	100	-	x	450	x	-
長　　崎	14,600	70	80	x	-	210	1,250	4,400	8,510
熊　　本	25,900	170	430	330	360	610	3,080	9,590	11,300
大　　分	6,990	60	180	x	140	260	680	2,190	3,440
宮　　崎	22,700	150	250	190	x	620	2,170	7,650	11,600
鹿　児　島	12,900	100	180	120	200	640	3,670	5,260	2,760
沖　　縄	390	90	100	x	-	-	x	-	-
関東農政局	119,700	570	1,420	950	2,230	6,450	14,400	30,200	63,500
東海農政局	32,200	200	810	290	600	2,660	4,710	12,500	10,400
中国四国農政局	68,700	300	840	440	1,140	1,730	5,820	10,500	47,900

注：この統計表の飼養頭数は、飼養者が飼養している交雑種の頭数である。

68 肉 用 牛

(1) 全国農業地域・都道府県別（続き）

セ ホルスタイン種他飼養頭数規模別の飼養戸数

単位：戸

全国農業地域・都道府県	計	ホルスタイン種他飼養頭数規模									ホルスタイン種他なし
		小計	1～4頭	5～19	20～29	30～49	50～99	100～199	200～499	500頭以上	
全国	40,400	1,430	755	194	42	54	56	89	119	116	38,900
(全国農業地域)											
北海道	2,240	431	172	44	15	13	17	25	60	85	1,810
都府県	38,100	994	583	150	27	41	39	64	59	31	37,100
東北	10,000	168	93	22	3	5	9	17	13	6	9,850
北陸	328	35	23	5	1	5	-	-	1	-	293
関東・東山	2,610	265	158	45	8	10	5	16	9	14	2,340
東海	1,050	86	53	14	-	5	2	7	4	1	964
近畿	1,400	36	19	8	2	2	4	-	1	-	1,360
中国	2,220	98	51	15	3	5	6	2	11	5	2,120
四国	618	62	30	13	2	2	2	8	5	-	556
九州	17,700	233	146	27	8	7	11	14	15	5	17,500
沖縄	2,170	11	10	1	-	-	-	-	-	-	2,160
(都道府県)											
北海道	2,240	431	172	44	15	13	17	25	60	85	1,810
青森	763	37	8	2	1	1	3	10	7	5	726
岩手	3,650	58	37	8	1	1	1	5	4	1	3,590
宮城	2,690	35	24	4	1	1	2	1	2	-	2,660
秋田	681	11	6	4	-	-	1	-	-	-	670
山形	581	12	8	2	-	1	1	-	-	-	569
福島	1,650	15	10	2	-	1	1	-	1	-	1,630
茨城	442	35	17	11	-	-	1	1	1	4	407
栃木	799	56	27	9	3	4	2	3	2	6	743
群馬	502	56	36	8	2	4	1	4	1	-	446
埼玉	136	19	10	2	1	-	-	2	2	2	117
千葉	247	53	31	9	1	2	1	4	3	2	194
東京	18	2	2	-	-	-	-	-	-	-	16
神奈川	58	17	14	3	-	-	-	-	-	-	41
新潟	178	11	5	1	1	3	-	-	1	-	167
富山	30	5	2	2	-	1	-	-	-	-	25
石川	76	10	8	1	-	1	-	-	-	-	66
福井	44	9	8	1	-	-	-	-	-	-	35
山梨	60	4	3	-	-	-	-	1	-	-	56
長野	343	23	18	3	1	-	-	1	-	-	320
岐阜	452	12	10	2	-	-	-	-	-	-	440
静岡	110	8	3	1	-	1	-	2	1	-	102
愛知	340	59	36	9	-	4	1	5	3	1	281
三重	148	7	4	2	-	-	1	-	-	-	141
滋賀	89	6	3	-	1	-	2	-	-	-	83
京都	67	4	3	-	1	-	-	-	-	-	63
大阪	9	2	1	-	-	1	-	-	-	-	7
兵庫	1,140	18	10	5	-	-	2	-	1	-	1,120
奈良	41	3	2	-	-	1	-	-	-	-	38
和歌山	47	3	-	3	-	-	-	-	-	-	44
鳥取	257	22	6	4	1	1	4	-	4	2	235
島根	746	20	11	6	-	-	1	-	1	1	726
岡山	406	31	18	3	1	3	-	1	3	2	375
広島	460	14	7	2	-	1	1	1	2	-	446
山口	350	11	9	-	1	-	-	-	1	-	339
徳島	170	16	7	3	1	1	1	1	2	-	154
香川	159	20	12	7	-	-	-	1	-	-	139
愛媛	154	16	5	2	1	1	1	4	2	-	138
高知	135	10	6	1	-	-	-	2	1	-	125
福岡	169	15	9	1	1	1	-	-	2	1	154
佐賀	532	3	1	2	-	-	-	-	-	-	529
長崎	2,180	20	8	4	2	2	1	2	1	-	2,160
熊本	2,170	70	48	9	-	1	5	3	4	-	2,100
大分	1,050	34	23	1	2	1	1	2	2	2	1,010
宮崎	4,940	48	31	3	2	-	3	5	2	2	4,900
鹿児島	6,690	43	26	7	1	2	1	2	4	-	6,640
沖縄	2,170	11	10	1	-	-	-	-	-	-	2,160
関東農政局	2,720	273	161	46	8	11	5	18	10	14	2,440
東海農政局	940	78	50	13	-	4	2	5	3	1	862
中国四国農政局	2,840	160	81	28	5	7	8	10	16	5	2,680

注：「ホルスタイン種他」とは、交雑種を除く肉用目的に飼養している乳用種のおす牛及び未経産のめす牛をいう（以下ソにおいて同じ。）。

ソ　ホルスタイン種他飼養頭数規模別のホルスタイン種他飼養頭数

単位：頭

全国農業地域・都道府県	ホルスタイン種他飼養頭数規模								
	計	1～4頭	5～19	20～29	30～49	50～99	100～199	200～499	500頭以上
全　　　　国	246,900	1,440	1,950	1,060	2,260	4,280	13,900	41,000	181,100
(全国農業地域)									
北　海　道	175,600	330	380	370	540	1,250	3,830	21,300	147,600
都　府　県	71,300	1,110	1,570	690	1,720	3,030	10,000	19,600	33,500
東　　北	17,000	180	230	70	270	680	2,730	4,530	8,340
北　　陸	780	40	50	x	200	-	-	x	-
関東・東山	22,500	310	460	210	410	400	2,590	2,750	15,400
東　　海	4,050	100	150	-	200	x	1,020	1,420	x
近　　畿	920	40	90	x	x	350	-	x	-
中　　国	8,830	80	140	60	190	440	x	3,440	4,150
四　　国	3,070	60	110	x	x	x	1,320	1,340	-
九　　州	14,000	270	310	210	280	890	2,050	5,400	4,600
沖　　縄	70	30	x	-	-	-	-	-	-
(都道府県)									
北　海　道	175,600	330	380	370	540	1,250	3,830	21,300	147,600
青　　森	12,200	20	x	x	x	220	1,590	2,620	7,620
岩　　手	3,150	70	70	x	x	x	780	1,370	x
宮　　城	1,000	40	40	x	x	x	x	x	-
秋　　田	120	10	40	-	-	x	-	-	-
山　　形	210	20	x	-	x	x	-	-	-
福　　島	380	30	x	-	x	x	x	-	-
茨　　城	4,520	30	110	-	-	x	x	x	3,980
栃　　木	9,210	60	80	80	160	x	440	x	7,640
群　　馬	1,690	70	100	x	170	x	690	x	-
埼　　玉	2,400	20	x	x	-	x	x	x	x
千　　葉	4,150	60	80	x	x	x	630	860	x
東　　京	x	x	-	-	-	-	-	-	-
神　奈　川	70	30	30	-	-	-	-	-	-
新　　潟	620	10	x	x	110	-	-	x	-
富　　山	80	x	x	-	x	-	-	-	-
石　　川	60	10	x	-	x	-	-	-	-
福　　井	20	20	x	-	-	-	-	-	-
山　　梨	160	10	-	-	-	-	x	-	-
長　　野	330	30	30	x	-	-	x	-	-
岐　　阜	50	30	x	-	-	-	-	-	-
静　　岡	600	0	x	-	x	-	x	x	-
愛　　知	3,280	60	90	-	170	x	760	1,130	x
三　　重	120	10	x	-	-	x	-	-	-
滋　　賀	220	0	-	x	-	x	-	-	-
京　　都	40	10	-	x	-	x	-	-	-
大　　阪	x	x	-	-	x	-	-	-	-
兵　　庫	550	30	70	-	-	x	-	x	-
奈　　良	50	x	-	-	x	-	-	-	-
和　歌　山	20	-	20	-	-	-	-	-	-
鳥　　取	3,770	10	50	x	x	310	-	1,400	x
島　　根	1,160	20	50	-	-	x	-	x	x
岡　　山	2,520	30	30	-	110	-	x	750	x
広　　島	1,030	10	x	-	x	x	x	x	-
山　　口	350	10	-	-	x	x	x	x	-
徳　　島	930	10	30	x	x	x	x	x	-
香　　川	230	30	60	-	-	-	x	-	-
愛　　媛	1,270	10	x	x	x	x	630	x	-
高　　知	640	10	x	-	-	x	-	x	-
福　　岡	2,010	20	x	x	-	x	x	x	x
佐　　賀	30	x	x	-	-	-	-	-	-
長　　崎	820	20	50	x	x	x	x	x	-
熊　　本	2,750	100	120	-	x	410	390	1,680	-
大　　分	3,830	40	x	x	x	x	x	x	x
宮　　崎	2,780	50	30	x	-	240	760	x	x
鹿　児　島	1,810	50	70	x	x	x	x	1,220	-
沖　　縄	70	30	x	-	-	-	-	-	-
関東農政局	23,100	320	470	210	450	400	2,850	3,040	15,400
東海農政局	3,460	100	140	-	170	x	760	1,130	x
中国四国農政局	11,900	130	250	110	270	570	1,640	4,770	4,150

注：この統計表の飼養頭数は、飼養者が飼養しているホルスタイン種他の頭数である。

(1) 全国農業地域・都道府県別（続き）

タ 飼養状態別飼養戸数

単位：戸

全国農業地域・都道府県	計	肉 用 種 飼 養					乳 用 種 飼 養			
		小 計	子牛生産	肥育用牛飼養	育成牛飼養	その他の飼養	小 計	育成牛飼養	肥育牛飼養	その他の飼養
全　　国	40,400	38,400	30,900	2,870	105	4,470	2,010	236	581	1,190
（全国農業地域）										
北　海　道	2,240	1,860	1,400	70	17	368	385	27	77	281
都　府　県	38,100	36,500	29,500	2,800	88	4,100	1,620	209	504	909
東　　北	10,000	9,800	8,170	768	18	847	216	11	92	113
北　　陸	328	276	137	60	18	61	52	12	10	30
関東・東山	2,610	2,120	1,330	393	13	379	488	56	164	268
東　海	1,050	787	392	236	10	149	263	50	72	141
近　畿	1,400	1,330	983	160	1	183	68	10	17	41
中　国	2,220	2,100	1,760	104	4	232	118	10	31	77
四　国	618	493	291	79	2	121	125	28	30	67
九　州	17,700	17,400	15,100	958	21	1,400	287	32	83	172
沖　縄	2,170	2,160	1,400	38	1	728	5	-	5	-
（都道府県）										
北　海　道	2,240	1,860	1,400	70	17	368	385	27	77	281
青　　森	763	706	578	39	1	88	57	-	20	37
岩　　手	3,650	3,590	3,130	181	3	283	56	5	26	25
宮　　城	2,690	2,670	2,200	260	5	206	27	1	10	16
秋　　田	681	666	571	34	4	57	15	2	5	8
山　　形	581	566	320	151	5	90	15	-	8	7
福　　島	1,650	1,600	1,380	103	-	123	46	3	23	20
茨　　城	442	394	240	106	3	45	48	6	13	29
栃　　木	799	708	464	96	1	147	91	6	37	48
群　　馬	502	361	236	63	2	60	141	25	41	75
埼　　玉	136	102	68	15	-	19	34	-	17	17
千　　葉	247	149	93	27	2	27	98	11	29	58
東　　京	18	18	12	4	-	2	-	-	-	-
神　奈　川	58	36	14	13	-	9	22	5	7	10
新　　潟	178	155	88	36	-	31	23	8	4	11
富　　山	30	19	8	4	-	7	11	1	2	8
石　　川	76	69	28	12	15	14	7	1	1	5
福　　井	44	33	13	8	3	9	11	2	3	6
山　　梨	60	48	20	8	1	19	12	-	5	7
長　　野	343	301	185	61	4	51	42	3	15	24
岐　　阜	452	432	251	91	3	87	20	3	10	7
静　　岡	110	65	23	28	2	12	45	1	11	33
愛　　知	340	153	99	20	5	29	187	46	45	96
三　　重	148	137	19	97	-	21	11	-	6	5
滋　　賀	89	73	13	33	-	27	16	-	5	11
京　　都	67	63	41	14	-	8	4	-	3	1
大　　阪	9	8	-	5	-	3	1	-	-	1
兵　　庫	1,140	1,110	888	92	1	128	33	4	7	22
奈　　良	41	32	16	7	-	9	9	5	-	4
和　歌　山	47	42	25	9	-	8	5	1	2	2
鳥　　取	257	230	170	13	-	47	27	-	5	22
島　　根	746	730	659	26	2	43	16	5	1	10
岡　　山	406	366	291	22	-	53	40	3	15	22
広　　島	460	437	365	26	-	46	23	2	6	15
山　　口	350	338	276	17	2	43	12	-	4	8
徳　　島	170	119	54	22	1	42	51	7	19	25
香　　川	159	112	57	24	-	31	47	17	8	22
愛　　媛	154	133	86	22	-	25	21	2	1	18
高　　知	135	129	94	11	1	23	6	2	2	2
福　　岡	169	143	81	31	-	31	26	4	5	17
佐　　賀	532	528	333	119	-	76	4	-	-	4
長　　崎	2,180	2,140	1,940	107	-	98	37	1	15	21
熊　　本	2,170	2,090	1,730	119	3	231	81	8	21	52
大　　分	1,050	1,020	900	57	2	58	28	7	10	11
宮　　崎	4,940	4,880	4,380	187	6	307	64	8	18	38
鹿　児　島	6,690	6,640	5,690	338	10	603	47	4	14	29
沖　　縄	2,170	2,160	1,400	38	1	728	5	-	5	-
関 東 農 政 局	2,720	2,180	1,360	421	15	391	533	57	175	301
東 海 農 政 局	940	722	369	208	8	137	218	49	61	108
中国四国農政局	2,840	2,590	2,050	183	6	353	243	38	61	144

チ 飼養状態別飼養頭数

単位：頭

全国農業地域・都道府県	計	肉 用 種 飼 養					乳 用 種 飼 養			
		小 計	子牛生産	肥育用牛飼養	育成牛飼養	その他の飼養	小 計	育成牛飼養	肥育牛飼養	その他の飼養
全 国	2,614,000	1,808,000	657,500	422,400	2,680	725,000	806,500	4,200	113,100	689,200
（全国農業地域）										
北 海 道	553,300	196,300	75,500	30,100	370	90,300	357,000	700	26,200	330,000
都 府 県	2,061,000	1,611,000	582,000	392,300	2,310	634,700	449,500	3,500	86,800	359,200
東 北	334,100	268,300	111,000	46,500	340	110,500	65,800	60	14,600	51,100
北 陸	20,800	12,500	3,340	4,400	250	4,510	8,260	250	1,270	6,740
関 東 ・ 東 山	281,400	144,800	34,600	49,600	140	60,500	136,600	970	28,500	107,100
東 海	125,000	77,300	12,100	36,300	280	28,600	47,700	520	10,700	36,600
近 畿	90,600	80,800	18,300	25,000	x	37,500	9,850	60	580	9,210
中 国	128,900	80,200	28,200	10,600	50	41,400	48,700	680	4,460	43,600
四 国	60,300	27,400	5,990	6,420	x	14,900	32,900	320	4,710	27,900
九 州	941,700	842,100	341,100	212,600	1,190	287,200	99,600	640	22,000	77,000
沖 縄	78,000	77,900	27,300	1,030	x	49,600	30	−	30	
（都道府県）										
北 海 道	553,300	196,300	75,500	30,100	370	90,300	357,000	700	26,200	330,000
青 森	54,600	27,400	13,000	2,580	x	11,900	27,200	−	6,460	20,700
岩 手	89,200	70,400	37,100	7,860	10	25,500	18,800	20	4,150	14,600
宮 城	80,000	74,000	30,000	13,300	160	30,500	6,060	x	380	5,670
秋 田	19,200	18,000	7,970	2,390	40	7,560	1,210	x	310	900
山 形	41,700	40,600	5,620	12,000	120	22,800	1,110	−	270	840
福 島	49,400	37,900	17,300	8,380		12,300	11,500	20	3,080	8,350
茨 城	49,400	27,200	4,370	14,100	20	8,680	22,200	330	3,440	18,400
栃 木	84,400	41,100	13,000	7,000	x	21,100	43,300	20	11,100	32,200
群 馬	57,300	33,700	8,450	14,200	x	11,000	23,600	170	4,630	18,800
埼 玉	17,800	12,100	1,910	4,620	−	5,610	5,680	−	1,920	3,770
千 葉	41,000	9,150	2,030	2,580	x	4,530	31,900	200	5,690	26,000
東 京	570	570	220	290	−	x	−	−	−	−
神 奈 川	4,970	2,430	200	540	−	1,690	2,550	190	450	1,910
新 潟	11,300	5,490	1,630	1,520	−	2,340	5,790	240	610	4,940
富 山	3,690	2,110	760	420	−	920	1,580	x	x	1,170
石 川	3,680	3,430	670	1,820	230	710	260	x	x	240
福 井	2,110	1,470	280	640	20	540	630	x	240	390
山 梨	5,020	2,270	770	390	x	1,080	2,750	−	760	1,990
長 野	20,900	16,300	3,680	5,810	50	6,770	4,610	60	530	4,030
岐 阜	32,900	30,900	6,600	9,750	40	14,500	2,010	70	630	1,310
静 岡	19,500	7,430	470	4,300	x	2,600	12,100	x	2,850	9,210
愛 知	42,400	12,000	4,100	2,290	190	5,390	30,500	440	5,690	24,300
三 重	30,200	27,000	930	20,000	−	6,160	3,190		1,490	1,700
滋 賀	21,100	17,900	280	8,000	−	9,640	3,150	−	190	2,960
京 都	5,180	5,080	910	1,550	−	2,630	100	−	10	x
大 阪	780	600	−	440	−	160	x	−	−	x
兵 庫	56,400	50,300	15,000	13,700	x	21,500	6,140	10	380	5,750
奈 良	4,370	4,300	1,180	100	−	3,020	70	20	−	50
和 歌 山	2,790	2,580	870	1,200	−	510	210	x	x	x
鳥 取	21,000	12,200	3,040	2,300	−	6,820	8,890	−	320	8,570
島 根	32,800	29,300	10,100	1,010	x	18,200	3,540	50	x	3,490
岡 山	34,900	14,100	5,380	1,520	−	7,160	20,800	490	1,930	18,400
広 島	25,700	12,700	5,100	2,460	−	5,150	13,000	x	1,010	11,800
山 口	14,500	12,000	4,610	3,270	x	4,110	2,490	−	1,200	1,290
徳 島	22,500	9,660	1,440	2,860	x	5,350	12,900	40	3,470	9,380
香 川	21,800	7,360	1,590	1,510	−	4,260	14,400	260	700	13,500
愛 媛	10,000	5,300	1,500	1,310	−	2,490	4,700	x	x	4,660
高 知	6,000	5,100	1,460	740	x	2,840	910	x	x	x
福 岡	23,400	15,000	3,050	8,170	−	3,770	8,400	20	1,340	7,040
佐 賀	52,800	52,200	10,700	24,000	−	17,500	620	−	−	620
長 崎	88,100	72,300	41,600	17,300	−	13,400	15,800	x	5,080	10,700
熊 本	133,600	105,700	41,600	18,500	170	45,500	28,000	80	3,820	24,100
大 分	51,500	41,300	21,900	11,400	x	7,980	10,200	250	2,510	7,450
宮 崎	254,500	230,200	104,400	45,600	200	80,100	24,200	70	6,160	18,000
鹿 児 島	337,800	325,400	118,000	87,600	810	119,000	12,400	220	3,090	9,080
沖 縄	78,000	77,900	27,300	1,030	x	49,600	30	−	30	−
関 東 農 政 局	300,900	152,300	35,100	53,900	180	63,100	148,600	980	31,300	116,300
東 海 農 政 局	105,500	69,900	11,600	32,000	230	26,000	35,700	510	7,810	27,400
中国四国農政局	189,300	107,600	34,200	17,000	120	56,400	81,600	1,000	9,160	71,500

72 肉 用 牛

(2) 肉用牛飼養者の飼料作物作付実面積（全国、北海道、都府県）

単位：ha

区　　　分	飼 料 作 物 作 付 実 面 積
全　　　国	205,100
北　海　道	85,400
都　府　県	119,700

(3) 全国農業地域別・飼養頭数規模別

ア 飼養状態別飼養戸数（子取り用めす牛飼養頭数規模別）

単位:戸

区　　　分	計	肉　　用　　種　　飼　　養					乳用種飼養
		小　計	子牛生産	肥育用牛飼養	育成牛飼養	その他の飼養	
全　　　　　国	40,400	38,400	30,900	2,870	105	4,470	2,010
小　　　　　計	35,500	35,200	30,900	-	-	4,240	355
1 ～ 4 頭	13,400	13,300	12,800	-	-	446	139
5 ～ 9	7,960	7,900	7,360	-	-	538	57
10 ～ 19	6,520	6,460	5,680	-	-	789	58
20 ～ 49	5,510	5,450	4,080	-	-	1,370	58
50 ～ 99	1,520	1,490	783	-	-	710	23
100 頭 以 上	583	563	170	-	-	393	20
子 取 り 用 　め す 牛 な し	4,850	3,200	-	2,870	105	229	1,650
北　海　道	2,240	1,860	1,400	70	17	368	385
小　　　　　計	1,830	1,760	1,400	-	-	356	71
1 ～ 4 頭	223	203	183	-	-	20	20
5 ～ 9	235	228	206	-	-	22	7
10 ～ 19	379	368	328	-	-	40	11
20 ～ 49	659	643	520	-	-	123	16
50 ～ 99	228	220	130	-	-	90	8
100 頭 以 上	103	94	33	-	-	61	9
子 取 り 用 　め す 牛 な し	413	99	-	70	17	12	314
都　府　県	38,100	36,500	29,500	2,800	88	4,100	1,620
小　　　　　計	33,700	33,400	29,500	-	-	3,890	284
1 ～ 4 頭	13,200	13,100	12,700	-	-	426	119
5 ～ 9	7,720	7,670	7,160	-	-	516	50
10 ～ 19	6,140	6,100	5,350	-	-	749	47
20 ～ 49	4,850	4,810	3,560	-	-	1,240	42
50 ～ 99	1,290	1,270	653	-	-	620	15
100 頭 以 上	480	469	137	-	-	332	11
子 取 り 用 　め す 牛 な し	4,440	3,100	-	2,800	88	217	1,340
東　　　　　北	10,000	9,800	8,170	768	18	847	216
小　　　　　計	9,000	8,960	8,170	-	-	793	44
1 ～ 4 頭	4,480	4,460	4,340	-	-	128	17
5 ～ 9	2,130	2,130	1,970	-	-	159	5
10 ～ 19	1,370	1,360	1,200	-	-	168	7
20 ～ 49	814	806	593	-	-	213	8
50 ～ 99	157	153	65	-	-	88	4
100 頭 以 上	46	43	6	-	-	37	3
子 取 り 用 　め す 牛 な し	1,010	840	-	768	18	54	172
北　　　　　陸	328	276	137	60	18	61	52
小　　　　　計	197	188	137	-	-	51	9
1 ～ 4 頭	82	76	68	-	-	8	6
5 ～ 9	38	37	22	-	-	15	1
10 ～ 19	45	44	27	-	-	17	1
20 ～ 49	21	20	14	-	-	6	1
50 ～ 99	9	9	5	-	-	4	-
100 頭 以 上	2	2	1	-	-	1	-
子 取 り 用 　め す 牛 な し	131	88	-	60	18	10	43

単位:戸

区　　分	計	肉　用　種　飼　養					乳用種飼養
		小　計	子牛生産	肥育用牛飼養	育成牛飼養	その他の飼養	
関 東 ・ 東 山	2,610	2,120	1,330	393	13	379	488
小　　　　計	1,770	1,700	1,330	-	-	363	78
1 ～ 4 頭	529	495	454	-	-	41	34
5 ～ 9	382	371	308	-	-	63	11
10 ～ 19	375	358	286	-	-	72	17
20 ～ 49	375	366	241	-	-	125	9
50 ～ 99	86	82	36	-	-	46	4
100 頭 以 上	26	23	7	-	-	16	3
子 取 り 用	832	422	-	393	13	16	410
め す 牛 な し							
東 　　　　 海	1,050	787	392	236	10	149	263
小　　　　計	561	530	392	-	-	138	31
1 ～ 4 頭	153	135	123	-	-	12	18
5 ～ 9	88	84	74	-	-	10	4
10 ～ 19	114	110	86	-	-	24	4
20 ～ 49	140	137	86	-	-	51	3
50 ～ 99	50	49	20	-	-	29	1
100 頭 以 上	16	15	3	-	-	12	1
子 取 り 用	489	257	-	236	10	11	232
め す 牛 な し							
近 　　　　 畿	1,400	1,330	983	160	1	183	68
小　　　　計	1,170	1,160	983	-	-	176	9
1 ～ 4 頭	447	444	429	-	-	15	3
5 ～ 9	293	288	273	-	-	15	5
10 ～ 19	216	216	178	-	-	38	-
20 ～ 49	155	154	90	-	-	64	1
50 ～ 99	39	39	9	-	-	30	-
100 頭 以 上	18	18	4	-	-	14	-
子 取 り 用	227	168	-	160	1	7	59
め す 牛 な し							
中 　　　　 国	2,220	2,100	1,760	104	4	232	118
小　　　　計	2,010	1,970	1,760	-	-	211	34
1 ～ 4 頭	975	963	943	-	-	20	12
5 ～ 9	419	414	388	-	-	26	5
10 ～ 19	276	272	237	-	-	35	4
20 ～ 49	236	227	158	-	-	69	9
50 ～ 99	72	69	26	-	-	43	3
100 頭 以 上	28	27	9	-	-	18	1
子 取 り 用	213	129	-	104	4	21	84
め す 牛 な し							
四 　　　　 国	618	493	291	79	2	121	125
小　　　　計	428	406	291	-	-	115	22
1 ～ 4 頭	128	119	107	-	-	12	9
5 ～ 9	98	92	69	-	-	23	6
10 ～ 19	91	88	63	-	-	25	3
20 ～ 49	92	89	47	-	-	42	3
50 ～ 99	12	11	4	-	-	7	1
100 頭 以 上	7	7	1	-	-	6	-
子 取 り 用	190	87	-	79	2	6	103
め す 牛 な し							

(3)　全国農業地域別・飼養頭数規模別（続き）

　　ア　飼養状態別飼養戸数（子取り用めす牛飼養頭数規模別）（続き）

単位：戸

| 区　　　分 | 計 | 肉　用　種　飼　養 | | | | | | 乳用種飼養 |
		小　計	子牛生産	肥育用牛飼養	育成牛飼養	その他の飼養	
九　　　　　州	17,700	17,400	15,100	958	21	1,400	287
小　　　　計	16,400	16,400	15,100	-	-	1,320	57
1 ～ 4 頭	5,880	5,860	5,720	-	-	145	20
5 ～ 9	3,820	3,800	3,680	-	-	119	13
10 ～ 19	3,090	3,080	2,910	-	-	172	11
20 ～ 49	2,590	2,580	2,180	-	-	400	8
50 ～ 99	757	755	468	-	-	287	2
100 頭 以 上	300	297	100	-	-	197	3
子 取 り 用めす牛なし	1,290	1,060	-	958	21	84	230
沖　　　　　縄	2,170	2,160	1,400	38	1	728	5
小　　　　計	2,120	2,120	1,400	-	-	720	-
1 ～ 4 頭	520	520	475	-	-	45	-
5 ～ 9	456	456	370	-	-	86	-
10 ～ 19	567	567	369	-	-	198	-
20 ～ 49	430	430	156	-	-	274	-
50 ～ 99	106	106	20	-	-	86	-
100 頭 以 上	37	37	6	-	-	31	-
子 取 り 用めす牛なし	52	47	-	38	1	8	5
関 東 農 政 局	2,720	2,180	1,360	421	15	391	533
小　　　　計	1,810	1,730	1,360	-	-	375	82
1 ～ 4 頭	539	503	462	-	-	41	36
5 ～ 9	386	375	312	-	-	63	11
10 ～ 19	382	364	291	-	-	73	18
20 ～ 49	390	380	247	-	-	133	10
50 ～ 99	89	85	36	-	-	49	4
100 頭 以 上	26	23	7	-	-	16	3
子 取 り 用めす牛なし	903	452	-	421	15	16	451
東 海 農 政 局	940	722	369	208	8	137	218
小　　　　計	522	495	369	-	-	126	27
1 ～ 4 頭	143	127	115	-	-	12	16
5 ～ 9	84	80	70	-	-	10	4
10 ～ 19	107	104	81	-	-	23	3
20 ～ 49	125	123	80	-	-	43	2
50 ～ 99	47	46	20	-	-	26	1
100 頭 以 上	16	15	3	-	-	12	1
子 取 り 用めす牛なし	418	227	-	208	8	11	191
中国四国農政局	2,840	2,590	2,050	183	6	353	243
小　　　　計	2,430	2,380	2,050	-	-	326	56
1 ～ 4 頭	1,100	1,080	1,050	-	-	32	21
5 ～ 9	517	506	457	-	-	49	11
10 ～ 19	367	360	300	-	-	60	7
20 ～ 49	328	316	205	-	-	111	12
50 ～ 99	84	80	30	-	-	50	4
100 頭 以 上	35	34	10	-	-	24	1
子 取 り 用めす牛なし	403	216	-	183	6	27	187

イ　飼養状態別飼養頭数（子取り用めす牛飼養頭数規模別）

単位：頭

区　　分	計	肉　用　種　飼　養					乳用種飼養
		小　計	子牛生産	肥育用牛飼養	育成牛飼養	その他の飼養	
全　　　　国	2,614,000	1,808,000	657,500	422,400	2,680	725,000	806,500
小　　　　計	1,572,000	1,382,000	657,500	－	－	724,200	190,100
1 ～ 4 頭	129,400	93,400	57,400	－	－	35,900	36,000
5 ～ 9	144,600	127,700	89,300	－	－	38,300	17,000
10 ～ 19	231,500	194,300	140,700	－	－	53,500	37,200
20 ～ 49	407,600	374,800	222,400	－	－	152,400	32,800
50 ～ 99	259,700	241,300	92,700	－	－	148,600	18,400
100 頭 以 上	398,900	350,200	54,900	－	－	295,300	48,700
子 取 り 用 めす牛なし	1,042,000	425,900	－	422,400	2,680	880	616,500
北　海　道	553,300	196,300	75,500	30,100	370	90,300	357,000
小　　　　計	245,500	165,700	75,500	－	－	90,100	79,800
1 ～ 4 頭	16,300	1,900	1,230	－	－	660	14,400
5 ～ 9	6,830	4,230	3,040	－	－	1,180	2,600
10 ～ 19	23,300	10,700	9,230	－	－	1,490	12,600
20 ～ 49	60,300	47,700	31,400	－	－	16,400	12,500
50 ～ 99	40,600	33,000	17,200	－	－	15,700	7,570
100 頭 以 上	98,200	68,100	13,400	－	－	54,700	30,000
子 取 り 用 めす牛なし	307,800	30,600	－	30,100	370	170	277,200
都　府　県	2,061,000	1,611,000	582,000	392,300	2,310	634,700	449,500
小　　　　計	1,326,000	1,216,000	582,000	－	－	634,000	110,300
1 ～ 4 頭	113,000	91,500	56,200	－	－	35,300	21,500
5 ～ 9	137,800	123,400	86,300	－	－	37,100	14,400
10 ～ 19	208,200	183,600	131,500	－	－	52,100	24,600
20 ～ 49	347,300	327,100	191,000	－	－	136,100	20,200
50 ～ 99	219,200	208,300	75,500	－	－	132,900	10,800
100 頭 以 上	300,800	282,100	41,500	－	－	240,600	18,700
子 取 り 用 めす牛なし	734,600	395,300	－	392,300	2,310	710	339,300
東　　　　北	334,100	268,300	111,000	46,500	340	110,500	65,800
小　　　　計	245,400	221,400	111,000	－	－	110,400	24,000
1 ～ 4 頭	33,300	25,800	18,200	－	－	7,510	7,580
5 ～ 9	33,800	31,800	23,300	－	－	8,520	2,010
10 ～ 19	43,500	42,400	29,400	－	－	13,000	1,130
20 ～ 49	62,200	56,500	30,500	－	－	26,000	5,710
50 ～ 99	27,400	24,400	8,010	－	－	16,400	3,050
100 頭 以 上	45,100	40,500	1,520	－	－	39,000	4,540
子 取 り 用 めす牛なし	88,700	46,900	－	46,500	340	70	41,800
北　　　　陸	20,800	12,500	3,340	4,400	250	4,510	8,260
小　　　　計	9,160	7,830	3,340	－	－	4,490	1,330
1 ～ 4 頭	1,500	670	400	－	－	270	820
5 ～ 9	1,190	1,130	260	－	－	870	x
10 ～ 19	2,080	1,950	830	－	－	1,130	x
20 ～ 49	2,130	1,810	840	－	－	970	x
50 ～ 99	1,410	1,410	560	－	－	850	－
100 頭 以 上	x	x	x	－	－	x	－
子 取 り 用 めす牛なし	11,600	4,670	－	4,400	250	20	6,930

注：　この統計表の飼養頭数は、飼養者が飼養している全ての肉用牛（肉用種（子取り用めす牛、肥育用牛及び育成牛）及び乳用種（交雑種及びホルスタイン種他））の頭数である（以下エ、カ及びクにおいて同じ。）。

(3) 全国農業地域別・飼養頭数規模別（続き）

イ 飼養状態別飼養頭数（子取り用めす牛飼養頭数規模別）（続き）

単位：頭

区 分	計	肉 用 種 飼 養						乳用種飼養
		小 計	子牛生産	肥育用牛飼養	育成牛飼養	その他の飼養		
関 東 ・ 東 山	281,400	144,800	34,600	49,600	140	60,500		136,600
小 計	128,800	94,900	34,600	-	-	60,200		34,000
1 ～ 4 頭	13,600	7,500	2,490	-	-	5,010		6,060
5 ～ 9	10,400	7,920	4,310	-	-	3,600		2,530
10 ～ 19	26,900	16,700	7,680	-	-	9,060		10,100
20 ～ 49	33,400	30,700	13,500	-	-	17,200		2,760
50 ～ 99	17,500	14,800	4,680	-	-	10,200		2,640
100 頭 以 上	27,000	17,200	1,970	-	-	15,200		9,850
子 取 り 用めす牛なし	152,600	50,000	-	49,600	140	280		102,600
東 海	125,000	77,300	12,100	36,300	280	28,600		47,700
小 計	47,600	40,700	12,100	-	-	28,500		6,980
1 ～ 4 頭	5,390	3,070	920	-	-	2,150		2,330
5 ～ 9	3,350	1,830	1,190	-	-	640		1,530
10 ～ 19	5,570	4,530	2,370	-	-	2,160		1,040
20 ～ 49	14,200	13,200	4,920	-	-	8,310		990
50 ～ 99	10,600	10,300	2,040	-	-	8,220		x
100 頭 以 上	8,510	7,730	670	-	-	7,070		x
子 取 り 用めす牛なし	77,400	36,600	-	36,300	280	70		40,800
近 畿	90,600	80,800	18,300	25,000	x	37,500		9,850
小 計	57,900	55,700	18,300	-	-	37,500		2,190
1 ～ 4 頭	5,250	4,880	2,010	-	-	2,870		370
5 ～ 9	9,990	8,240	3,970	-	-	4,270		1,750
10 ～ 19	8,670	8,670	4,000	-	-	4,670		-
20 ～ 49	12,700	12,600	5,670	-	-	6,940		x
50 ～ 99	9,960	9,960	980	-	-	8,980		-
100 頭 以 上	11,400	11,400	1,650	-	-	9,720		-
子 取 り 用めす牛なし	32,700	25,000	-	25,000	x	10		7,650
中 国	128,900	80,200	28,200	10,600	50	41,400		48,700
小 計	85,300	69,500	28,200	-	-	41,300		15,800
1 ～ 4 頭	7,400	5,150	3,650	-	-	1,500		2,250
5 ～ 9	9,400	8,690	4,630	-	-	4,070		710
10 ～ 19	11,900	7,840	6,190	-	-	1,650		4,060
20 ～ 49	21,800	15,800	8,200	-	-	7,650		5,950
50 ～ 99	14,000	11,800	3,100	-	-	8,700		2,240
100 頭 以 上	20,800	20,200	2,420	-	-	17,800		x
子 取 り 用めす牛なし	43,600	10,700	-	10,600	50	70		32,900
四 国	60,300	27,400	5,990	6,420	x	14,900		32,900
小 計	25,900	20,900	5,990	-	-	14,900		4,940
1 ～ 4 頭	1,800	1,630	550	-	-	1,080		170
5 ～ 9	4,130	2,040	830	-	-	1,220		2,090
10 ～ 19	4,230	2,920	1,470	-	-	1,460		1,310
20 ～ 49	8,710	7,660	2,410	-	-	5,250		1,060
50 ～ 99	2,420	2,100	500	-	-	1,600		x
100 頭 以 上	4,570	4,570	x	-	-	4,330		-
子 取 り 用めす牛なし	34,500	6,500	-	6,420	x	10		28,000

単位：頭

区　　分	計	肉　用　種　飼　養					乳用種飼養
		小　計	子牛生産	肥育用牛飼養	育成牛飼養	その他の飼養	
九　　　　　州	941,700	842,100	341,100	212,600	1,190	287,200	99,600
小　　　　計	649,200	628,200	341,100	–	–	287,100	21,000
1 ～ 4 頭	42,300	40,400	25,700	–	–	14,600	1,950
5 ～ 9	59,700	56,100	43,500	–	–	12,600	3,690
10 ～ 19	90,400	83,600	70,400	–	–	13,100	6,850
20 ～ 49	167,000	163,600	117,100	–	–	46,500	3,380
50 ～ 99	122,100	119,900	53,300	–	–	66,600	x
100 頭 以 上	167,700	164,800	31,200	–	–	133,600	2,920
子 取 り 用	292,500	213,900	–	212,600	1,190	150	78,600
め す 牛 な し							
沖　　　　　縄	78,000	77,900	27,300	1,030	x	49,600	30
小　　　　計	76,900	76,900	27,300	–	–	49,600	–
1 ～ 4 頭	2,490	2,490	2,210	–	–	270	–
5 ～ 9	5,730	5,730	4,350	–	–	1,380	–
10 ～ 19	15,000	15,000	9,120	–	–	5,840	–
20 ～ 49	25,100	25,100	7,830	–	–	17,300	–
50 ～ 99	13,700	13,700	2,360	–	–	11,300	–
100 頭 以 上	14,900	14,900	1,450	–	–	13,400	–
子 取 り 用	1,060	1,040	–	1,030	x	10	30
め す 牛 な し							
関 東 農 政 局	300,900	152,300	35,100	53,900	180	63,100	148,600
小　　　　計	133,500	97,900	35,100	–	–	62,800	35,500
1 ～ 4 頭	14,800	7,540	2,530	–	–	5,010	7,260
5 ～ 9	10,500	7,990	4,380	–	–	3,600	2,530
10 ～ 19	27,200	17,000	7,780	–	–	9,190	10,200
20 ～ 49	35,100	32,000	13,800	–	–	18,200	3,050
50 ～ 99	18,900	16,200	4,680	–	–	11,600	2,640
100 頭 以 上	27,000	17,200	1,970	–	–	15,200	9,850
子 取 り 用	167,400	54,300	–	53,900	180	280	113,100
め す 牛 な し							
東 海 農 政 局	105,500	69,900	11,600	32,000	230	26,000	35,700
小　　　　計	43,000	37,600	11,600	–	–	25,900	5,430
1 ～ 4 頭	4,140	3,020	880	–	–	2,150	1,120
5 ～ 9	3,280	1,760	1,120	–	–	640	1,530
10 ～ 19	5,290	4,300	2,270	–	–	2,030	990
20 ～ 49	12,600	11,900	4,660	–	–	7,240	x
50 ～ 99	9,180	8,860	2,040	–	–	6,820	x
100 頭 以 上	8,510	7,730	670	–	–	7,070	x
子 取 り 用	62,500	32,300	–	32,000	230	70	30,200
め す 牛 な し							
中 国 四 国 農 政 局	189,300	107,600	34,200	17,000	120	56,400	81,600
小　　　　計	111,200	90,500	34,200	–	–	56,300	20,700
1 ～ 4 頭	9,200	6,780	4,210	–	–	2,580	2,420
5 ～ 9	13,500	10,700	5,450	–	–	5,280	2,800
10 ～ 19	16,100	10,800	7,650	–	–	3,110	5,360
20 ～ 49	30,500	23,500	10,600	–	–	12,900	7,010
50 ～ 99	16,500	13,900	3,600	–	–	10,300	2,550
100 頭 以 上	25,400	24,800	2,660	–	–	22,100	x
子 取 り 用	78,100	17,200	–	17,000	120	80	60,900
め す 牛 な し							

(3) 全国農業地域別・飼養頭数規模別（続き）

ウ 飼養状態別飼養戸数（肉用種の肥育用牛飼養頭数規模別）

単位:戸

区　　　分	計	肉　用　種　飼　養					乳用種飼養
		小　計	子牛生産	肥育用牛飼養	育成牛飼養	その他の飼養	
全　　　　　国	40,400	38,400	30,900	2,870	105	4,470	2,010
小　　　　計	6,660	6,100	-	1,860	-	4,240	560
1 ～ 9 頭	3,470	3,150	-	416	-	2,740	318
10 ～ 19	660	589	-	198	-	391	71
20 ～ 29	399	350	-	137	-	213	49
30 ～ 49	530	498	-	222	-	276	32
50 ～ 99	651	602	-	337	-	265	49
100 ～ 199	529	508	-	301	-	207	21
200 ～ 499	294	282	-	185	-	97	12
500 頭 以 上	129	121	-	62	-	59	8
肥 育 用 牛 な し	33,700	32,300	30,900	1,010	105	229	1,450
北　海　道	2,240	1,860	1,400	70	17	368	385
小　　　　計	503	397	-	41	-	356	106
1 ～ 9 頭	320	266	-	11	-	255	54
10 ～ 19	52	30	-	2	-	28	22
20 ～ 29	20	15	-	3	-	12	5
30 ～ 49	33	27	-	2	-	25	6
50 ～ 99	36	23	-	8	-	15	13
100 ～ 199	20	17	-	6	-	11	3
200 ～ 499	11	8	-	6	-	2	3
500 頭 以 上	11	11	-	3	-	8	-
肥 育 用 牛 な し	1,740	1,460	1,400	29	17	12	279
都　府　県	38,100	36,500	29,500	2,800	88	4,100	1,620
小　　　　計	6,160	5,700	-	1,820	-	3,890	454
1 ～ 9 頭	3,150	2,890	-	405	-	2,480	264
10 ～ 19	608	559	-	196	-	363	49
20 ～ 29	379	335	-	134	-	201	44
30 ～ 49	497	471	-	220	-	251	26
50 ～ 99	615	579	-	329	-	250	36
100 ～ 199	509	491	-	295	-	196	18
200 ～ 499	283	274	-	179	-	95	9
500 頭 以 上	118	110	-	59	-	51	8
肥 育 用 牛 な し	32,000	30,800	29,500	979	88	217	1,170
東　　　　北	10,000	9,800	8,170	768	18	847	216
小　　　　計	1,290	1,240	-	450	-	793	44
1 ～ 9 頭	654	635	-	138	-	497	19
10 ～ 19	173	168	-	71	-	97	5
20 ～ 29	106	99	-	49	-	50	7
30 ～ 49	118	115	-	67	-	48	3
50 ～ 99	121	116	-	62	-	54	5
100 ～ 199	71	68	-	40	-	28	3
200 ～ 499	31	30	-	18	-	12	1
500 頭 以 上	13	12	-	5	-	7	1
肥 育 用 牛 な し	8,730	8,560	8,170	318	18	54	172
北　　　　陸	328	276	137	60	18	61	52
小　　　　計	112	96	-	45	-	51	16
1 ～ 9 頭	45	34	-	12	-	22	11
10 ～ 19	14	14	-	3	-	11	-
20 ～ 29	15	11	-	6	-	5	4
30 ～ 49	14	13	-	8	-	5	1
50 ～ 99	17	17	-	10	-	7	-
100 ～ 199	3	3	-	2	-	1	-
200 ～ 499	3	3	-	3	-	-	-
500 頭 以 上	1	1	-	1	-	-	-
肥 育 用 牛 な し	216	180	137	15	18	10	36

単位：戸

区　　　分	計	肉　用　種　飼　養					乳用種飼養
		小　計	子牛生産	肥育用牛飼養	育成牛飼養	その他の飼養	
関 東 ・ 東 山	2,610	2,120	1,330	393	13	379	488
小　　　　計	830	676	－	313	－	363	154
1 ～ 9 頭	347	258	－	68	－	190	89
10 ～ 19	108	89	－	47	－	42	19
20 ～ 29	60	49	－	25	－	24	11
30 ～ 49	90	81	－	43	－	38	9
50 ～ 99	102	86	－	61	－	25	16
100 ～ 199	62	57	－	36	－	21	5
200 ～ 499	42	39	－	23	－	16	3
500 頭 以 上	19	17	－	10	－	7	2
肥 育 用 牛 な し	1,780	1,440	1,330	80	13	16	334
東　　　　　海	1,050	787	392	236	10	149	263
小　　　　計	293	235	－	97	－	138	58
1 ～ 9 頭	114	73	－	14	－	59	41
10 ～ 19	31	24	－	11	－	13	7
20 ～ 29	18	13	－	7	－	6	5
30 ～ 49	26	24	－	7	－	17	2
50 ～ 99	53	50	－	25	－	25	3
100 ～ 199	34	34	－	23	－	11	－
200 ～ 499	16	16	－	10	－	6	－
500 頭 以 上	1	1	－	－	－	1	－
肥 育 用 牛 な し	757	552	392	139	10	11	205
近　　　　　畿	1,400	1,330	983	160	1	183	68
小　　　　計	298	267	－	91	－	176	31
1 ～ 9 頭	136	112	－	24	－	88	24
10 ～ 19	31	31	－	8	－	23	－
20 ～ 29	22	19	－	5	－	14	3
30 ～ 49	21	20	－	7	－	13	1
50 ～ 99	43	41	－	24	－	17	2
100 ～ 199	23	22	－	12	－	10	1
200 ～ 499	16	16	－	10	－	6	－
500 頭 以 上	6	6	－	1	－	5	－
肥 育 用 牛 な し	1,100	1,060	983	69	1	7	37
中　　　　　国	2,220	2,100	1,760	104	4	232	118
小　　　　計	302	259	－	48	－	211	43
1 ～ 9 頭	161	135	－	14	－	121	26
10 ～ 19	27	22	－	3	－	19	5
20 ～ 29	17	14	－	1	－	13	3
30 ～ 49	36	32	－	10	－	22	4
50 ～ 99	26	24	－	7	－	17	2
100 ～ 199	20	18	－	9	－	9	2
200 ～ 499	7	7	－	1	－	6	－
500 頭 以 上	8	7	－	3	－	4	1
肥 育 用 牛 な し	1,920	1,840	1,760	56	4	21	75
四　　　　　国	618	493	291	79	2	121	125
小　　　　計	204	173	－	58	－	115	31
1 ～ 9 頭	80	68	－	17	－	51	12
10 ～ 19	37	32	－	11	－	21	5
20 ～ 29	21	16	－	5	－	11	5
30 ～ 49	24	22	－	10	－	12	2
50 ～ 99	22	19	－	9	－	10	3
100 ～ 199	12	9	－	2	－	7	3
200 ～ 499	7	7	－	4	－	3	－
500 頭 以 上	1	－	－	－	－	－	1
肥 育 用 牛 な し	414	320	291	21	2	6	94

(3) 全国農業地域別・飼養頭数規模別（続き）

ウ 飼養状態別飼養戸数（肉用種の肥育用牛飼養頭数規模別）（続き）

単位：戸

区　　　分	計	肉　用　種　飼　養						乳用種飼養
		小　計	子牛生産	肥育用牛飼養	育成牛飼養	その他の飼養		
九　　　　　州	17,700	17,400	15,100	958	21	1,400		287
小　　　　計	2,100	2,020	-	699	-	1,320		77
1 ～ 9 頭	952	910	-	108	-	802		42
10 ～ 19	142	134	-	40	-	94		8
20 ～ 29	107	101	-	36	-	65		6
30 ～ 49	160	156	-	68	-	88		4
50 ～ 99	228	223	-	130	-	93		5
100 ～ 199	280	276	-	170	-	106		4
200 ～ 499	159	154	-	108	-	46		5
500 頭 以 上	68	65	-	39	-	26		3
肥育用牛なし	15,600	15,400	15,100	259	21	84		210
沖　　　　　縄	2,170	2,160	1,400	38	1	728		5
小　　　　計	736	736	-	16	-	720		-
1 ～ 9 頭	660	660	-	10	-	650		-
10 ～ 19	45	45	-	2	-	43		-
20 ～ 29	13	13	-	-	-	13		-
30 ～ 49	8	8	-	-	-	8		-
50 ～ 99	3	3	-	1	-	2		-
100 ～ 199	4	4	-	1	-	3		-
200 ～ 499	2	2	-	2	-	-		-
500 頭 以 上	1	1	-	-	-	1		-
肥育用牛なし	1,430	1,430	1,400	22	1	8		5
関 東 農 政 局	2,720	2,180	1,360	421	15	391		533
小　　　　計	865	699	-	324	-	375		166
1 ～ 9 頭	360	262	-	70	-	192		98
10 ～ 19	112	93	-	50	-	43		19
20 ～ 29	64	52	-	27	-	25		12
30 ～ 49	95	86	-	43	-	43		9
50 ～ 99	108	90	-	63	-	27		18
100 ～ 199	65	60	-	38	-	22		5
200 ～ 499	42	39	-	23	-	16		3
500 頭 以 上	19	17	-	10	-	7		2
肥育用牛なし	1,850	1,480	1,360	97	15	16		367
東 海 農 政 局	940	722	369	208	8	137		218
小　　　　計	258	212	-	86	-	126		46
1 ～ 9 頭	101	69	-	12	-	57		32
10 ～ 19	27	20	-	8	-	12		7
20 ～ 29	14	10	-	5	-	5		4
30 ～ 49	21	19	-	7	-	12		2
50 ～ 99	47	46	-	23	-	23		1
100 ～ 199	31	31	-	21	-	10		-
200 ～ 499	16	16	-	10	-	6		-
500 頭 以 上	1	1	-	-	-	1		-
肥育用牛なし	682	510	369	122	8	11		172
中 国 四 国 農 政 局	2,840	2,590	2,050	183	6	353		243
小　　　　計	506	432	-	106	-	326		74
1 ～ 9 頭	241	203	-	31	-	172		38
10 ～ 19	64	54	-	14	-	40		10
20 ～ 29	38	30	-	6	-	24		8
30 ～ 49	60	54	-	20	-	34		6
50 ～ 99	48	43	-	16	-	27		5
100 ～ 199	32	27	-	11	-	16		5
200 ～ 499	14	14	-	5	-	9		-
500 頭 以 上	9	7	-	3	-	4		2
肥育用牛なし	2,330	2,160	2,050	77	6	27		169

エ　飼養状態別飼養頭数（肉用種の肥育用牛飼養頭数規模別）

単位：頭

| 区　　分 | 計 | 肉　用　種　飼　養 | | | | | 乳用種飼養 |
		小　計	子牛生産	肥育用牛飼養	育成牛飼養	その他の飼養	
全　　　国	2,614,000	1,808,000	657,500	422,400	2,680	725,000	806,500
小　　　　計	1,475,000	1,079,000	−	354,900	−	724,200	395,600
1 ～ 9 頭	371,800	223,400	−	14,000	−	209,300	148,500
10 ～ 19	120,000	59,700	−	9,140	−	50,500	60,400
20 ～ 29	71,600	45,900	−	10,500	−	35,400	25,800
30 ～ 49	89,100	65,500	−	15,000	−	50,600	23,600
50 ～ 99	153,800	107,100	−	39,100	−	68,000	46,700
100 ～ 199	175,000	147,800	−	69,300	−	78,400	27,200
200 ～ 499	177,900	152,400	−	80,500	−	72,000	25,500
500 頭 以 上	315,300	277,300	−	117,300	−	160,000	38,000
肥 育 用 牛 な し	1,139,000	728,600	657,500	67,500	2,680	870	410,900
北　海　道	553,300	196,300	75,500	30,100	370	90,300	357,000
小　　　　計	268,500	116,600	−	26,500	−	90,100	151,900
1 ～ 9 頭	97,800	29,200	−	200	−	29,000	68,700
10 ～ 19	36,900	4,570	−	x	−	4,340	32,300
20 ～ 29	11,200	4,830	−	140	−	4,690	6,400
30 ～ 49	12,700	5,950	−	x	−	5,760	6,740
50 ～ 99	31,000	5,860	−	730	−	5,130	25,100
100 ～ 199	16,200	12,400	−	2,450	−	9,950	3,850
200 ～ 499	13,700	4,980	−	3,370	−	x	8,740
500 頭 以 上	48,900	48,900	−	19,200	−	29,700	−
肥 育 用 牛 な し	284,800	79,600	75,500	3,560	370	170	205,100
都　府　県	2,061,000	1,611,000	582,000	392,300	2,310	634,700	449,500
小　　　　計	1,206,000	962,400	−	328,400	−	634,000	243,700
1 ～ 9 頭	274,000	194,200	−	13,800	−	180,400	79,800
10 ～ 19	83,100	55,100	−	8,910	−	46,200	28,000
20 ～ 29	60,400	41,000	−	10,300	−	30,700	19,400
30 ～ 49	76,400	59,600	−	14,800	−	44,800	16,800
50 ～ 99	122,800	101,200	−	38,400	−	62,800	21,600
100 ～ 199	158,800	135,400	−	66,900	−	68,500	23,400
200 ～ 499	164,200	147,500	−	77,100	−	70,400	16,800
500 頭 以 上	266,400	228,400	−	98,200	−	130,300	38,000
肥 育 用 牛 な し	854,700	648,900	582,000	63,900	2,310	700	205,800
東　　　北	334,100	268,300	111,000	46,500	340	110,500	65,800
小　　　　計	175,500	146,800	−	36,400	−	110,400	28,700
1 ～ 9 頭	43,200	35,800	−	3,410	−	32,400	7,390
10 ～ 19	16,100	13,200	−	1,910	−	11,300	2,990
20 ～ 29	8,930	7,150	−	1,930	−	5,210	1,780
30 ～ 49	17,000	14,500	−	3,870	−	10,600	2,590
50 ～ 99	19,000	16,800	−	6,070	−	10,800	2,130
100 ～ 199	19,900	16,000	−	7,550	−	8,490	3,870
200 ～ 499	20,400	18,200	−	7,840	−	10,300	x
500 頭 以 上	30,900	25,100	−	3,790	−	21,300	x
肥 育 用 牛 な し	158,600	121,500	111,000	10,100	340	80	37,100
北　　　陸	20,800	12,500	3,340	4,400	250	4,510	8,260
小　　　　計	14,600	8,810	−	4,320	−	4,490	5,810
1 ～ 9 頭	5,590	1,170	−	100	−	1,070	4,420
10 ～ 19	890	890	−	110	−	770	−
20 ～ 29	1,810	880	−	370	−	520	930
30 ～ 49	1,710	1,250	−	410	−	840	x
50 ～ 99	2,100	2,100	−	1,030	−	1,070	−
100 ～ 199	630	630	−	x	−	x	−
200 ～ 499	950	950	−	950	−	−	−
500 頭 以 上	x	x	−	x	−	−	−
肥 育 用 牛 な し	6,150	3,690	3,340	80	250	20	2,460

84 肉 用 牛

(3) 全国農業地域別・飼養頭数規模別（続き）

エ 飼養状態別飼養頭数（肉用種の肥育用牛飼養頭数規模別）（続き）

単位：頭

区　　分	計	肉　用　種　飼　養					乳用種飼養
		小　計	子牛生産	肥育用牛飼養	育成牛飼養	その他の飼養	
関 東 ・ 東 山	281,400	144,800	34,600	49,600	140	60,500	136,600
小　　　　計	184,200	106,600	-	46,300	-	60,200	77,600
1 ～ 9 頭	38,200	13,700	-	1,720	-	12,000	24,500
10 ～ 19	15,300	5,260	-	1,770	-	3,490	10,100
20 ～ 29	7,690	3,680	-	1,240	-	2,440	4,010
30 ～ 49	13,700	8,150	-	2,780	-	5,370	5,550
50 ～ 99	24,800	13,400	-	7,390	-	6,020	11,400
100 ～ 199	24,000	16,800	-	9,460	-	7,310	7,230
200 ～ 499	22,400	17,700	-	7,660	-	10,000	4,760
500 頭 以 上	38,100	27,900	-	14,300	-	13,600	x
肥 育 用 牛 な し	97,200	38,300	34,600	3,220	140	280	58,900
東　　　　海	125,000	77,300	12,100	36,300	280	28,600	47,700
小　　　　計	64,600	43,500	-	15,000	-	28,500	21,000
1 ～ 9 頭	20,100	7,190	-	1,200	-	5,990	13,000
10 ～ 19	6,260	3,550	-	1,530	-	2,010	2,710
20 ～ 29	3,360	1,180	-	560	-	620	2,180
30 ～ 49	5,060	3,330	-	450	-	2,880	x
50 ～ 99	12,900	11,400	-	3,080	-	8,310	1,470
100 ～ 199	8,450	8,450	-	4,620	-	3,830	-
200 ～ 499	7,450	7,450	-	3,540	-	3,910	-
500 頭 以 上	x	x	-	-	-	x	-
肥 育 用 牛 な し	60,500	33,800	12,100	21,300	280	80	26,700
近　　　　畿	90,600	80,800	18,300	25,000	x	37,500	9,850
小　　　　計	62,200	55,000	-	17,600	-	37,500	7,210
1 ～ 9 頭	11,200	7,380	-	1,260	-	6,120	3,840
10 ～ 19	3,400	3,400	-	390	-	3,020	-
20 ～ 29	6,580	4,930	-	1,350	-	3,580	1,650
30 ～ 49	2,480	2,380	-	550	-	1,840	x
50 ～ 99	9,110	8,260	-	2,650	-	5,610	x
100 ～ 199	7,690	6,920	-	2,090	-	4,840	x
200 ～ 499	10,700	10,700	-	4,640	-	6,090	-
500 頭 以 上	11,000	11,000	-	x	-	6,370	-
肥 育 用 牛 な し	28,400	25,700	18,300	7,440	x	10	2,640
中　　　　国	128,900	80,200	28,200	10,600	50	41,400	48,700
小　　　　計	77,700	49,200	-	7,850	-	41,300	28,500
1 ～ 9 頭	15,900	8,310	-	200	-	8,110	7,600
10 ～ 19	7,420	2,310	-	250	-	2,060	5,110
20 ～ 29	3,760	1,950	-	x	-	1,920	1,800
30 ～ 49	7,520	4,820	-	920	-	3,900	2,700
50 ～ 99	6,310	4,810	-	860	-	3,950	x
100 ～ 199	8,350	5,610	-	2,000	-	3,610	x
200 ～ 499	6,080	6,080	-	x	-	5,730	-
500 頭 以 上	22,400	15,300	-	3,210	-	12,100	x
肥 育 用 牛 な し	51,200	31,000	28,200	2,720	50	70	20,200
四　　　　国	60,300	27,400	5,990	6,420	x	14,900	32,900
小　　　　計	41,900	19,800	-	4,920	-	14,900	22,000
1 ～ 9 頭	5,220	2,240	-	520	-	1,720	2,980
10 ～ 19	3,090	2,210	-	500	-	1,710	880
20 ～ 29	6,490	1,890	-	230	-	1,660	4,590
30 ～ 49	3,650	2,470	-	750	-	1,720	x
50 ～ 99	6,150	4,280	-	1,060	-	3,220	1,880
100 ～ 199	9,120	2,920	-	x	-	2,490	6,210
200 ～ 499	3,840	3,840	-	1,430	-	2,410	-
500 頭 以 上	x	-	-	-	-	-	x
肥 育 用 牛 な し	18,500	7,560	5,990	1,500	x	10	10,900

単位:頭

区　　分	計	肉　用　種　飼　養					乳用種飼養
		小　計	子牛生産	肥育用牛飼養	育成牛飼養	その他の飼養	
九　　　　州	941,700	842,100	341,100	212,600	1,190	287,200	99,600
小　　　　計	534,900	482,100	-	195,000	-	287,100	52,800
1 ～ 9 頭	98,800	82,700	-	5,400	-	77,300	16,100
10 ～ 19	25,000	18,700	-	2,400	-	16,300	6,270
20 ～ 29	19,000	16,500	-	4,590	-	11,900	2,430
30 ～ 49	23,600	21,000	-	5,050	-	16,000	2,540
50 ～ 99	41,700	39,300	-	16,200	-	23,200	2,400
100 ～ 199	79,700	77,100	-	40,200	-	36,900	2,580
200 ～ 499	91,700	81,900	-	50,000	-	31,900	9,800
500 頭 以 上	155,500	144,800	-	71,200	-	73,600	10,700
肥 育 用 牛 な し	406,800	360,000	341,100	17,500	1,190	150	46,800
沖　　　　縄	78,000	77,900	27,300	1,030	x	49,600	30
小　　　　計	50,500	50,500	-	980	-	49,600	-
1 ～ 9 頭	35,700	35,700	-	40	-	35,600	-
10 ～ 19	5,600	5,600	-	x	-	5,540	-
20 ～ 29	2,850	2,850	-	-	-	2,850	-
30 ～ 49	1,680	1,680	-	-	-	1,680	-
50 ～ 99	810	810	-	x	-	x	-
100 ～ 199	900	900	-	x	-	790	-
200 ～ 499	x	x	-	x	-	-	-
500 頭 以 上	x	x	-	-	-	x	-
肥 育 用 牛 な し	27,400	27,400	27,300	50	x	10	30
関 東 農 政 局	300,900	152,300	35,100	53,900	180	63,100	148,600
小　　　　計	194,700	111,800	-	49,000	-	62,800	82,900
1 ～ 9 頭	42,600	14,300	-	2,090	-	12,200	28,300
10 ～ 19	16,500	6,460	-	2,910	-	3,550	10,100
20 ～ 29	8,140	3,830	-	1,300	-	2,530	4,310
30 ～ 49	14,600	9,040	-	2,780	-	6,260	5,550
50 ～ 99	27,000	14,500	-	7,730	-	6,780	12,500
100 ～ 199	25,300	18,100	-	10,200	-	7,930	7,230
200 ～ 499	22,400	17,700	-	7,660	-	10,000	4,760
500 頭 以 上	38,100	27,900	-	14,300	-	13,600	x
肥 育 用 牛 な し	106,200	40,500	35,100	4,880	180	280	65,800
東 海 農 政 局	105,500	69,900	11,600	32,000	230	26,000	35,700
小　　　　計	54,100	38,300	-	12,300	-	25,900	15,800
1 ～ 9 頭	15,800	6,630	-	830	-	5,810	9,160
10 ～ 19	5,050	2,350	-	390	-	1,950	2,710
20 ～ 29	2,920	1,030	-	500	-	530	1,890
30 ～ 49	4,170	2,450	-	450	-	2,000	x
50 ～ 99	10,600	10,300	-	2,740	-	7,550	x
100 ～ 199	7,100	7,100	-	3,900	-	3,200	-
200 ～ 499	7,450	7,450	-	3,540	-	3,910	-
500 頭 以 上	x	x	-	-	-	x	-
肥 育 用 牛 な し	51,400	31,600	11,600	19,700	230	80	19,800
中 国 四 国 農 政 局	189,300	107,600	34,200	17,000	120	56,400	81,600
小　　　　計	119,600	69,000	-	12,800	-	56,300	50,500
1 ～ 9 頭	21,100	10,500	-	720	-	9,830	10,600
10 ～ 19	10,500	4,510	-	750	-	3,770	5,990
20 ～ 29	10,200	3,840	-	270	-	3,580	6,400
30 ～ 49	11,200	7,300	-	1,670	-	5,620	3,870
50 ～ 99	12,500	9,090	-	1,920	-	7,160	3,380
100 ～ 199	17,500	8,530	-	2,430	-	6,100	8,940
200 ～ 499	9,930	9,930	-	1,790	-	8,140	-
500 頭 以 上	26,700	15,300	-	3,210	-	12,100	x
肥 育 用 牛 な し	69,700	38,600	34,200	4,220	120	80	31,100

(3) 全国農業地域別・飼養頭数規模別（続き）

オ 飼養状態別飼養戸数（乳用種飼養頭数規模別）

単位：戸

区　　　分	計	肉用種飼養	乳　用　種　飼　養			
			小　計	育成牛飼養	肥育牛飼養	その他の飼養
全　　　　国	40,400	38,400	2,010	236	581	1,190
小　　　　計	4,270	2,260	2,010	236	581	1,190
1 ～ 4 頭	1,660	1,380	278	123	120	35
5 ～ 19	772	520	252	81	74	97
20 ～ 29	165	89	76	9	32	35
30 ～ 49	182	77	105	11	41	53
50 ～ 99	287	82	205	4	74	127
100 ～ 199	389	59	330	5	95	230
200 ～ 499	446	40	406	3	99	304
500 頭 以 上	370	15	355	-	46	309
乳 用 種 な し	36,100	36,100	-	-	-	-
北　海　道	2,240	1,860	385	27	77	281
小　　　　計	821	436	385	27	77	281
1 ～ 4 頭	302	258	44	18	22	4
5 ～ 19	149	120	29	4	8	17
20 ～ 29	33	20	13	-	7	6
30 ～ 49	19	7	12	3	6	3
50 ～ 99	30	13	17	-	5	12
100 ～ 199	41	11	30	1	5	24
200 ～ 499	85	2	83	1	10	72
500 頭 以 上	162	5	157	-	14	143
乳 用 種 な し	1,420	1,420	-	-	-	-
都　府　県	38,100	36,500	1,620	209	504	909
小　　　　計	3,450	1,820	1,620	209	504	909
1 ～ 4 頭	1,350	1,120	234	105	98	31
5 ～ 19	623	400	223	77	66	80
20 ～ 29	132	69	63	9	25	29
30 ～ 49	163	70	93	8	35	50
50 ～ 99	257	69	188	4	69	115
100 ～ 199	348	48	300	4	90	206
200 ～ 499	361	38	323	2	89	232
500 頭 以 上	208	10	198	-	32	166
乳 用 種 な し	34,700	34,700	-	-	-	-
東　　　　北	10,000	9,800	216	11	92	113
小　　　　計	587	371	216	11	92	113
1 ～ 4 頭	281	254	27	7	15	5
5 ～ 19	97	74	23	4	11	8
20 ～ 29	18	10	8	-	5	3
30 ～ 49	20	10	10	-	5	5
50 ～ 99	44	12	32	-	14	18
100 ～ 199	63	8	55	-	25	30
200 ～ 499	33	2	31	-	13	18
500 頭 以 上	31	1	30	-	4	26
乳 用 種 な し	9,430	9,430	-	-	-	-
北　　　　陸	328	276	52	12	10	30
小　　　　計	109	57	52	12	10	30
1 ～ 4 頭	52	37	15	11	1	3
5 ～ 19	21	12	9	-	1	8
20 ～ 29	7	5	2	-	-	2
30 ～ 49	4	1	3	-	-	3
50 ～ 99	10	2	8	-	5	3
100 ～ 199	4	-	4	-	2	2
200 ～ 499	9	-	9	1	1	7
500 頭 以 上	2	-	2	-	-	2
乳 用 種 な し	219	219	-	-	-	-

単位：戸

区　分	計	肉用種飼養	乳　用　種　飼　養			
			小　計	育成牛飼養	肥育牛飼養	その他の飼養
関 東・東 山	2,610	2,120	488	56	164	268
小　　　計	878	390	488	56	164	268
1 ～ 4頭	295	227	68	25	35	8
5 ～ 19	159	88	71	20	22	29
20 ～ 29	37	19	18	5	6	7
30 ～ 49	51	18	33	2	14	17
50 ～ 99	89	20	69	3	25	41
100 ～ 199	89	9	80	1	21	58
200 ～ 499	90	7	83	–	30	53
500 頭 以 上	68	2	66	–	11	55
乳 用 種 な し	1,730	1,730	–	–	–	–
東　　　海	1,050	787	263	50	72	141
小　　　計	391	128	263	50	72	141
1 ～ 4頭	102	73	29	17	11	1
5 ～ 19	85	42	43	28	6	9
20 ～ 29	15	2	13	1	5	7
30 ～ 49	23	5	18	4	7	7
50 ～ 99	39	1	38	–	12	26
100 ～ 199	53	3	50	–	19	31
200 ～ 499	54	2	52	–	9	43
500 頭 以 上	20	–	20	–	3	17
乳 用 種 な し	659	659	–	–	–	–
近　　　畿	1,400	1,330	68	10	17	41
小　　　計	135	67	68	10	17	41
1 ～ 4頭	53	38	15	7	6	2
5 ～ 19	25	12	13	2	7	4
20 ～ 29	4	3	1	–	–	1
30 ～ 49	9	4	5	1	2	2
50 ～ 99	12	3	9	–	1	8
100 ～ 199	14	2	12	–	–	12
200 ～ 499	12	2	10	–	1	9
500 頭 以 上	6	3	3	–	–	3
乳 用 種 な し	1,260	1,260	–	–	–	–
中　　　国	2,220	2,100	118	10	31	77
小　　　計	265	147	118	10	31	77
1 ～ 4頭	107	90	17	5	10	2
5 ～ 19	46	30	16	2	8	6
20 ～ 29	7	4	3	1	1	1
30 ～ 49	24	13	11	–	4	7
50 ～ 99	12	3	9	1	3	5
100 ～ 199	15	3	12	–	1	11
200 ～ 499	30	2	28	1	1	26
500 頭 以 上	24	2	22	–	3	19
乳 用 種 な し	1,950	1,950	–	–	–	–
四　　　国	618	493	125	28	30	67
小　　　計	198	73	125	28	30	67
1 ～ 4頭	70	42	28	18	6	4
5 ～ 19	35	16	19	7	3	9
20 ～ 29	8	3	5	1	3	1
30 ～ 49	12	3	9	1	3	5
50 ～ 99	12	5	7	–	3	4
100 ～ 199	25	3	22	1	5	16
200 ～ 499	23	1	22	–	5	17
500 頭 以 上	13	–	13	–	2	11
乳 用 種 な し	420	420	–	–	–	–

(3) 全国農業地域別・飼養頭数規模別（続き）

オ 飼養状態別飼養戸数（乳用種飼養頭数規模別）（続き）

単位：戸

区　　　分	計	肉用種飼養	乳　用　種　飼　養			
			小　計	育成牛飼養	肥育牛飼養	その他の飼養
九　　　　州	17,700	17,400	287	32	83	172
小　　　　計	827	540	287	32	83	172
1 ～ 4 頭	348	317	31	15	10	6
5 ～ 19	147	119	28	14	7	7
20 ～ 29	35	22	13	1	5	7
30 ～ 49	20	16	4	-	-	4
50 ～ 99	39	23	16	-	6	10
100 ～ 199	84	19	65	2	17	46
200 ～ 499	110	22	88	-	29	59
500 頭 以 上	44	2	42	-	9	33
乳 用 種 な し	16,900	16,900	-	-	-	-
沖　　　　縄	2,170	2,160	5	-	5	-
小　　　　計	55	50	5	-	5	-
1 ～ 4 頭	45	41	4	-	4	-
5 ～ 19	8	7	1	-	1	-
20 ～ 29	1	1	-	-	-	-
30 ～ 49	-	-	-	-	-	-
50 ～ 99	-	-	-	-	-	-
100 ～ 199	1	1	-	-	-	-
200 ～ 499	-	-	-	-	-	-
500 頭 以 上	-	-	-	-	-	-
乳 用 種 な し	2,110	2,110	-	-	-	-
関 東 農 政 局	2,720	2,180	533	57	175	301
小　　　　計	935	402	533	57	175	301
1 ～ 4 頭	305	235	70	25	37	8
5 ～ 19	162	90	72	21	22	29
20 ～ 29	40	19	21	5	7	9
30 ～ 49	53	19	34	2	15	17
50 ～ 99	94	20	74	3	26	45
100 ～ 199	106	10	96	1	26	69
200 ～ 499	103	7	96	-	30	66
500 頭 以 上	72	2	70	-	12	58
乳 用 種 な し	1,780	1,780	-	-	-	-
東 海 農 政 局	940	722	218	49	61	108
小　　　　計	334	116	218	49	61	108
1 ～ 4 頭	92	65	27	17	9	1
5 ～ 19	82	40	42	27	6	9
20 ～ 29	12	2	10	1	4	5
30 ～ 49	21	4	17	4	6	7
50 ～ 99	34	1	33	-	11	22
100 ～ 199	36	2	34	-	14	20
200 ～ 499	41	2	39	-	9	30
500 頭 以 上	16	-	16	-	2	14
乳 用 種 な し	606	606	-	-	-	-
中 国 四 国 農 政 局	2,840	2,590	243	38	61	144
小　　　　計	463	220	243	38	61	144
1 ～ 4 頭	177	132	45	23	16	6
5 ～ 19	81	46	35	9	11	15
20 ～ 29	15	7	8	2	4	2
30 ～ 49	36	16	20	1	7	12
50 ～ 99	24	8	16	1	6	9
100 ～ 199	40	6	34	1	6	27
200 ～ 499	53	3	50	1	6	43
500 頭 以 上	37	2	35	-	5	30
乳 用 種 な し	2,370	2,370	-	-	-	-

カ　飼養状態別飼養頭数（乳用種飼養頭数規模別）

単位：頭

| 区　　　分 | 計 | 肉用種飼養 | 乳　用　種　飼　養 | | | |
			小　計	育成牛飼養	肥育牛飼養	その他の飼養
全　　　　　国	2,614,000	1,808,000	806,500	4,200	113,100	689,200
小　　　　計	1,201,000	394,700	806,500	4,200	113,100	689,200
1 ～ 4 頭	91,000	90,300	710	320	250	140
5 ～ 19	76,100	73,000	3,060	790	930	1,340
20 ～ 29	26,100	23,900	2,250	240	990	1,020
30 ～ 49	28,400	23,400	5,020	530	1,940	2,550
50 ～ 99	53,900	36,100	17,800	440	6,330	11,100
100 ～ 199	93,200	39,000	54,100	810	16,000	37,300
200 ～ 499	192,200	46,200	146,000	1,060	33,100	111,900
500 頭 以 上	640,500	62,900	577,500	－	53,600	523,900
乳 用 種 な し	1,413,000	1,413,000	－	－	－	－
北　海　　道	553,300	196,300	357,000	700	26,200	330,000
小　　　　計	438,400	81,400	357,000	700	26,200	330,000
1 ～ 4 頭	16,400	16,300	100	40	40	20
5 ～ 19	13,000	12,600	380	40	120	220
20 ～ 29	4,680	4,280	400	－	220	180
30 ～ 49	3,920	3,370	550	150	260	140
50 ～ 99	5,960	4,630	1,330	－	340	990
100 ～ 199	13,200	7,990	5,170	x	1,110	3,940
200 ～ 499	36,000	x	33,500	x	3,540	29,600
500 頭 以 上	345,200	29,700	315,600	－	20,600	295,000
乳 用 種 な し	114,900	114,900	－	－	－	－
都　府　　県	2,061,000	1,611,000	449,500	3,500	86,800	359,200
小　　　　計	762,800	313,300	449,500	3,500	86,800	359,200
1 ～ 4 頭	74,600	74,000	610	280	210	120
5 ～ 19	63,100	60,400	2,680	760	810	1,110
20 ～ 29	21,400	19,600	1,850	240	770	840
30 ～ 49	24,500	20,000	4,470	390	1,680	2,410
50 ～ 99	47,900	31,400	16,500	440	5,990	10,100
100 ～ 199	80,000	31,000	49,000	690	14,900	33,400
200 ～ 499	156,200	43,700	112,500	x	29,500	82,300
500 頭 以 上	295,200	33,200	262,000	－	33,000	229,000
乳 用 種 な し	1,298,000	1,298,000	－	－	－	－
東　　　　北	334,100	268,300	65,800	60	14,600	51,100
小　　　　計	115,700	49,900	65,800	60	14,600	51,100
1 ～ 4 頭	15,400	15,300	90	20	50	20
5 ～ 19	11,400	11,200	280	50	130	110
20 ～ 29	3,020	2,730	280	－	210	80
30 ～ 49	2,530	2,010	520	－	290	230
50 ～ 99	5,420	2,480	2,940	－	1,230	1,710
100 ～ 199	12,100	3,100	9,000	－	4,120	4,880
200 ～ 499	16,000	x	11,100	－	4,410	6,700
500 頭 以 上	49,800	x	41,600	－	4,220	37,400
乳 用 種 な し	218,400	218,400	－	－	－	－
北　　　　陸	20,800	12,500	8,260	250	1,270	6,740
小　　　　計	11,900	3,650	8,260	250	1,270	6,740
1 ～ 4 頭	1,200	1,150	40	30	x	10
5 ～ 19	810	690	120	－	x	110
20 ～ 29	1,280	1,230	x	－	－	x
30 ～ 49	230	x	140	－	－	140
50 ～ 99	1,210	x	730	－	410	320
100 ～ 199	920	－	920	－	x	x
200 ～ 499	3,150	－	3,150	x	x	2,600
500 頭 以 上	x	－	x	－	－	x
乳 用 種 な し	8,850	8,850	－	－	－	－

(3) 全国農業地域別・飼養頭数規模別 (続き)

カ 飼養状態別飼養頭数 (乳用種飼養頭数規模別) (続き)

単位:頭

区 分	計	肉用種飼養	乳 用 種 飼 養			
			小 計	育成牛飼養	肥育牛飼養	その他の飼養
関 東 ・ 東 山	**281,400**	**144,800**	**136,600**	**970**	**28,500**	**107,100**
小　　　計	187,700	51,100	136,600	970	28,500	107,100
1 ～ 4 頭	9,310	9,150	150	50	80	30
5 ～ 19	8,250	7,400	850	190	260	400
20 ～ 29	6,400	5,900	500	140	160	210
30 ～ 49	6,350	4,820	1,530	x	630	800
50 ～ 99	16,600	10,700	5,980	300	2,170	3,510
100 ～ 199	17,200	4,390	12,800	x	3,260	9,320
200 ～ 499	34,500	4,910	29,600	-	10,800	18,800
500 頭 以 上	89,100	x	85,100	-	11,100	74,000
乳 用 種 な し	93,700	93,700	-	-	-	-
東　　　海	**125,000**	**77,300**	**47,700**	**520**	**10,700**	**36,600**
小　　　計	62,000	14,200	47,700	520	10,700	36,600
1 ～ 4 頭	4,550	4,470	80	50	20	x
5 ～ 19	4,940	4,490	460	250	70	140
20 ～ 29	700	x	390	x	150	220
30 ～ 49	2,110	1,290	810	200	270	350
50 ～ 99	3,310	x	3,100	-	1,020	2,080
100 ～ 199	9,740	1,710	8,030	-	2,920	5,110
200 ～ 499	19,500	x	17,700	-	2,740	15,000
500 頭 以 上	17,100	-	17,100	-	3,470	13,700
乳 用 種 な し	63,100	63,100	-	-	-	-
近　　　畿	**90,600**	**80,800**	**9,850**	**60**	**580**	**9,210**
小　　　計	30,300	20,400	9,850	60	580	9,210
1 ～ 4 頭	3,330	3,300	30	20	10	x
5 ～ 19	1,010	840	170	x	90	70
20 ～ 29	1,900	1,870	x	-	-	x
30 ～ 49	1,120	800	320	x	x	x
50 ～ 99	3,820	3,040	780	-	x	680
100 ～ 199	3,080	x	1,830	-	-	1,830
200 ～ 499	5,790	x	3,980	-	x	3,760
500 頭 以 上	10,200	7,510	2,700	-	-	2,700
乳 用 種 な し	60,400	60,400	-	-	-	-
中　　　国	**128,900**	**80,200**	**48,700**	**680**	**4,460**	**43,600**
小　　　計	75,900	27,100	48,700	680	4,460	43,600
1 ～ 4 頭	5,740	5,710	30	10	20	x
5 ～ 19	3,720	3,540	180	x	100	70
20 ～ 29	560	490	70	x	x	x
30 ～ 49	3,290	2,790	500	-	200	300
50 ～ 99	2,010	1,150	870	x	280	440
100 ～ 199	3,230	1,310	1,920	-	x	1,720
200 ～ 499	13,100	x	10,200	x	x	9,300
500 頭 以 上	44,200	x	35,000	-	3,270	31,700
乳 用 種 な し	53,100	53,100	-	-	-	-
四　　　国	**60,300**	**27,400**	**32,900**	**320**	**4,710**	**27,900**
小　　　計	42,400	9,450	32,900	320	4,710	27,900
1 ～ 4 頭	3,520	3,450	70	50	10	20
5 ～ 19	1,780	1,560	220	70	50	100
20 ～ 29	720	580	140	x	100	x
30 ～ 49	870	430	440	x	130	250
50 ～ 99	1,900	1,230	670	-	250	410
100 ～ 199	4,890	1,330	3,560	x	1,070	2,370
200 ～ 499	7,450	x	6,590	-	1,190	5,400
500 頭 以 上	21,200	-	21,200	-	x	19,300
乳 用 種 な し	18,000	18,000	-	-	-	-

単位：頭

区　　　分	計	肉用種飼養	乳　用　種　飼　養			
			小　計	育成牛飼養	肥育牛飼養	その他の飼養
九　　　　州	941,700	842,100	99,600	640	22,000	77,000
小　　　　計	232,500	132,900	99,600	640	22,000	77,000
1 ～ 4 頭	28,700	28,600	100	60	20	30
5 ～ 19	30,100	29,700	390	180	90	120
20 ～ 29	6,760	6,380	380	x	140	220
30 ～ 49	7,980	7,770	210	－	－	210
50 ～ 99	13,600	12,200	1,450	－	520	920
100 ～ 199	28,300	17,400	10,900	x	2,790	7,770
200 ～ 499	56,700	26,500	30,200	－	9,490	20,700
500 頭 以 上	60,400	x	56,000	－	8,960	47,000
乳 用 種 な し	709,200	709,200	－	－	－	－
沖　　　　縄	78,000	77,900	30	－	30	－
小　　　　計	4,570	4,540	30	－	30	－
1 ～ 4 頭	2,910	2,900	10	－	10	－
5 ～ 19	1,000	990	x	－	x	－
20 ～ 29	x	x	－	－	－	－
30 ～ 49	－	－	－	－	－	－
50 ～ 99	－	－	－	－	－	－
100 ～ 199	x	x	－	－	－	－
200 ～ 499	－	－	－	－	－	－
500 頭 以 上	－	－	－	－	－	－
乳 用 種 な し	73,400	73,400	－	－	－	－
関 東 農 政 局	300,900	152,300	148,600	980	31,300	116,300
小　　　　計	201,700	53,100	148,600	980	31,300	116,300
1 ～ 4 頭	9,610	9,450	160	50	80	30
5 ～ 19	9,150	8,290	860	200	260	400
20 ～ 29	6,490	5,900	590	140	180	270
30 ～ 49	6,880	5,310	1,570	x	680	800
50 ～ 99	17,000	10,700	6,330	300	2,230	3,800
100 ～ 199	20,200	4,680	15,500	x	4,010	11,300
200 ～ 499	38,700	4,910	33,800	－	10,800	23,000
500 頭 以 上	93,800	x	89,800	－	13,100	76,700
乳 用 種 な し	99,100	99,100	－	－	－	－
東 海 農 政 局	105,500	69,900	35,700	510	7,810	27,400
小　　　　計	47,900	12,300	35,700	510	7,810	27,400
1 ～ 4 頭	4,240	4,170	70	50	20	x
5 ～ 19	4,040	3,590	440	240	70	140
20 ～ 29	610	x	300	x	120	150
30 ～ 49	1,570	800	770	200	230	350
50 ～ 99	2,960	x	2,750	－	960	1,780
100 ～ 199	6,740	x	5,320	－	2,170	3,150
200 ～ 499	15,300	x	13,600	－	2,740	10,800
500 頭 以 上	12,400	－	12,400	－	x	10,900
乳 用 種 な し	57,600	57,600	－	－	－	－
中 国 四 国 農 政 局	189,300	107,600	81,600	1,000	9,160	71,500
小　　　　計	118,200	36,600	81,600	1,000	9,160	71,500
1 ～ 4 頭	9,260	9,160	100	60	30	20
5 ～ 19	5,490	5,100	400	80	140	170
20 ～ 29	1,290	1,070	220	x	120	x
30 ～ 49	4,170	3,230	940	x	330	550
50 ～ 99	3,910	2,380	1,530	x	540	850
100 ～ 199	8,120	2,640	5,480	x	1,270	4,090
200 ～ 499	20,500	3,770	16,700	x	1,560	14,700
500 頭 以 上	65,500	x	56,200	－	5,180	51,000
乳 用 種 な し	71,000	71,000	－	－	－	－

(3) 全国農業地域別・飼養頭数規模別（続き）

キ 飼養状態別飼養戸数（肉用種の肥育用牛及び乳用種飼養頭数規模別）

単位：戸

区　　分	計	肉　用　種　飼　養					乳　用　種　飼　養			
		小　計	子牛生産	肥育用牛飼養	育成牛飼養	その他の飼養	小　計	育成牛飼養	肥育牛飼養	その他の飼養
全　　　　国	40,400	38,400	30,900	2,870	105	4,470	2,010	236	581	1,190
小　　　　計	9,480	7,470	1,260	1,900	47	4,270	2,010	236	581	1,190
1 ～ 9 頭	4,570	4,180	1,090	439	38	2,610	398	180	146	72
10 ～ 19	857	730	97	202	4	427	127	24	46	57
20 ～ 29	476	400	26	139	2	233	76	9	30	37
30 ～ 49	637	534	21	217	-	296	103	11	41	51
50 ～ 99	836	630	16	331	1	282	206	4	76	126
100 ～ 199	876	550	4	303	2	241	326	5	91	230
200 ～ 499	720	315	2	199	-	114	405	3	101	301
500 頭 以 上	505	139	-	72	-	67	366	-	50	316
肉用種の肥育用牛及び乳用種なし	30,900	30,900	29,700	964	58	206	-	-	-	-
北　海　道	2,240	1,860	1,400	70	17	368	385	27	77	281
小　　　　計	1,080	697	287	43	8	359	385	27	77	281
1 ～ 9 頭	539	483	244	12	8	219	56	20	24	12
10 ～ 19	81	64	21	2	-	41	17	2	6	9
20 ～ 29	52	39	12	4	-	23	13	-	7	6
30 ～ 49	40	28	2	1	-	25	12	3	6	3
50 ～ 99	50	33	5	9	-	19	17	-	5	12
100 ～ 199	58	28	2	5	-	21	30	1	5	24
200 ～ 499	93	10	1	6	-	3	83	1	10	72
500 頭 以 上	169	12	-	4	-	8	157	-	14	143
肉用種の肥育用牛及び乳用種なし	1,160	1,160	1,110	27	9	9	-	-	-	-
都　府　県	38,100	36,500	29,500	2,800	88	4,100	1,620	209	504	909
小　　　　計	8,400	6,780	972	1,860	39	3,910	1,620	209	504	909
1 ～ 9 頭	4,040	3,690	849	427	30	2,390	342	160	122	60
10 ～ 19	776	666	76	200	4	386	110	22	40	48
20 ～ 29	424	361	14	135	2	210	63	9	23	31
30 ～ 49	597	506	19	216	-	271	91	8	35	48
50 ～ 99	786	597	11	322	1	263	189	4	71	114
100 ～ 199	818	522	2	298	2	220	296	4	86	206
200 ～ 499	627	305	1	193	-	111	322	2	91	229
500 頭 以 上	336	127	-	68	-	59	209	-	36	173
肉用種の肥育用牛及び乳用種なし	29,700	29,700	28,500	937	49	197	-	-	-	-
東　　　　北	10,000	9,800	8,170	768	18	847	216	11	92	113
小　　　　計	1,700	1,490	229	456	7	794	216	11	92	113
1 ～ 9 頭	869	833	213	143	5	472	36	9	19	8
10 ～ 19	192	179	10	71	1	97	13	2	7	4
20 ～ 29	112	105	2	50	-	53	7	-	3	4
30 ～ 49	133	123	1	65	-	57	10	-	6	4
50 ～ 99	157	124	3	59	1	61	33	-	15	18
100 ～ 199	129	76	-	43	-	33	53	-	23	30
200 ～ 499	67	34	-	20	-	14	33	-	15	18
500 頭 以 上	43	12	-	5	-	7	31	-	4	27
肉用種の肥育用牛及び乳用種なし	8,310	8,310	7,940	312	11	53	-	-	-	-
北　　　　陸	328	276	137	60	18	61	52	12	10	30
小　　　　計	186	134	21	47	10	56	52	12	10	30
1 ～ 9 頭	82	63	16	14	9	24	19	11	1	7
10 ～ 19	22	18	4	3	-	11	4	-	1	3
20 ～ 29	15	12	1	6	1	4	3	-	-	3
30 ～ 49	19	16	-	8	-	8	3	-	-	3
50 ～ 99	23	16	-	10	-	6	7	-	5	2
100 ～ 199	9	5	-	2	-	3	4	-	1	3
200 ～ 499	13	3	-	3	-	-	10	1	2	7
500 頭 以 上	3	1	-	1	-	-	2	-	-	2
肉用種の肥育用牛及び乳用種なし	142	142	116	13	8	5	-	-	-	-

単位:戸

区　　　分	計	肉　用　種　飼　養					乳　用　種　飼　養			
		小　計	子牛生産	肥育用牛飼養	育成牛飼養	その他の飼養	小　計	育成牛飼養	肥育牛飼養	その他の飼養
関 東 ・ 東 山	2,610	2,120	1,330	393	13	379	488	56	164	268
小　　　計	1,380	896	200	323	8	365	488	56	164	268
1 ～ 9 頭	516	414	176	70	7	161	102	41	43	18
10 ～ 19	153	117	14	49	1	53	36	4	14	18
20 ～ 29	76	57	1	27	－	29	19	5	6	8
30 ～ 49	121	89	5	42	－	42	32	2	13	17
50 ～ 99	157	91	4	58	－	29	66	3	24	39
100 ～ 199	144	62	－	38	－	24	82	1	23	58
200 ～ 499	122	43	－	27	－	16	79	－	26	53
500 頭 以 上	95	23	－	12	－	11	72	－	15	57
肉用種の肥育用牛及び乳用種なし	1,220	1,220	1,130	70	5	14	－	－	－	－
東　　　海	1,050	787	392	236	10	149	263	50	72	141
小　　　計	584	321	69	101	7	144	263	50	72	141
1 ～ 9 頭	190	136	57	16	5	58	54	37	13	4
10 ～ 19	58	40	10	11	2	17	18	8	4	6
20 ～ 29	26	15	－	8	－	7	11	1	4	6
30 ～ 49	45	26	2	8	－	16	19	4	8	7
50 ～ 99	85	46	－	24	－	22	39	－	12	27
100 ～ 199	87	37	－	23	－	14	50	－	19	31
200 ～ 499	71	20	－	11	－	9	51	－	9	42
500 頭 以 上	22	1	－	－	－	1	21	－	3	18
肉用種の肥育用牛及び乳用種なし	466	466	323	135	3	5	－	－	－	－
近　　　畿	1,400	1,330	983	160	1	183	68	10	17	41
小　　　計	367	299	28	93	－	178	68	10	17	41
1 ～ 9 頭	155	135	23	24	－	88	20	9	9	2
10 ～ 19	39	32	1	9	－	22	7	－	3	4
20 ～ 29	21	19	－	5	－	14	2	－	1	1
30 ～ 49	28	25	3	7	－	15	3	1	－	2
50 ～ 99	50	39	－	25	－	14	11	－	3	8
100 ～ 199	36	25	－	12	－	13	11	－	－	11
200 ～ 499	26	16	1	9	－	6	10	－	1	9
500 頭 以 上	12	8	－	2	－	6	4	－	－	4
肉用種の肥育用牛及び乳用種なし	1,030	1,030	955	67	1	5	－	－	－	－
中　　　国	2,220	2,100	1,760	104	4	232	118	10	31	77
小　　　計	464	346	79	53	1	213	118	10	31	77
1 ～ 9 頭	223	198	65	18	1	114	25	7	13	5
10 ～ 19	41	33	7	4	－	22	8	－	5	3
20 ～ 29	18	15	1	1	－	13	3	1	1	1
30 ～ 49	44	33	4	8	－	21	11	－	4	7
50 ～ 99	43	34	1	9	－	24	9	1	3	5
100 ～ 199	28	16	1	8	－	7	12	－	1	11
200 ～ 499	37	9	－	2	－	7	28	1	1	26
500 頭 以 上	30	8	－	3	－	5	22	－	3	19
肉用種の肥育用牛及び乳用種なし	1,760	1,760	1,680	51	3	19	－	－	－	－
四　　　国	618	493	291	79	2	121	125	28	30	67
小　　　計	338	213	31	64	1	117	125	28	30	67
1 ～ 9 頭	138	99	28	22	－	49	39	23	7	9
10 ～ 19	42	34	2	11	－	21	8	2	2	4
20 ～ 29	22	18	1	5	1	11	4	1	2	1
30 ～ 49	30	20	－	9	－	11	10	1	4	5
50 ～ 99	26	19	－	9	－	10	7	－	3	4
100 ～ 199	34	14	－	4	－	10	20	1	3	16
200 ～ 499	33	9	－	4	－	5	24	－	7	17
500 頭 以 上	13	－	－	－	－	－	13	－	2	11
肉用種の肥育用牛及び乳用種なし	280	280	260	15	1	4	－	－	－	－

(3) 全国農業地域別・飼養頭数規模別 (続き)

　キ　飼養状態別飼養戸数 (肉用種の肥育用牛及び乳用種飼養頭数規模別) (続き)

単位:戸

区　　分	計	肉　用　種　飼　養					乳　用　種　飼　養			
		小　計	子牛生産	肥育用牛飼養	育成牛飼養	その他の飼養	小　計	育成牛飼養	肥育牛飼養	その他の飼養
九　　　　　州	17,700	17,400	15,100	958	21	1,400	287	32	83	172
小　　　　計	2,620	2,330	299	706	5	1,320	287	32	83	172
1 ～ 9 頭	1,190	1,140	258	110	3	772	43	23	13	7
10 ～ 19	181	166	26	40	-	100	15	6	3	6
20 ～ 29	121	107	7	33	-	67	14	1	6	7
30 ～ 49	168	165	4	69	-	92	3	-	-	3
50 ～ 99	242	225	3	127	-	95	17	-	6	11
100 ～ 199	346	282	1	167	2	112	64	2	16	46
200 ～ 499	256	169	-	115	-	54	87	-	30	57
500 頭 以 上	117	73	-	45	-	28	44	-	9	35
肉用種の肥育用牛及び乳用種なし	15,100	15,100	14,800	252	16	84	-	-	-	-
沖　　　　　縄	2,170	2,160	1,400	38	1	728	5	-	5	-
小　　　　計	757	752	16	16	-	720	5	-	5	-
1 ～ 9 頭	676	672	13	10	-	·649	4	-	4	-
10 ～ 19	48	47	2	2	-	43	1	-	1	-
20 ～ 29	13	13	1	-	-	12	-	-	-	-
30 ～ 49	9	9	-	-	-	9	-	-	-	-
50 ～ 99	3	3	-	1	-	2	-	-	-	-
100 ～ 199	5	5	-	1	-	4	-	-	-	-
200 ～ 499	2	2	-	2	-	-	-	-	-	-
500 頭 以 上	1	1	-	-	-	1	-	-	-	-
肉用種の肥育用牛及び乳用種なし	1,410	1,410	1,380	22	1	8	-	-	-	-
関 東 農 政 局	2,720	2,180	1,360	421	15	391	533	57	175	301
小　　　　計	1,460	925	206	334	8	377	533	57	175	301
1 ～ 9 頭	529	424	182	72	7	163	105	42	45	18
10 ～ 19	157	121	14	52	1	54	36	4	14	18
20 ～ 29	82	60	1	29	-	30	22	5	7	10
30 ～ 49	126	93	5	42	-	46	33	2	14	17
50 ～ 99	165	94	4	60	-	30	71	3	25	43
100 ～ 199	165	67	-	40	-	27	98	1	28	69
200 ～ 499	135	43	-	27	-	16	92	-	26	66
500 頭 以 上	99	23	-	12	-	11	76	-	16	60
肉用種の肥育用牛及び乳用種なし	1,260	1,260	1,150	87	7	14	-	-	-	-
東 海 農 政 局	940	722	369	208	8	137	218	49	61	108
小　　　　計	510	292	63	90	7	132	218	49	61	108
1 ～ 9 頭	177	126	51	14	5	56	51	36	11	4
10 ～ 19	54	36	10	8	2	16	18	8	4	6
20 ～ 29	20	12	-	6	-	6	8	1	3	4
30 ～ 49	40	22	2	8	-	12	18	4	7	7
50 ～ 99	77	43	-	22	-	21	34	-	11	23
100 ～ 199	66	32	-	21	-	11	34	-	14	20
200 ～ 499	58	20	-	11	-	9	38	-	9	29
500 頭 以 上	18	1	-	-	-	1	17	-	2	15
肉用種の肥育用牛及び乳用種なし	430	430	306	118	1	5	-	-	-	-
中 国 四 国 農 政 局	2,840	2,590	2,050	183	6	353	243	38	61	144
小　　　　計	802	559	110	117	2	330	243	38	61	144
1 ～ 9 頭	361	297	93	40	1	163	64	30	20	14
10 ～ 19	83	67	9	15	-	43	16	2	7	7
20 ～ 29	40	33	2	6	1	24	7	2	3	2
30 ～ 49	74	53	4	17	-	32	21	1	8	12
50 ～ 99	69	53	1	18	-	34	16	1	6	9
100 ～ 199	62	30	1	12	-	17	32	1	4	27
200 ～ 499	70	18	-	6	-	12	52	1	8	43
500 頭 以 上	43	8	-	3	-	5	35	-	5	30
肉用種の肥育用牛及び乳用種なし	2,040	2,040	1,940	66	4	23	-	-	-	-

ク　飼養状態別飼養頭数（肉用種の肥育用牛及び乳用種飼養頭数規模別）

単位：頭

区　　分	計	肉　用　種　飼　養					乳　用　種　飼　養			
		小　計	子牛生産	肥育用牛飼養	育成牛飼養	その他の飼養	小　計	育成牛飼養	肥育牛飼養	その他の飼養
全　　　　国	2,614,000	1,808,000	657,500	422,400	2,680	725,000	806,500	4,200	113,100	689,200
小　　　計	1,959,000	1,153,000	68,100	358,500	1,870	724,400	806,500	4,200	113,100	689,200
1 ～ 9 頭	241,600	240,000	43,600	13,100	760	182,500	1,610	740	440	430
10 ～ 19	69,000	67,000	7,900	9,370	140	49,600	2,020	370	690	960
20 ～ 29	52,300	50,100	3,640	8,410	x	37,900	2,170	240	870	1,060
30 ～ 49	73,200	68,500	3,670	14,400	－	50,500	4,730	530	1,800	2,390
50 ～ 99	123,300	105,800	5,150	35,600	x	64,900	17,500	440	6,340	10,700
100 ～ 199	207,500	155,500	1,800	63,000	x	90,000	52,000	810	14,600	36,700
200 ～ 499	308,600	166,800	x	84,000	－	80,500	141,700	1,060	31,900	108,800
500 頭 以 上	883,800	299,100	－	130,600	－	168,500	584,700	－	56,500	528,200
肉用種の肥育用牛 及び乳用種なし	654,700	654,700	589,400	63,900	810	660	－	－	－	－
北　海　道	553,300	196,300	75,500	30,100	370	90,300	357,000	700	26,200	330,000
小　　　計	494,500	137,500	20,700	26,500	170	90,200	357,000	700	26,200	330,000
1 ～ 9 頭	33,600	33,400	12,900	170	170	20,200	200	50	60	90
10 ～ 19	8,180	7,900	1,800	x	－	5,870	280	x	100	160
20 ～ 29	8,770	8,370	1,630	180	－	6,560	400	－	220	180
30 ～ 49	5,740	5,190	x	x	－	4,660	550	150	260	140
50 ～ 99	9,630	8,300	1,370	810	－	6,120	1,330	－	340	990
100 ～ 199	22,700	17,600	x	1,510	－	15,000	5,180	x	1,110	3,940
200 ～ 499	40,400	6,860	x	3,280	－	2,010	33,500	x	3,540	29,600
500 頭 以 上	365,500	49,900	－	20,200	－	29,700	315,600	－	20,600	295,000
肉用種の肥育用牛 及び乳用種なし	58,800	58,800	54,800	3,550	210	160	－	－	－	－
都　府　県	2,061,000	1,611,000	582,000	392,300	2,310	634,700	449,500	3,500	86,800	359,200
小　　　計	1,465,000	1,015,000	47,400	332,000	1,710	634,200	449,500	3,500	86,800	359,200
1 ～ 9 頭	208,000	206,600	30,700	13,000	590	162,300	1,410	690	380	340
10 ～ 19	60,800	59,100	6,100	9,140	140	43,700	1,740	350	590	800
20 ～ 29	43,500	41,800	2,020	8,230	x	31,400	1,770	240	650	880
30 ～ 49	67,500	63,300	3,250	14,300	－	45,800	4,180	390	1,540	2,250
50 ～ 99	113,700	97,500	3,780	34,800	x	58,800	16,200	440	6,000	9,730
100 ～ 199	184,800	137,900	x	61,500	x	75,000	46,900	690	13,400	32,700
200 ～ 499	268,200	160,000	x	80,700	－	78,500	108,200	x	28,400	79,200
500 頭 以 上	518,400	249,200	－	110,400	－	138,800	269,100	－	35,800	233,300
肉用種の肥育用牛 及び乳用種なし	596,000	596,000	534,600	60,300	600	500	－	－	－	－
東　　　北	334,100	268,300	111,000	46,500	340	110,500	65,800	60	14,600	51,100
小　　　計	222,300	156,500	9,430	36,400	200	110,400	65,800	60	14,600	51,100
1 ～ 9 頭	37,800	37,700	7,390	3,380	40	26,800	150	40	70	40
10 ～ 19	12,600	12,400	800	1,910	x	9,630	200	x	100	70
20 ～ 29	10,200	9,980	x	2,030	－	7,610	220	－	120	100
30 ～ 49	16,400	15,900	x	3,550	－	12,100	490	－	310	170
50 ～ 99	20,400	17,500	670	5,320	x	11,400	2,910	－	1,290	1,620
100 ～ 199	25,600	17,200	－	7,950	－	9,260	8,400	－	3,640	4,760
200 ～ 499	32,000	20,700	－	8,520	－	12,200	11,300	－	4,890	6,390
500 頭 以 上	67,300	25,100	－	3,790	－	21,300	42,200	－	4,220	38,000
肉用種の肥育用牛 及び乳用種なし	111,800	111,800	101,600	10,100	140	70	－	－	－	－
北　　　陸	20,800	12,500	3,340	4,400	250	4,510	8,260	250	1,270	6,740
小　　　計	18,200	9,960	920	4,350	190	4,500	8,260	250	1,270	6,740
1 ～ 9 頭	1,210	1,140	300	130	120	580	70	30	x	40
10 ～ 19	880	820	170	110	－	530	60	－	x	50
20 ～ 29	1,670	1,590	x	370	x	710	80	－	－	80
30 ～ 49	1,660	1,520	－	410	－	1,110	140	－	－	140
50 ～ 99	2,500	1,900	－	1,030	－	870	600	－	410	x
100 ～ 199	1,840	1,110	－	x	－	700	720	－	x	520
200 ～ 499	4,410	950	－	950	－	－	3,470	x	x	2,600
500 頭 以 上	4,060	x	－	x	－	x	x	－	－	x
肉用種の肥育用牛 及び乳用種なし	2,540	2,540	2,430	50	60	10	－	－	－	－

(3) 全国農業地域別・飼養頭数規模別（続き）

　　ク　飼養状態別飼養頭数（肉用種の肥育用牛及び乳用種飼養頭数規模別）（続き）

単位：頭

区　　分	計	肉　用　種　飼　養					乳　用　種　飼　養			
		小　計	子牛生産	肥育用牛飼養	育成牛飼養	その他の飼養	小　計	育成牛飼養	肥育牛飼養	その他の飼養
関 東 ・ 東 山	281,400	144,800	34,600	49,600	140	60,500	136,600	970	28,500	107,100
小　　　　計	253,700	117,100	9,050	47,700	110	60,300	136,600	970	28,500	107,100
1 ～ 9 頭	16,000	15,600	5,930	1,340	80	8,250	420	190	130	100
10 ～ 19	7,430	6,890	950	2,130	x	3,770	550	50	210	290
20 ～ 29	4,670	4,130	x	1,290	-	2,800	540	140	160	240
30 ～ 49	10,800	9,300	930	2,570	-	5,800	1,450	x	560	800
50 ～ 99	18,100	12,600	1,180	5,410	-	6,000	5,510	300	1,960	3,250
100 ～ 199	28,800	16,100	-	8,400	-	7,750	12,700	x	3,550	8,940
200 ～ 499	44,400	18,200	-	9,110	-	9,100	26,200	-	7,930	18,300
500 頭 以 上	123,400	34,300	-	17,400	-	16,800	89,200	-	14,000	75,200
肉用種の肥育用牛及び乳用種なし	27,700	27,700	25,600	1,860	20	230	-	-	-	-
東　　　　海	125,000	77,300	12,100	36,300	280	28,600	47,700	520	10,700	36,600
小　　　　計	94,700	47,000	3,090	15,000	230	28,600	47,700	520	10,700	36,600
1 ～ 9 頭	9,150	8,890	2,140	930	150	5,670	260	190	40	30
10 ～ 19	4,820	4,540	730	1,530	x	2,220	270	110	60	110
20 ～ 29	1,560	1,250	-	590	-	660	310	x	110	170
30 ～ 49	4,050	3,220	x	740	-	2,240	830	200	300	340
50 ～ 99	11,200	8,000	-	2,650	-	5,360	3,150	-	1,020	2,130
100 ～ 199	17,500	9,440	-	4,620	-	4,820	8,030	-	2,920	5,110
200 ～ 499	27,800	10,600	-	3,970	-	6,660	17,200	-	2,740	14,500
500 頭 以 上	18,700	x	-	-	-	x	17,700	-	3,470	14,200
肉用種の肥育用牛及び乳用種なし	30,300	30,300	9,010	21,300	50	10	-	-	-	-
近　　　　畿	90,600	80,800	18,300	25,000	x	37,500	9,850	60	580	9,210
小　　　　計	68,900	59,000	3,200	18,400	-	37,500	9,850	60	580	9,210
1 ～ 9 頭	8,970	8,900	1,770	1,240	-	5,900	70	30	30	x
10 ～ 19	2,970	2,850	x	420	-	2,380	120	-	40	80
20 ～ 29	5,100	5,040	-	1,350	-	3,700	x	-	x	x
30 ～ 49	3,420	3,250	590	550	-	2,120	170	x	-	x
50 ～ 99	8,190	7,250	-	3,430	-	3,820	940	-	260	680
100 ～ 199	10,200	8,680	-	2,090	-	6,590	1,540	-	-	1,540
200 ～ 499	13,000	9,480	x	3,610	-	5,080	3,490	-	x	3,270
500 頭 以 上	17,000	13,600	-	x	-	7,880	3,470	-	-	3,470
肉用種の肥育用牛及び乳用種なし	21,700	21,700	15,100	6,640	x	10	-	-	-	-
中　　　　国	128,900	80,200	28,200	10,600	50	41,400	48,700	680	4,460	43,600
小　　　　計	102,000	53,300	4,030	7,870	x	41,400	48,700	680	4,460	43,600
1 ～ 9 頭	9,410	9,320	2,040	190	x	7,080	90	20	40	30
10 ～ 19	3,300	3,180	370	280	-	2,530	120	-	80	50
20 ～ 29	1,940	1,870	x	x	-	1,760	70	x	x	x
30 ～ 49	5,340	4,840	510	750	-	3,580	500	-	200	300
50 ～ 99	7,450	6,590	x	1,040	-	5,020	870	x	280	440
100 ～ 199	6,790	4,880	x	1,720	-	2,660	1,920	-	x	1,720
200 ～ 499	16,000	5,840	-	x	-	5,200	10,200	x	-	9,300
500 頭 以 上	51,800	16,800	-	3,210	-	13,600	35,000	-	3,270	31,700
肉用種の肥育用牛及び乳用種なし	26,900	26,900	24,200	2,700	50	20	-	-	-	-
四　　　　国	60,300	27,400	5,990	6,420	x	14,900	32,900	320	4,710	27,900
小　　　　計	54,200	21,200	900	5,340	x	14,900	32,900	320	4,710	27,900
1 ～ 9 頭	2,750	2,600	600	540	-	1,450	150	80	20	60
10 ～ 19	2,270	2,130	x	500	-	1,560	140	x	x	60
20 ～ 29	1,890	1,790	x	240	x	1,280	100	x	x	x
30 ～ 49	2,510	2,030	-	590	-	1,440	480	x	170	250
50 ～ 99	3,450	2,780	-	1,000	-	1,790	670	-	250	410
100 ～ 199	7,620	4,740	-	1,050	-	3,690	2,880	x	390	2,370
200 ～ 499	12,400	5,160	-	1,430	-	3,730	7,270	-	1,870	5,400
500 頭 以 上	21,200	-	-	-	-	-	21,200	-	x	19,300
肉用種の肥育用牛及び乳用種なし	6,180	6,180	5,090	1,070	x	10	-	-	-	-

単位：頭

区　　分	計	肉　用　種　飼　養					乳　用　種　飼　養			
		小　計	子牛生産	肥育用牛飼養	育成牛飼養	その他の飼養	小　計	育成牛飼養	肥育牛飼養	その他の飼養
九　　　州	941,700	842,100	341,100	212,600	1,190	287,200	99,600	640	22,000	77,000
小　　　計	599,500	499,900	16,000	195,900	920	287,100	99,600	640	22,000	77,000
1 ～ 9 頭	86,600	86,400	10,000	5,190	190	71,000	200	120	40	40
10 ～ 19	21,100	20,900	2,700	2,200	-	16,000	270	130	40	110
20 ～ 29	13,700	13,300	770	2,350	-	10,100	400	x	160	220
30 ～ 49	21,600	21,400	770	5,090	-	15,600	120	-	-	120
50 ～ 99	41,600	40,000	1,400	14,800	-	23,900	1,530	-	520	1,010
100 ～ 199	85,000	74,300	x	35,100	x	38,200	10,700	x	2,550	7,770
200 ～ 499	117,500	88,300	-	51,800	-	36,500	29,100	-	9,720	19,400
500 頭 以 上	212,500	155,200	-	79,400	-	75,900	57,300	-	8,960	48,300
肉用種の肥育用牛及び乳用種なし	342,200	342,200	325,200	16,600	270	150	-	-	-	-
沖　　　縄	78,000	77,900	27,300	1,030	x	49,600	30	-	30	-
小　　　計	51,400	51,400	860	980	-	49,600	30	-	30	-
1 ～ 9 頭	36,000	36,000	500	40	-	35,500	10	-	10	-
10 ～ 19	5,440	5,430	x	x	-	5,120	x	-	x	-
20 ～ 29	2,840	2,840	x	-	-	2,730	-	-	-	-
30 ～ 49	1,800	1,800	-	-	-	1,800	-	-	-	-
50 ～ 99	810	810	-	x	-	x	-	-	-	-
100 ～ 199	1,440	1,440	-	x	-	1,330	-	-	-	-
200 ～ 499	x	x	-	x	-	-	-	-	-	-
500 頭 以 上	x	x	-	-	-	x	-	-	-	-
肉用種の肥育用牛及び乳用種なし	26,500	26,500	26,500	50	x	10	-	-	-	-
関 東 農 政 局	300,900	152,300	35,100	53,900	180	63,100	148,600	980	31,300	116,300
小　　　計	271,100	122,500	9,150	50,300	110	62,900	148,600	980	31,300	116,300
1 ～ 9 頭	16,700	16,300	6,040	1,710	80	8,440	440	200	140	100
10 ～ 19	8,640	8,090	950	3,280	x	3,830	550	50	210	290
20 ～ 29	4,910	4,280	x	1,340	-	2,890	630	140	180	310
30 ～ 49	11,400	9,900	930	2,570	-	6,400	1,500	x	600	800
50 ～ 99	19,100	13,200	1,180	5,750	-	6,270	5,860	300	2,020	3,540
100 ～ 199	33,700	18,300	-	9,130	-	9,150	15,400	x	4,290	10,900
200 ～ 499	48,600	18,200	-	9,110	-	9,100	30,400	-	7,930	22,500
500 頭 以 上	128,100	34,300	-	17,400	-	16,800	93,900	-	16,000	77,900
肉用種の肥育用牛及び乳用種なし	29,800	29,800	26,000	3,530	70	230	-	-	-	-
東 海 農 政 局	105,500	69,900	11,600	32,000	230	26,000	35,700	510	7,810	27,400
小　　　計	77,300	41,600	2,990	12,400	230	26,000	35,700	510	7,810	27,400
1 ～ 9 頭	8,470	8,230	2,030	560	150	5,480	240	180	30	30
10 ～ 19	3,610	3,340	730	390	x	2,160	270	110	60	110
20 ～ 29	1,320	1,100	-	530	-	570	220	x	90	110
30 ～ 49	3,410	2,620	x	740	-	1,650	790	200	260	340
50 ～ 99	10,200	7,390	-	2,310	-	5,090	2,800	-	960	1,840
100 ～ 199	12,600	7,310	-	3,900	-	3,420	5,320	-	2,170	3,150
200 ～ 499	23,700	10,600	-	3,970	-	6,660	13,000	-	2,740	10,300
500 頭 以 上	14,000	x	-	-	-	x	13,000	-	x	11,500
肉用種の肥育用牛及び乳用種なし	28,300	28,300	8,650	19,600	x	10	-	-	-	-
中 国 四 国 農 政 局	189,300	107,600	34,200	17,000	120	56,400	81,600	1,000	9,160	71,500
小　　　計	156,200	74,500	4,920	13,200	x	56,300	81,600	1,000	9,160	71,500
1 ～ 9 頭	12,200	11,900	2,650	730	x	8,530	240	110	50	80
10 ～ 19	5,570	5,320	450	780	-	4,090	260	x	120	110
20 ～ 29	3,840	3,660	x	270	x	3,040	170	x	80	x
30 ～ 49	7,850	6,870	510	1,340	-	5,020	980	x	370	550
50 ～ 99	10,900	9,370	x	2,030	-	6,810	1,530	x	540	850
100 ～ 199	14,400	9,610	x	2,770	-	6,350	4,800	x	590	4,090
200 ～ 499	28,400	11,000	-	2,070	-	8,920	17,400	x	2,240	14,700
500 頭 以 上	73,000	16,800	-	3,210	-	13,600	56,200	-	5,180	51,000
肉用種の肥育用牛及び乳用種なし	33,100	33,100	29,200	3,770	50	30	-	-	-	-

(3) 全国農業地域別・飼養頭数規模別（続き）

ケ 飼養状態別飼養戸数（交雑種飼養頭数規模別）

単位：戸

区　　　分	計	肉用種飼養	乳　用　種　飼　養			
			小　計	育成牛飼養	肥育牛飼養	その他の飼養
全　　　　　国	40,400	38,400	2,010	236	581	1,190
小　　　　計	3,760	1,980	1,780	217	485	1,070
1 ～ 4 頭	1,490	1,210	283	125	90	68
5 ～ 19	689	453	236	66	64	106
20 ～ 29	164	86	78	8	30	40
30 ～ 49	166	61	105	8	35	62
50 ～ 99	270	70	200	4	69	127
100 ～ 199	354	57	297	4	81	212
200 ～ 499	368	38	330	2	81	247
500 頭 以 上	260	14	246	-	35	211
交 雑 種 な し	36,600	36,400	232	19	96	117
北　海　道	2,240	1,860	385	27	77	281
小　　　　計	646	352	294	22	48	224
1 ～ 4 頭	255	207	48	16	14	18
5 ～ 19	133	97	36	3	7	26
20 ～ 29	26	17	9	-	4	5
30 ～ 49	16	5	11	2	4	5
50 ～ 99	30	10	20	-	2	18
100 ～ 199	39	9	30	1	4	25
200 ～ 499	60	2	58	-	4	54
500 頭 以 上	87	5	82	-	9	73
交 雑 種 な し	1,590	1,500	91	5	29	57
都　府　県	38,100	36,500	1,620	209	504	909
小　　　　計	3,110	1,630	1,480	195	437	849
1 ～ 4 頭	1,230	998	235	109	76	50
5 ～ 19	556	356	200	63	57	80
20 ～ 29	138	69	69	8	26	35
30 ～ 49	150	56	94	6	31	57
50 ～ 99	240	60	180	4	67	109
100 ～ 199	315	48	267	3	77	187
200 ～ 499	308	36	272	2	77	193
500 頭 以 上	173	9	164	-	26	138
交 雑 種 な し	35,000	34,900	141	14	67	60
東　　　　北	10,000	9,800	216	11	92	113
小　　　　計	505	327	178	10	73	95
1 ～ 4 頭	250	223	27	7	12	8
5 ～ 19	82	62	20	3	9	8
20 ～ 29	22	11	11	-	5	6
30 ～ 49	21	9	12	-	4	8
50 ～ 99	39	12	27	-	14	13
100 ～ 199	45	8	37	-	15	22
200 ～ 499	20	1	19	-	11	8
500 頭 以 上	26	1	25	-	3	22
交 雑 種 な し	9,510	9,470	38	1	19	18
北　　　　陸	328	276	52	12	10	30
小　　　　計	101	50	51	12	10	29
1 ～ 4 頭	48	31	17	11	1	5
5 ～ 19	20	12	8	-	1	7
20 ～ 29	8	5	3	-	-	3
30 ～ 49	1	-	1	-	-	1
50 ～ 99	10	2	8	-	5	3
100 ～ 199	4	-	4	-	2	2
200 ～ 499	8	-	8	1	1	6
500 頭 以 上	2	-	2	-	-	2
交 雑 種 な し	227	226	1	-	-	1

単位：戸

区　　分	計	肉用種飼養	乳　用　種　飼　養			
			小　計	育成牛飼養	肥育牛飼養	その他の飼養
関 東 ・ 東 山	**2,610**	**2,120**	**488**	**56**	**164**	**268**
小　　　　計	792	344	448	51	144	253
1 ～ 4 頭	263	194	69	24	27	18
5 ～ 19	139	80	59	17	20	22
20 ～ 29	36	19	17	4	5	8
30 ～ 49	52	15	37	2	14	21
50 ～ 99	80	18	62	3	24	35
100 ～ 199	83	9	74	1	19	54
200 ～ 499	84	7	77	-	27	50
500 頭 以 上	55	2	53	-	8	45
交 雑 種 な し	1,810	1,770	40	5	20	15
東　　　　海	**1,050**	**787**	**263**	**50**	**72**	**141**
小　　　　計	370	119	251	49	66	136
1 ～ 4 頭	101	69	32	21	8	3
5 ～ 19	80	37	43	25	5	13
20 ～ 29	14	2	12	1	7	4
30 ～ 49	18	5	13	2	6	5
50 ～ 99	39	1	38	-	10	28
100 ～ 199	48	3	45	-	18	27
200 ～ 499	52	2	50	-	9	41
500 頭 以 上	18	-	18	-	3	15
交 雑 種 な し	680	668	12	1	6	5
近　　　　畿	**1,400**	**1,330**	**68**	**10**	**17**	**41**
小　　　　計	124	58	66	10	15	41
1 ～ 4 頭	51	35	16	8	6	2
5 ～ 19	19	9	10	1	5	4
20 ～ 29	5	3	2	-	-	2
30 ～ 49	8	3	5	1	2	2
50 ～ 99	10	1	9	-	1	8
100 ～ 199	14	2	12	-	-	12
200 ～ 499	11	2	9	-	1	8
500 頭 以 上	6	3	3	-	-	3
交 雑 種 な し	1,270	1,270	2	-	2	-
中　　　　国	**2,220**	**2,100**	**118**	**10**	**31**	**77**
小　　　　計	236	129	107	8	27	72
1 ～ 4 頭	93	79	14	4	6	4
5 ～ 19	47	27	20	1	10	9
20 ～ 29	10	5	5	1	1	3
30 ～ 49	19	9	10	-	2	8
50 ～ 99	13	2	11	1	3	7
100 ～ 199	16	3	13	-	1	12
200 ～ 499	19	2	17	1	1	15
500 頭 以 上	19	2	17	-	3	14
交 雑 種 な し	1,980	1,970	11	2	4	5
四　　　　国	**618**	**493**	**125**	**28**	**30**	**67**
小　　　　計	183	70	113	26	27	60
1 ～ 4 頭	68	41	27	18	4	5
5 ～ 19	34	18	16	5	3	8
20 ～ 29	8	1	7	1	4	2
30 ～ 49	10	2	8	1	3	4
50 ～ 99	11	4	7	-	4	3
100 ～ 199	24	3	21	1	5	15
200 ～ 499	16	1	15	-	2	13
500 頭 以 上	12	-	12	-	2	10
交 雑 種 な し	435	423	12	2	3	7

(3) 全国農業地域別・飼養頭数規模別（続き）

　ケ　飼養状態別飼養戸数（交雑種飼養頭数規模別）（続き）

単位：戸

| 区　　分 | 計 | 肉用種飼養 | 乳　用　種　飼　養 | | | |
			小　計	育成牛飼養	肥育牛飼養	その他の飼養
九　　　　　州	17,700	17,400	287	32	83	172
小　　　　　計	752	489	263	29	71	163
1 ～ 4 頭	319	289	30	16	9	5
5 ～ 19	127	104	23	11	3	9
20 ～ 29	34	22	12	1	4	7
30 ～ 49	21	13	8	-	-	8
50 ～ 99	38	20	18	-	6	12
100 ～ 199	80	19	61	1	17	43
200 ～ 499	98	21	77	-	25	52
500 頭 以 上	35	1	34	-	7	27
交 雑 種 な し	17,000	16,900	24	3	12	9
沖　　　　　縄	2,170	2,160	5	-	5	-
小　　　　　計	50	46	4	-	4	-
1 ～ 4 頭	40	37	3	-	3	-
5 ～ 19	8	7	1	-	1	-
20 ～ 29	1	1	-	-	-	-
30 ～ 49	-	-	-	-	-	-
50 ～ 99	-	-	-	-	-	-
100 ～ 199	1	1	-	-	-	-
200 ～ 499	-	-	-	-	-	-
500 頭 以 上	-	-	-	-	-	-
交 雑 種 な し	2,120	2,120	1	-	1	-
関 東 農 政 局	2,720	2,180	533	57	175	301
小　　　　　計	848	355	493	52	155	286
1 ～ 4 頭	272	201	71	24	29	18
5 ～ 19	143	82	61	18	20	23
20 ～ 29	39	19	20	4	7	9
30 ～ 49	55	16	39	2	16	21
50 ～ 99	85	18	67	3	24	40
100 ～ 199	98	10	88	1	23	64
200 ～ 499	97	7	90	-	27	63
500 頭 以 上	59	2	57	-	9	48
交 雑 種 な し	1,870	1,830	40	5	20	15
東 海 農 政 局	940	722	218	49	61	108
小　　　　　計	314	108	206	48	55	103
1 ～ 4 頭	92	62	30	21	6	3
5 ～ 19	76	35	41	24	5	12
20 ～ 29	11	2	9	1	5	3
30 ～ 49	15	4	11	2	4	5
50 ～ 99	34	1	33	-	10	23
100 ～ 199	33	2	31	-	14	17
200 ～ 499	39	2	37	-	9	28
500 頭 以 上	14	-	14	-	2	12
交 雑 種 な し	626	614	12	1	6	5
中 国 四 国 農 政 局	2,840	2,590	243	38	61	144
小　　　　　計	419	199	220	34	54	132
1 ～ 4 頭	161	120	41	22	10	9
5 ～ 19	81	45	36	6	13	17
20 ～ 29	18	6	12	2	5	5
30 ～ 49	29	11	18	1	5	12
50 ～ 99	24	6	18	1	7	10
100 ～ 199	40	6	34	1	6	27
200 ～ 499	35	3	32	1	3	28
500 頭 以 上	31	2	29	-	5	24
交 雑 種 な し	2,420	2,400	23	4	7	12

コ　飼養状態別交雑種飼養頭数（交雑種飼養頭数規模別）

単位：頭

| 区　　分 | 計 | 肉用種飼養 | 乳　用　種　飼　養 | | | |
			小　計	育成牛飼養	肥育牛飼養	その他の飼養
全　　　　国	555,300	59,800	495,500	2,840	81,600	411,100
1 ～ 4 頭	2,990	2,390	600	260	170	170
5 ～ 19	7,030	4,540	2,490	570	660	1,260
20 ～ 29	4,040	2,110	1,930	190	750	990
30 ～ 49	6,710	2,400	4,310	310	1,440	2,560
50 ～ 99	20,700	4,910	15,800	310	5,440	10,000
100 ～ 199	52,600	8,390	44,200	610	12,300	31,300
200 ～ 499	117,900	11,900	106,000	x	24,200	81,200
500 頭 以 上	343,300	23,200	320,100	-	36,600	283,600
北　海　道	176,500	14,700	161,700	320	16,000	145,400
1 ～ 4 頭	510	430	90	30	20	40
5 ～ 19	1,370	970	400	30	70	310
20 ～ 29	630	400	230	-	100	140
30 ～ 49	640	200	450	x	160	210
50 ～ 99	2,270	700	1,570	-	x	1,440
100 ～ 199	5,710	1,310	4,400	x	650	3,570
200 ～ 499	21,600	x	21,000	-	1,370	19,600
500 頭 以 上	143,700	10,100	133,600	-	13,500	120,100
都　府　県	378,800	45,100	333,800	2,520	65,600	265,600
1 ～ 4 頭	2,470	1,960	510	240	140	130
5 ～ 19	5,660	3,570	2,090	540	590	950
20 ～ 29	3,410	1,710	1,700	190	660	860
30 ～ 49	6,060	2,200	3,860	230	1,280	2,350
50 ～ 99	18,400	4,210	14,200	310	5,320	8,570
100 ～ 199	46,900	7,080	39,900	420	11,700	27,700
200 ～ 499	96,300	11,300	85,000	x	22,800	61,600
500 頭 以 上	199,600	13,000	186,500	-	23,100	163,500
東　　　　北	48,100	7,820	40,300	40	9,160	31,100
1 ～ 4 頭	480	420	60	10	30	20
5 ～ 19	810	600	210	30	90	90
20 ～ 29	530	260	270	-	120	150
30 ～ 49	860	350	510	-	170	340
50 ～ 99	3,130	850	2,280	-	1,180	1,090
100 ～ 199	6,790	1,120	5,670	-	2,220	3,460
200 ～ 499	5,970	x	5,750	-	2,860	2,900
500 頭 以 上	29,600	x	25,500	-	2,490	23,000
北　　　　陸	7,380	480	6,900	240	1,070	5,590
1 ～ 4 頭	90	60	40	20	x	10
5 ～ 19	220	120	90	-	x	80
20 ～ 29	200	130	70	-	-	70
30 ～ 49	x	-	x	-	-	x
50 ～ 99	770	x	600	-	380	210
100 ～ 199	690	-	690	-	x	x
200 ～ 499	2,380	-	2,380	x	x	1,870
500 頭 以 上	x	-	x	-	-	x

注：この統計表の飼養頭数は、各階層の飼養者が飼養している交雑種の頭数である。

(3)　全国農業地域別・飼養頭数規模別（続き）

　　コ　飼養状態別交雑種飼養頭数（交雑種飼養頭数規模別）（続き）

単位：頭

区　　　分	計	肉用種飼養	乳　用　種　飼　養			
			小　計	育成牛飼養	肥育牛飼養	その他の飼養
関 東 ・ 東 山	108,600	8,500	100,100	710	21,600	77,800
1 ～ 4 頭	550	410	140	50	50	40
5 ～ 19	1,370	780	600	130	200	270
20 ～ 29	880	470	410	90	120	200
30 ～ 49	2,120	580	1,530	x	580	870
50 ～ 99	6,080	1,310	4,770	230	1,870	2,670
100 ～ 199	12,200	1,350	10,800	x	2,900	7,820
200 ～ 499	26,000	1,880	24,200	−	8,430	15,700
500 頭 以 上	59,300	x	57,600	−	7,440	50,200
東　　　　海	43,300	1,930	41,400	360	9,640	31,400
1 ～ 4 頭	220	140	80	50	20	10
5 ～ 19	850	400	450	220	50	180
20 ～ 29	360	x	310	x	180	100
30 ～ 49	710	200	520	x	240	210
50 ～ 99	3,030	x	2,970	−	790	2,180
100 ～ 199	6,940	420	6,520	−	2,610	3,920
200 ～ 499	16,600	x	15,900	−	2,600	13,300
500 頭 以 上	14,600	−	14,600	−	3,150	11,500
近　　　　畿	11,900	3,920	7,940	60	430	7,450
1 ～ 4 頭	100	60	40	20	10	x
5 ～ 19	210	100	110	x	60	50
20 ～ 29	130	80	x	−	−	x
30 ～ 49	340	130	210	x	x	x
50 ～ 99	780	x	710	−	x	650
100 ～ 199	1,980	x	1,680	−	−	1,680
200 ～ 499	3,610	x	2,970	−	x	2,750
500 頭 以 上	4,720	2,550	2,170	−	−	2,170
中　　　　国	40,400	5,900	34,500	490	3,380	30,600
1 ～ 4 頭	180	150	30	10	10	10
5 ～ 19	480	280	200	x	100	90
20 ～ 29	250	120	130	x	x	80
30 ～ 49	740	350	390	−	x	300
50 ～ 99	940	x	800	x	190	530
100 ～ 199	2,460	460	2,010	−	x	1,810
200 ～ 499	6,220	x	5,500	x	x	4,830
500 頭 以 上	29,200	x	25,500	−	2,470	23,000
四　　　　国	28,300	1,290	27,000	270	3,600	23,100
1 ～ 4 頭	130	70	60	40	10	10
5 ～ 19	370	210	160	50	30	80
20 ～ 29	190	x	170	x	110	x
30 ～ 49	400	x	320	x	120	160
50 ～ 99	780	220	570	−	340	230
100 ～ 199	3,360	490	2,870	x	800	1,960
200 ～ 499	4,280	x	4,060	−	x	3,640
500 頭 以 上	18,800	−	18,800	−	x	17,000

単位:頭

区　　分	計	肉用種飼養	乳　用　種　飼　養			
			小　計	育成牛飼養	肥育牛飼養	その他の飼養
九　　　　　州	90,500	14,800	75,600	340	16,700	58,600
1 〜 4 頭	640	570	70	40	10	20
5 〜 19	1,260	1,020	240	110	20	110
20 〜 29	840	550	290	x	110	170
30 〜 49	850	520	330	−	−	330
50 〜 99	2,900	1,390	1,510	−	510	1,000
100 〜 199	12,300	2,790	9,560	x	2,600	6,780
200 〜 499	31,200	6,980	24,200	−	7,710	16,500
500 頭 以 上	40,400	x	39,400	−	5,740	33,600
沖　　　　　縄	390	360	30	−	30	−
1 〜 4 頭	90	80	10	−	10	−
5 〜 19	100	80	x	−	x	−
20 〜 29	x	x	−	−	−	−
30 〜 49	−	−	−	−	−	−
50 〜 99	−	−	−	−	−	−
100 〜 199	x	x	−	−	−	−
200 〜 499	−	−	−	−	−	−
500 頭 以 上	−	−	−	−	−	−
関 東 農 政 局	119,700	8,680	111,100	720	24,300	86,100
1 〜 4 頭	570	430	140	50	50	40
5 〜 19	1,420	790	620	140	200	290
20 〜 29	950	470	480	90	170	220
30 〜 49	2,230	620	1,620	x	660	870
50 〜 99	6,450	1,310	5,140	230	1,870	3,040
100 〜 199	14,400	1,460	13,000	x	3,480	9,350
200 〜 499	30,200	1,880	28,300	−	8,430	19,800
500 頭 以 上	63,500	x	61,800	−	9,420	52,400
東 海 農 政 局	32,200	1,760	30,400	360	6,940	23,100
1 〜 4 頭	200	130	70	50	10	10
5 〜 19	810	390	420	210	50	160
20 〜 29	290	x	240	x	130	80
30 〜 49	600	160	430	x	160	210
50 〜 99	2,660	x	2,600	−	790	1,810
100 〜 199	4,710	x	4,400	−	2,020	2,380
200 〜 499	12,500	x	11,800	−	2,600	9,220
500 頭 以 上	10,400	−	10,400	−	x	9,250
中 国 四 国 農 政 局	68,700	7,190	61,500	760	6,970	53,800
1 〜 4 頭	300	220	80	50	10	30
5 〜 19	840	480	360	60	140	170
20 〜 29	440	140	300	x	130	120
30 〜 49	1,140	420	720	x	210	470
50 〜 99	1,730	360	1,370	x	520	760
100 〜 199	5,820	940	4,880	x	1,000	3,770
200 〜 499	10,500	930	9,560	x	720	8,480
500 頭 以 上	47,900	x	44,200	−	4,260	40,000

(3) 全国農業地域別・飼養頭数規模別 (続き)

サ 飼養状態別飼養戸数 (ホルスタイン種他飼養頭数規模別)

単位:戸

区　　　分	計	肉用種飼養	乳　用　種　飼　養			
			小　計	育成牛飼養	肥育牛飼養	その他の飼養
全　　　　国	40,400	38,400	2,010	236	581	1,190
小　　　計	1,430	616	809	85	163	561
1 ～ 4 頭	755	491	264	73	66	125
5 ～ 19	194	84	110	7	25	78
20 ～ 29	42	14	28	1	6	21
30 ～ 49	54	9	45	1	10	34
50 ～ 99	56	13	43	-	6	37
100 ～ 199	89	2	87	3	22	62
200 ～ 499	119	2	117	-	19	98
500 頭 以 上	116	1	115	-	9	106
ホルスタイン種他なし	38,900	37,700	1,200	151	418	629
北　海　道	2,240	1,860	385	27	77	281
小　　　計	431	150	281	14	45	222
1 ～ 4 頭	172	123	49	9	17	23
5 ～ 19	44	17	27	2	6	19
20 ～ 29	15	4	11	1	2	8
30 ～ 49	13	2	11	-	5	6
50 ～ 99	17	3	14	-	1	13
100 ～ 199	25	1	24	2	1	21
200 ～ 499	60	-	60	-	9	51
500 頭 以 上	85	-	85	-	4	81
ホルスタイン種他なし	1,810	1,710	104	13	32	59
都　府　県	38,100	36,500	1,620	209	504	909
小　　　計	994	466	528	71	118	339
1 ～ 4 頭	583	368	215	64	49	102
5 ～ 19	150	67	83	5	19	59
20 ～ 29	27	10	17	-	4	13
30 ～ 49	41	7	34	1	5	28
50 ～ 99	39	10	29	-	5	24
100 ～ 199	64	1	63	1	21	41
200 ～ 499	59	2	57	-	10	47
500 頭 以 上	31	1	30	-	5	25
ホルスタイン種他なし	37,100	36,000	1,090	138	386	570
東　　　　北	10,000	9,800	216	11	92	113
小　　　計	168	89	79	4	24	51
1 ～ 4 頭	93	74	19	4	7	8
5 ～ 19	22	12	10	-	2	8
20 ～ 29	3	1	2	-	-	2
30 ～ 49	5	-	5	-	1	4
50 ～ 99	9	1	8	-	1	7
100 ～ 199	17	-	17	-	10	7
200 ～ 499	13	1	12	-	2	10
500 頭 以 上	6	-	6	-	1	5
ホルスタイン種他なし	9,850	9,710	137	7	68	62
北　　　　陸	328	276	52	12	10	30
小　　　計	35	18	17	2	-	15
1 ～ 4 頭	23	16	7	2	-	5
5 ～ 19	5	2	3	-	-	3
20 ～ 29	1	-	1	-	-	1
30 ～ 49	5	-	5	-	-	5
50 ～ 99	-	-	-	-	-	-
100 ～ 199	-	-	-	-	-	-
200 ～ 499	1	-	1	-	-	1
500 頭 以 上	-	-	-	-	-	-
ホルスタイン種他なし	293	258	35	10	10	15

注:「ホルスタイン種他」とは、交雑種を除く肉用目的に飼養している乳用種のおす牛及び未経産のめす牛をいう (以下シにおいて同じ。)。

単位：戸

区　　　分	計	肉用種飼養	乳　用　種　飼　養			
			小　計	育成牛飼養	肥育牛飼養	その他の飼養
関 東・東 山	2,610	2,120	488	56	164	268
小　　　　計	265	103	162	22	38	102
1 ～ 4 頭	158	82	76	19	19	38
5 ～ 19	45	17	28	3	6	19
20 ～ 29	8	2	6	-	1	5
30 ～ 49	10	1	9	-	2	7
50 ～ 99	5	1	4	-	1	3
100 ～ 199	16	-	16	-	3	13
200 ～ 499	9	-	9	-	3	6
500 頭 以 上	14	-	14	-	3	11
ホルスタイン種他なし	2,340	2,010	326	34	126	166
東　　　　海	1,050	787	263	50	72	141
小　　　　計	86	24	62	15	12	35
1 ～ 4 頭	53	19	34	12	6	16
5 ～ 19	14	5	9	2	2	5
20 ～ 29	-	-	-	-	-	-
30 ～ 49	5	-	5	1	2	2
50 ～ 99	2	-	2	-	1	1
100 ～ 199	7	-	7	-	1	6
200 ～ 499	4	-	4	-	-	4
500 頭 以 上	1	-	1	-	-	1
ホルスタイン種他なし	964	763	201	35	60	106
近　　　　畿	1,400	1,330	68	10	17	41
小　　　　計	36	21	15	1	6	8
1 ～ 4 頭	19	14	5	1	3	1
5 ～ 19	8	3	5	-	3	2
20 ～ 29	2	1	1	-	-	1
30 ～ 49	2	1	1	-	-	1
50 ～ 99	4	2	2	-	-	2
100 ～ 199	-	-	-	-	-	-
200 ～ 499	1	-	1	-	-	1
500 頭 以 上	-	-	-	-	-	-
ホルスタイン種他なし	1,360	1,310	53	9	11	33
中　　　　国	2,220	2,100	118	10	31	77
小　　　　計	98	42	56	4	9	43
1 ～ 4 頭	51	31	20	4	6	10
5 ～ 19	15	5	10	-	1	9
20 ～ 29	3	2	1	-	1	-
30 ～ 49	5	2	3	-	-	3
50 ～ 99	6	1	5	-	-	5
100 ～ 199	2	-	2	-	-	2
200 ～ 499	11	1	10	-	-	10
500 頭 以 上	5	-	5	-	1	4
ホルスタイン種他なし	2,120	2,060	62	6	22	34
四　　　　国	618	493	125	28	30	67
小　　　　計	62	14	48	9	6	33
1 ～ 4 頭	30	6	24	9	2	13
5 ～ 19	13	6	7	-	1	6
20 ～ 29	2	-	2	-	-	2
30 ～ 49	2	1	1	-	-	1
50 ～ 99	2	1	1	-	-	1
100 ～ 199	8	-	8	-	2	6
200 ～ 499	5	-	5	-	1	4
500 頭 以 上	-	-	-	-	-	-
ホルスタイン種他なし	556	479	77	19	24	34

(3) 全国農業地域別・飼養頭数規模別（続き）

　サ　飼養状態別飼養戸数（ホルスタイン種他飼養頭数規模別）（続き）

単位：戸

区　　分	計	肉用種飼養	乳　用　種　飼　養			
			小　計	育成牛飼養	肥育牛飼養	その他の飼養
九　　　　　州	17,700	17,400	287	32	83	172
小　　　　計	233	145	88	14	22	52
1 ～ 4 頭	146	117	29	13	5	11
5 ～ 19	27	16	11	-	4	7
20 ～ 29	8	4	4	-	2	2
30 ～ 49	7	2	5	-	-	5
50 ～ 99	11	4	7	-	2	5
100 ～ 199	14	1	13	1	5	7
200 ～ 499	15	-	15	-	4	11
500 頭 以 上	5	1	4	-	-	4
ホ ル ス タ イ ン 種 他 な し	17,500	17,300	199	18	61	120
沖　　　　　縄	2,170	2,160	5	-	5	-
小　　　　計	11	10	1	-	1	-
1 ～ 4 頭	10	9	1	-	1	-
5 ～ 19	1	1	-	-	-	-
20 ～ 29	-	-	-	-	-	-
30 ～ 49	-	-	-	-	-	-
50 ～ 99	-	-	-	-	-	-
100 ～ 199	-	-	-	-	-	-
200 ～ 499	-	-	-	-	-	-
500 頭 以 上	-	-	-	-	-	-
ホ ル ス タ イ ン 種 他 な し	2,160	2,150	4	-	4	-
関 東 農 政 局	2,720	2,180	533	57	175	301
小　　　　計	273	105	168	22	40	106
1 ～ 4 頭	161	83	78	19	19	40
5 ～ 19	46	18	28	3	6	19
20 ～ 29	8	2	6	-	1	5
30 ～ 49	11	1	10	-	3	7
50 ～ 99	5	1	4	-	1	3
100 ～ 199	18	-	18	-	4	14
200 ～ 499	10	-	10	-	3	7
500 頭 以 上	14	-	14	-	3	11
ホ ル ス タ イ ン 種 他 な し	2,440	2,080	365	35	135	195
東 海 農 政 局	940	722	218	49	61	108
小　　　　計	78	22	56	15	10	31
1 ～ 4 頭	50	18	32	12	6	14
5 ～ 19	13	4	9	2	2	5
20 ～ 29	-	-	-	-	-	-
30 ～ 49	4	-	4	1	1	2
50 ～ 99	2	-	2	-	1	1
100 ～ 199	5	-	5	-	-	5
200 ～ 499	3	-	3	-	-	3
500 頭 以 上	1	-	1	-	-	1
ホ ル ス タ イ ン 種 他 な し	862	700	162	34	51	77
中 国 四 国 農 政 局	2,840	2,590	243	38	61	144
小　　　　計	160	56	104	13	15	76
1 ～ 4 頭	81	37	44	13	8	23
5 ～ 19	28	11	17	-	2	15
20 ～ 29	5	2	3	-	1	2
30 ～ 49	7	3	4	-	-	4
50 ～ 99	8	2	6	-	-	6
100 ～ 199	10	-	10	-	2	8
200 ～ 499	16	1	15	-	1	14
500 頭 以 上	5	-	5	-	1	4
ホ ル ス タ イ ン 種 他 な し	2,680	2,540	139	25	46	68

シ　飼養状態別ホルスタイン種他飼養頭数（ホルスタイン種他飼養頭数規模別）

単位：頭

区　　分	計	肉用種飼養	乳 用 種 飼 養			
			小　計	育成牛飼養	肥育牛飼養	その他の飼養
全　　　国	246,900	4,530	242,400	750	19,400	222,200
1 ～ 4 頭	1,440	880	560	140	140	280
5 ～ 19	1,950	780	1,170	60	260	850
20 ～ 29	1,060	350	710	x	160	520
30 ～ 49	2,260	360	1,910	x	430	1,430
50 ～ 99	4,280	950	3,330	-	510	2,820
100 ～ 199	13,900	x	13,600	480	3,340	9,810
200 ～ 499	41,000	x	40,500	-	6,270	34,200
500 頭 以 上	181,100	x	180,600	-	8,330	172,200
北　海　道	175,600	910	174,700	350	7,270	167,100
1 ～ 4 頭	330	220	110	20	30	60
5 ～ 19	380	160	230	x	60	160
20 ～ 29	370	100	270	x	x	190
30 ～ 49	540	x	450	-	220	230
50 ～ 99	1,250	230	1,030	-	x	960
100 ～ 199	3,830	x	3,710	x	x	3,220
200 ～ 499	21,300	-	21,300	-	3,180	18,100
500 頭 以 上	147,600	-	147,600	-	3,470	144,100
都　府　県	71,300	3,610	67,700	400	12,200	55,100
1 ～ 4 頭	1,110	660	460	120	110	220
5 ～ 19	1,570	630	940	40	210	690
20 ～ 29	690	250	440	-	110	330
30 ～ 49	1,720	270	1,450	x	210	1,200
50 ～ 99	3,030	720	2,310	-	450	1,850
100 ～ 199	10,000	x	9,920	x	3,140	6,590
200 ～ 499	19,600	x	19,200	-	3,090	16,100
500 頭 以 上	33,500	x	33,000	-	4,850	28,100
東　　　北	17,000	540	16,500	10	4,050	12,400
1 ～ 4 頭	180	130	50	10	20	20
5 ～ 19	230	100	130	-	x	110
20 ～ 29	70	x	x	-	-	x
30 ～ 49	270	-	270	-	x	220
50 ～ 99	680	x	620	-	x	540
100 ～ 199	2,730	-	2,730	-	1,560	1,170
200 ～ 499	4,530	x	4,310	-	x	3,630
500 頭 以 上	8,340	-	8,340	-	x	6,700
北　　　陸	780	40	750	x	-	740
1 ～ 4 頭	40	30	10	x	-	10
5 ～ 19	50	x	30	-	-	30
20 ～ 29	x	-	x	-	-	x
30 ～ 49	200	-	200	-	-	200
50 ～ 99	-	-	-	-	-	-
100 ～ 199	-	-	-	-	-	-
200 ～ 499	x	-	x	-	-	x
500 頭 以 上	-	-	-	-	-	-

注：この統計表の飼養頭数は、各階層の飼養者が飼養しているホルスタイン種他の頭数である。

(3) 全国農業地域別・飼養頭数規模別 (続き)

　シ　飼養状態別ホルスタイン種他飼養頭数 (ホルスタイン種他飼養頭数規模別) (続き)

単位:頭

区　　　分	計	肉用種飼養	乳　用　種　飼　養			
			小　計	育成牛飼養	肥育牛飼養	その他の飼養
関　東　・　東　山	22,500	460	22,100	60	4,330	17,700
1 ～ 4 頭	310	150	160	30	40	80
5 ～ 19	460	150	310	30	60	230
20 ～ 29	210	x	160	-	x	140
30 ～ 49	410	x	380	-	x	290
50 ～ 99	400	x	340	-	x	260
100 ～ 199	2,590	-	2,590	-	440	2,160
200 ～ 499	2,750	-	2,750	-	970	1,780
500 頭 以 上	15,400	-	15,400	-	2,630	12,800
東　　　　　海	4,050	80	3,980	80	320	3,570
1 ～ 4 頭	100	40	60	20	10	30
5 ～ 19	150	40	100	x	x	70
20 ～ 29	-	-	-	-	-	-
30 ～ 49	200	-	200	x	x	x
50 ～ 99	x	-	x	-	x	x
100 ～ 199	1,020	-	1,020	-	x	900
200 ～ 499	1,420	-	1,420	-	-	1,420
500 頭 以 上	x	-	x	-	-	x
近　　　　　畿	920	300	610	x	40	560
1 ～ 4 頭	40	30	20	x	10	x
5 ～ 19	90	20	70	-	30	x
20 ～ 29	x	x	x	-	-	x
30 ～ 49	x	x	x	-	-	x
50 ～ 99	350	x	x	-	-	x
100 ～ 199	-	-	-	-	-	-
200 ～ 499	x	-	x	-	-	x
500 頭 以 上	-	-	-	-	-	-
中　　　　　国	8,830	490	8,340	10	630	7,710
1 ～ 4 頭	80	40	30	10	10	20
5 ～ 19	140	40	110	-	x	100
20 ～ 29	60	x	x	-	x	-
30 ～ 49	190	x	110	-	-	110
50 ～ 99	440	x	370	-	-	370
100 ～ 199	x	-	x	-	-	x
200 ～ 499	3,440	x	3,220	-	-	3,220
500 頭 以 上	4,150	-	4,150	-	x	3,570
四　　　　　国	3,070	180	2,890	20	570	2,300
1 ～ 4 頭	60	10	50	20	x	30
5 ～ 19	110	50	60	-	x	50
20 ～ 29	x	-	x	-	-	x
30 ～ 49	x	x	x	-	-	x
50 ～ 99	x	x	x	-	-	x
100 ～ 199	1,320	-	1,320	-	x	980
200 ～ 499	1,340	-	1,340	-	x	1,110
500 頭 以 上	-	-	-	-	-	-

単位：頭

区　　　分	計	肉用種飼養	乳　用　種　飼　養			
			小　計	育成牛飼養	肥育牛飼養	その他の飼養
九　　　　州	14,000	1,470	12,500	220	2,230	10,100
1 ～ 4 頭	270	210	60	30	10	30
5 ～ 19	310	190	130	-	60	70
20 ～ 29	210	100	110	-	x	x
30 ～ 49	280	x	220	-	-	220
50 ～ 99	890	270	610	-	x	410
100 ～ 199	2,050	x	1,930	x	670	1,070
200 ～ 499	5,400	-	5,400	-	1,220	4,180
500 頭 以 上	4,600	x	4,080	-	-	4,080
沖　　　　縄	70	60	x	-	x	-
1 ～ 4 頭	30	30	x	-	x	-
5 ～ 19	x	x	-	-	-	-
20 ～ 29	-	-	-	-	-	-
30 ～ 49	-	-	-	-	-	-
50 ～ 99	-	-	-	-	-	-
100 ～ 199	-	-	-	-	-	-
200 ～ 499	-	-	-	-	-	-
500 頭 以 上	-	-	-	-	-	-
関 東 農 政 局	23,100	470	22,700	60	4,500	18,100
1 ～ 4 頭	320	160	160	30	40	90
5 ～ 19	470	160	310	30	60	230
20 ～ 29	210	x	160	-	x	140
30 ～ 49	450	x	410	-	130	290
50 ～ 99	400	x	340	-	x	260
100 ～ 199	2,850	-	2,850	-	570	2,290
200 ～ 499	3,040	-	3,040	-	970	2,070
500 頭 以 上	15,400	-	15,400	-	2,630	12,800
東 海 農 政 局	3,460	70	3,390	80	160	3,150
1 ～ 4 頭	100	40	60	20	10	30
5 ～ 19	140	30	100	x	x	70
20 ～ 29	-	-	-	-	-	-
30 ～ 49	170	-	170	x	x	x
50 ～ 99	x	-	x	-	x	x
100 ～ 199	760	-	760	-	-	760
200 ～ 499	1,130	-	1,130	-	-	1,130
500 頭 以 上	x	-	x	-	-	x
中国四国農政局	11,900	660	11,200	20	1,200	10,000
1 ～ 4 頭	130	50	80	20	10	50
5 ～ 19	250	80	170	-	x	150
20 ～ 29	110	x	70	-	x	x
30 ～ 49	270	130	150	-	-	150
50 ～ 99	570	x	430	-	-	430
100 ～ 199	1,640	-	1,640	-	x	1,300
200 ～ 499	4,770	x	4,550	-	x	4,330
500 頭 以 上	4,150	-	4,150	-	x	3,570

3　　　豚
（令和4年2月1日現在）

(1) 全国農業地域・都道府県別

ア　飼養戸数・頭数

全国農業地域・都道府県		飼養戸数	子取り用めす豚のいる戸数	飼	養	
				計	子取り用めす豚	種おす豚
		(1)	(2)	(3)	(4)	(5)
		戸	戸	頭	頭	頭
全　　　　国	(1)	3,590	2,750	8,949,000	789,100	30,000
(全国農業地域)						
北　海　道	(2)	203	164	727,800	64,700	1,650
都　府　県	(3)	3,390	2,590	8,221,000	724,300	28,300
東　　　北	(4)	435	325	1,604,000	139,000	3,620
北　　　陸	(5)	121	90	208,500	17,300	780
関東・東山	(6)	937	720	2,170,000	186,900	8,730
東　　　海	(7)	292	255	574,800	52,200	2,590
近　　　畿	(8)	53	38	44,400	2,940	110
中　　　国	(9)	73	54	314,000	26,900	820
四　　　国	(10)	131	106	293,500	24,100	1,020
九　　　州	(11)	1,130	836	2,800,000	257,700	9,280
沖　　　縄	(12)	219	164	211,700	17,300	1,400
(都道府県)						
北　海　道	(13)	203	164	727,800	64,700	1,650
青　　　森	(14)	60	41	358,600	28,500	520
岩　　　手	(15)	86	74	491,900	44,300	1,090
宮　　　城	(16)	94	79	187,000	17,300	810
秋　　　田	(17)	66	40	260,300	25,000	470
山　　　形	(18)	74	50	184,900	13,400	350
福　　　島	(19)	55	41	121,600	10,400	380
茨　　　城	(20)	264	212	420,700	35,800	2,750
栃　　　木	(21)	92	76	356,200	37,500	1,320
群　　　馬	(22)	185	135	604,800	49,900	1,790
埼　　　玉	(23)	66	55	76,200	6,740	800
千　　　葉	(24)	215	158	582,500	45,700	1,490
東　　　京	(25)	9	4	2,000	100	30
神　奈　川	(26)	41	32	60,800	4,880	240
新　　　潟	(27)	92	70	166,800	13,900	560
富　　　山	(28)	14	8	22,200	1,550	120
石　　　川	(29)	12	10	18,200	1,710	90
福　　　井	(30)	3	2	1,290	x	10
山　　　梨	(31)	14	12	10,800	1,090	90
長　　　野	(32)	51	36	56,000	5,150	220
岐　　　阜	(33)	27	22	89,700	6,440	170
静　　　岡	(34)	80	68	95,000	10,300	1,130
愛　　　知	(35)	142	128	305,500	28,500	1,050
三　　　重	(36)	43	37	84,600	6,910	240
滋　　　賀	(37)	5	3	4,390	170	10
京　　　都	(38)	9	7	13,400	960	20
大　　　阪	(39)	5	2	2,380	x	10
兵　　　庫	(40)	19	13	18,200	1,140	40
奈　　　良	(41)	8	7	4,140	370	20
和　歌　山	(42)	7	6	1,830	200	10
鳥　　　取	(43)	16	15	59,500	4,760	90
島　　　根	(44)	5	5	35,500	3,680	80
岡　　　山	(45)	20	11	47,400	4,170	350
広　　　島	(46)	24	17	138,300	11,700	220
山　　　口	(47)	8	6	33,300	2,590	80
徳　　　島	(48)	20	17	46,500	4,070	170
香　　　川	(49)	22	17	30,700	2,910	170
愛　　　媛	(50)	74	57	192,000	14,700	570
高　　　知	(51)	15	15	24,300	2,490	120
福　　　岡	(52)	43	29	82,000	6,610	190
佐　　　賀	(53)	34	30	82,600	6,660	250
長　　　崎	(54)	79	69	195,900	16,600	540
熊　　　本	(55)	146	121	339,400	27,000	970
大　　　分	(56)	38	29	136,900	12,300	270
宮　　　崎	(57)	335	248	764,200	69,300	1,910
鹿　児　島	(58)	452	310	1,199,000	119,200	5,160
沖　　　縄	(59)	219	164	211,700	17,300	1,400
関東農政局	(60)	1,020	788	2,265,000	197,300	9,860
東海農政局	(61)	212	187	479,800	41,800	1,460
中国四国農政局	(62)	204	160	607,500	51,000	1,840

頭　数		子取り用めす豚 頭数割合 (4)／(3)	1戸当たり 飼養頭数 (3)／(1)	1戸当たり飼養頭数（子取り用めす豚） (4)／(2)	対前年比		
肥育豚	その他				飼養戸数	飼養頭数	
(6)	(7)	(8)	(9)	(10)	(11)	(12)	
頭	頭	％	頭	頭	％	％	
7,515,000	615,400	8.8	2,492.8	286.9	93.2	96.3	(1)
612,000	49,400	8.9	3,585.2	394.5	102.0	100.4	(2)
6,903,000	565,900	8.8	2,425.1	279.7	92.9	96.0	(3)
1,334,000	128,000	8.7	3,687.4	427.7	92.8	99.8	(4)
171,100	19,400	8.3	1,723.1	192.2	95.3	91.9	(5)
1,886,000	88,900	8.6	2,315.9	259.6	91.9	89.3	(6)
505,800	14,300	9.1	1,968.5	204.7	98.3	102.0	(7)
40,300	1,060	6.6	837.7	77.4	88.3	95.1	(8)
275,800	10,500	8.6	4,301.4	498.1	96.1	108.0	(9)
254,300	14,100	8.2	2,240.5	227.4	102.3	96.4	(10)
2,289,000	243,800	9.2	2,477.9	308.3	90.4	96.8	(11)
147,000	45,900	8.2	966.7	105.5	97.3	104.1	(12)
612,000	49,400	8.9	3,585.2	394.5	102.0	100.4	(13)
308,900	20,600	7.9	5,976.7	695.1	95.2	101.7	(14)
413,000	33,500	9.0	5,719.8	598.6	101.2	101.4	(15)
158,200	10,600	9.3	1,989.4	219.0	86.2	94.0	(16)
208,000	26,900	9.6	3,943.9	625.0	91.7	93.5	(17)
147,100	24,000	7.2	2,498.6	268.0	94.9	111.0	(18)
98,300	12,500	8.6	2,210.9	253.7	88.7	96.5	(19)
372,100	10,100	8.5	1,593.6	168.9	92.6	81.9	(20)
291,300	26,100	10.5	3,871.7	493.4	100.0	83.4	(21)
541,800	11,300	8.3	3,269.2	369.6	92.0	94.0	(22)
66,900	1,790	8.8	1,154.5	122.5	101.5	94.5	(23)
501,500	33,800	7.8	2,709.3	289.2	86.0	94.8	(24)
1,590	280	5.0	222.2	25.0	90.0	67.8	(25)
54,600	1,060	8.0	1,482.9	152.5	93.2	88.5	(26)
137,300	15,100	8.3	1,813.0	198.6	93.9	91.6	(27)
17,600	2,870	7.0	1,585.7	193.8	100.0	95.3	(28)
15,000	1,370	9.4	1,516.7	171.0	100.0	90.5	(29)
1,110	40	x	430.0	x	100.0	91.5	(30)
9,120	540	10.1	771.4	90.8	87.5	65.5	(31)
46,700	3,920	9.2	1,098.0	143.1	87.9	91.2	(32)
81,800	1,320	7.2	3,322.2	292.7	100.0	112.4	(33)
74,200	9,290	10.8	1,187.5	151.5	95.2	103.5	(34)
275,500	430	9.3	2,151.4	222.7	101.4	104.7	(35)
74,300	3,210	8.2	1,967.4	186.8	93.5	84.6	(36)
4,210	–	3.9	878.0	56.7	71.4	81.4	(37)
11,900	480	7.2	1,488.9	137.1	112.5	111.7	(38)
2,230	40	x	476.0	x	83.3	74.6	(39)
16,800	270	6.3	957.9	87.7	90.5	90.1	(40)
3,500	260	8.9	517.5	52.9	72.7	88.1	(41)
1,610	10	10.9	261.4	33.3	100.0	139.7	(42)
54,200	390	8.0	3,718.8	317.3	88.9	93.7	(43)
31,800	–	10.4	7,100.0	736.0	100.0	98.3	(44)
42,700	140	8.8	2,370.0	379.1	105.3	111.0	(45)
118,800	7,670	8.5	5,762.5	688.2	92.3	122.4	(46)
28,300	2,260	7.8	4,162.5	431.7	100.0	94.1	(47)
37,700	4,570	8.8	2,325.0	239.4	95.2	110.5	(48)
25,200	2,470	9.5	1,395.5	171.2	100.0	93.0	(49)
170,600	6,200	7.7	2,594.6	257.9	105.7	94.4	(50)
20,800	900	10.2	1,620.0	166.0	100.0	93.5	(51)
66,200	9,050	8.1	1,907.0	227.9	93.5	102.1	(52)
65,300	10,300	8.1	2,429.4	222.0	97.1	99.6	(53)
166,200	12,600	8.5	2,479.7	240.6	89.8	97.5	(54)
302,600	8,800	8.0	2,324.7	223.1	93.6	97.1	(55)
119,700	4,590	9.0	3,602.6	424.1	97.4	92.5	(56)
640,100	52,900	9.1	2,281.2	279.4	82.9	95.9	(57)
929,400	145,500	9.9	2,652.7	384.5	94.8	97.2	(58)
147,000	45,900	8.2	966.7	105.5	97.3	104.1	(59)
1,960,000	98,200	8.7	2,220.6	250.4	91.9	89.8	(60)
431,600	4,960	8.7	2,263.2	223.5	99.5	101.7	(61)
530,100	24,600	8.4	2,977.9	318.8	100.0	102.0	(62)

114 豚

(1) 全国農業地域・都道府県別（続き）

　　イ　肥育豚飼養頭数規模別の飼養戸数

単位：戸

全国農業地域・都道府県	計	肥　育　豚　飼　養　頭　数　規　模								肥育豚なし
		小　計	1〜99頭	100〜299	300〜499	500〜999	1,000〜1,999	2,000頭以上	3,000頭以上	
全　　国	3,450	3,230	320	316	318	686	633	958	662	221
(全国農業地域)										
北　海　道	195	188	24	30	18	28	13	75	61	7
都　府　県	3,260	3,040	296	286	300	658	620	883	601	214
東　　北	421	393	39	36	42	73	56	147	107	28
北　　陸	113	107	3	8	8	31	29	28	14	6
関東・東山	908	878	64	81	104	216	193	220	144	30
東　　海	277	266	26	16	19	53	63	89	44	11
近　　畿	45	40	8	6	7	6	8	5	4	5
中　　国	67	61	8	3	5	10	5	30	23	6
四　　国	118	113	16	2	14	16	33	32	25	5
九　　州	1,100	993	65	108	83	218	207	312	226	102
沖　　縄	213	192	67	26	18	35	26	20	14	21
(都道府県)										
北　海　道	195	188	24	30	18	28	13	75	61	7
青　　森	59	56	7	3	5	9	7	25	20	3
岩　　手	84	80	4	4	5	9	15	43	31	4
宮　　城	92	84	15	7	14	10	17	21	12	8
秋　　田	64	57	2	3	7	12	6	27	19	7
山　　形	69	67	4	15	6	17	8	17	14	2
福　　島	53	49	7	4	5	16	3	14	11	4
茨　　城	256	250	22	31	31	56	67	43	29	6
栃　　木	86	81	4	10	5	10	19	33	18	5
群　　馬	183	181	7	3	17	65	40	49	36	2
埼　　玉	62	60	11	4	12	12	9	12	4	2
千　　葉	213	202	12	9	27	51	38	65	49	11
東　　京	7	7	2	4	−	1	−	−	−	−
神　奈　川	39	39	3	7	5	9	5	10	6	−
新　　潟	87	83	2	5	6	26	22	22	12	4
富　　山	13	11	1	−	1	3	2	4	2	2
石　　川	11	11	−	2	1	1	5	2	−	−
福　　井	2	2	−	1	−	1	−	−	−	−
山　　梨	13	12	1	3	4	1	2	1	1	1
長　　野	49	46	2	10	3	11	13	7	1	3
岐　　阜	26	25	1	2	2	6	5	9	6	1
静　　岡	77	70	22	6	2	14	10	16	5	7
愛　　知	134	134	2	3	15	17	43	54	23	−
三　　重	40	37	1	5	−	16	5	10	10	3
滋　　賀	4	4	−	1	−	1	2	−	−	−
京　　都	9	8	3	1	1	−	1	2	2	1
大　　阪	4	4	−	−	2	1	1	−	−	−
兵　　庫	16	14	3	4	−	2	2	3	2	2
奈　　良	6	5	−	−	2	1	2	−	−	1
和　歌　山	6	5	2	−	2	1	−	−	−	1
鳥　　取	14	13	−	2	−	5	1	5	4	1
島　　根	5	5	−	−	−	−	−	5	4	−
岡　　山	18	17	5	−	1	3	−	8	6	1
広　　島	23	20	2	1	2	2	3	8	6	3
山　　口	7	6	1	−	−	−	1	4	3	1
徳　　島	18	17	4	−	−	4	4	5	4	1
香　　川	17	15	1	−	4	5	2	3	2	2
愛　　媛	71	69	8	2	10	7	21	21	17	2
高　　知	12	12	3	−	−	−	6	3	2	−
福　　岡	41	39	4	4	5	6	11	9	5	2
佐　　賀	33	31	−	2	3	9	8	9	6	2
長　　崎	75	74	4	12	4	12	17	25	15	1
熊　　本	140	136	3	15	4	33	36	45	29	4
大　　分	37	36	1	3	1	7	7	17	12	1
宮　　崎	330	272	19	22	16	72	46	97	72	58
鹿　児　島	439	405	34	50	50	79	82	110	87	34
沖　　縄	213	192	67	26	18	35	26	20	14	21
関東農政局	985	948	86	87	106	230	203	236	149	37
東海農政局	200	196	4	10	17	39	53	73	39	4
中国四国農政局	185	174	24	5	19	26	38	62	48	11

注：この統計表には学校、試験場等の非営利的な飼養者は含まない（以下(1)において同じ。）。

ウ　肥育豚飼養頭数規模別の飼養頭数

単位：頭

全国農業地域・都道府県	計	肥育豚飼養頭数規模								肥育豚なし
		小計	1～99頭	100～299	300～499	500～999	1,000～1,999	2,000頭以上	3,000頭以上	
全　　　　国	8,914,000	8,550,000	21,200	80,400	157,200	578,700	1,020,000	6,692,000	5,913,000	364,000
（全国農業地域）										
北　海　道	727,000	689,100	1,440	4,820	8,050	26,100	26,400	622,200	581,800	38,000
都　府　県	8,187,000	7,861,000	19,800	75,600	149,100	552,600	994,000	6,070,000	5,331,000	326,000
東　　北	1,599,000	1,536,000	2,330	16,700	17,600	60,900	93,200	1,345,000	1,236,000	63,000
北　　陸	207,800	197,800	90	3,560	3,500	20,800	47,800	122,100	83,100	10,000
関東・東山	2,159,000	2,115,000	4,430	18,300	60,200	183,100	326,800	1,523,000	1,327,000	43,400
東　　海	572,100	558,200	1,630	3,780	10,300	48,900	90,800	402,800	287,100	13,900
近　　畿	44,200	43,700	380	1,190	3,080	4,050	10,900	24,100	x	520
中　　国	313,400	295,400	340	520	2,100	8,060	7,380	277,000	259,300	17,900
四　　国	291,800	282,100	1,710	x	8,070	16,900	52,100	202,600	184,400	9,700
九　　州	2,789,000	2,648,000	3,770	26,800	38,300	178,300	332,100	2,069,000	1,842,000	141,400
沖　　縄	211,000	184,800	5,140	4,000	5,980	31,600	33,000	105,100	91,100	26,200
（都道府県）										
北　海　道	727,000	689,100	1,440	4,820	8,050	26,100	26,400	622,200	581,800	38,000
青　　森	358,500	351,000	520	610	2,070	7,450	10,100	330,300	318,400	7,530
岩　　手	491,800	478,500	260	970	2,350	9,410	23,600	442,000	407,100	13,200
宮　　城	186,600	181,200	830	1,350	5,780	7,280	23,800	142,200	116,100	5,360
秋　　田	260,300	236,800	x	8,990	2,710	10,400	11,800	202,700	179,600	23,500
山　　形	180,200	179,600	170	3,450	2,100	13,500	14,500	145,800	139,500	x
福　　島	121,200	108,500	370	1,290	2,600	12,900	9,380	82,000	74,900	12,700
茨　　城	416,600	416,500	1,470	7,730	15,300	49,000	103,800	239,200	201,300	120
栃　　木	355,700	348,700	420	1,810	14,600	8,630	31,800	291,400	254,200	6,920
群　　馬	604,800	595,300	360	630	7,470	52,500	73,500	460,800	430,800	x
埼　　玉	75,900	74,100	950	530	5,390	8,930	13,200	45,100	23,600	x
千　　葉	582,100	557,200	760	2,610	11,700	46,900	73,000	422,300	378,500	24,900
東　　京	1,610	1,610	x	800	-	x	-	-	-	-
神　奈　川	60,400	60,400	80	1,730	2,300	7,440	6,760	42,000	32,500	-
新　　潟	166,500	157,900	x	1,270	2,650	15,900	35,300	102,700	76,500	8,630
富　　山	21,900	20,500	x	-	x	2,760	x	14,100	x	x
石　　川	18,200	18,200	-	x	x	x	9,300	x	-	-
福　　井	x	x	-	x	-	x	-	-	-	-
山　　梨	10,400	10,300	x	590	2,030	x	x	x	x	x
長　　野	51,400	51,300	x	1,920	1,350	8,250	20,900	18,700	x	110
岐　　阜	89,700	89,700	x	x	x	5,820	7,420	75,100	66,800	x
静　　岡	94,300	84,000	1,480	1,770	x	11,700	14,100	54,200	25,000	10,200
愛　　知	303,700	303,700	x	600	8,710	13,600	60,600	220,100	141,800	-
三　　重	84,500	80,800	x	910	-	17,800	8,680	53,400	53,400	3,640
滋　　賀	4,370	4,370	-	x	-	x	x	-	-	x
京　　都	13,400	13,400	80	x	x	-	x	x	x	x
大　　阪	2,320	2,320	-	-	x	x	x	-	-	x
兵　　庫	18,200	17,700	160	770	-	x	x	13,200	x	x
奈　　良	4,120	4,090	-	-	x	x	x	-	-	x
和　歌　山	1,800	1,800	x	-	x	x	-	-	-	x
鳥　　取	59,300	56,200	-	x	-	3,900	x	50,500	x	x
島　　根	35,500	35,500	-	-	-	-	x	35,500	x	-
岡　　山	47,100	47,000	260	-	x	2,040	-	44,300	x	x
広　　島	138,300	123,600	x	x	1,730	x	4,400	115,100	x	14,700
山　　口	33,200	33,100	x	-	-	x	x	31,600	x	x
徳　　島	45,800	40,600	210	-	-	3,270	4,370	32,800	x	x
香　　川	30,100	29,500	x	-	3,510	6,150	x	15,500	x	x
愛　　媛	191,700	187,700	320	x	4,560	7,450	34,700	139,900	129,100	x
高　　知	24,200	24,200	1,120	-	-	-	8,670	14,500	x	-
福　　岡	82,000	71,600	310	800	1,880	4,790	16,400	47,400	38,100	x
佐　　賀	82,300	82,200	-	x	1,430	7,400	12,400	60,500	52,100	x
長　　崎	195,600	195,300	320	2,790	1,830	9,060	25,100	156,200	129,300	x
熊　　本	339,000	329,600	100	2,900	1,590	30,700	55,000	239,300	196,000	9,380
大　　分	136,600	136,600	x	770	x	6,470	9,710	119,300	104,800	x
宮　　崎	761,200	706,000	200	5,460	7,210	53,500	60,600	579,100	507,900	55,100
鹿　児　島	1,193,000	1,127,000	2,840	13,700	24,100	66,400	152,900	866,800	813,700	66,100
沖　　縄	211,000	184,800	5,140	4,000	5,980	31,600	33,000	105,100	91,100	26,200
関東農政局	2,253,000	2,199,000	5,900	20,100	61,000	194,800	340,900	1,577,000	1,352,000	53,700
東海農政局	477,800	474,200	150	2,010	9,460	37,200	76,700	348,700	262,100	3,650
中国四国農政局	605,200	577,500	2,050	1,310	10,200	24,900	59,400	479,600	443,600	27,600

注：　この統計表の飼養頭数は、各階層の飼養者が飼養している全ての豚（子取り用めす豚、肥育豚、種おす豚及びその他（肥育用のもと豚等）を含む。）の頭数である（以下オにおいて同じ。）。

(1) 全国農業地域・都道府県別（続き）

エ 子取り用めす豚飼養頭数規模別の飼養戸数

単位：戸

全国農業地域・都道府県	計	子取り用めす豚飼養頭数規模							子取り用めす豚なし
		小計	1～9頭	10～29	30～49	50～99	100～199	200頭以上	
全　　　国	3,450	2,620	170	224	228	488	585	923	834
（全国農業地域）									
北　海　道	195	157	15	13	22	20	28	59	38
都　府　県	3,260	2,460	155	211	206	468	557	864	796
東　　北	421	310	16	31	29	31	51	152	111
北　　陸	113	82	1	2	11	14	25	29	31
関東・東山	908	692	41	73	52	122	200	204	216
東　　海	277	240	5	13	11	49	78	84	37
近　　畿	45	30	5	5	5	8	4	3	15
中　　国	67	48	4	2	5	6	4	27	19
四　　国	118	93	6	6	6	17	27	31	25
九　　州	1,100	808	34	61	68	203	144	298	287
沖　　縄	213	158	43	18	19	18	24	36	55
（都道府県）									
北　海　道	195	157	15	13	22	20	28	59	38
青　　森	59	40	－	3	2	2	6	27	19
岩　　手	84	72	2	2	5	5	14	44	12
宮　　城	92	75	9	15	7	8	10	26	17
秋　　田	64	37	－	2	1	2	5	27	27
山　　形	69	47	4	5	8	7	8	15	22
福　　島	53	39	1	4	6	7	8	13	14
茨　　城	256	205	9	43	16	31	67	39	51
栃　　木	86	70	2	3	4	3	26	32	16
群　　馬	183	133	4	4	4	36	41	44	50
埼　　玉	62	51	3	6	11	10	11	10	11
千　　葉	213	156	20	3	6	31	34	62	57
東　　京	7	2	1	－	1	－	－	－	5
神　奈　川	39	30	－	5	5	6	6	8	9
新　　潟	87	65	1	2	9	13	17	23	22
富　　山	13	7	－	－	1	－	3	3	6
石　　川	11	9	－	－	1	1	4	3	2
福　　井	2	1	－	－	－	－	1	－	1
山　　梨	13	11	－	3	3	1	2	2	2
長　　野	49	34	2	6	2	4	13	7	15
岐　　阜	26	21	－	－	3	5	5	8	5
静　　岡	77	65	4	10	4	14	14	19	12
愛　　知	134	120	－	1	2	20	50	47	14
三　　重	40	34	1	2	2	10	9	10	6
滋　　賀	4	2	－	－	－	2	－	－	2
京　　都	9	7	3	1	1	1	－	1	2
大　　阪	4	1	－	－	－	－	1	－	3
兵　　庫	16	10	－	3	2	1	2	2	6
奈　　良	6	5	－	1	1	2	1	－	1
和　歌　山	6	5	2	－	1	2	－	－	1
鳥　　取	14	13	－	2	2	2	2	5	1
島　　根	5	5	－	－	－	－	－	5	－
岡　　山	18	9	1	－	1	1	－	6	9
広　　島	23	16	3	－	2	3	1	7	7
山　　口	7	5	－	－	－	－	1	4	2
徳　　島	18	15	2	－	－	4	4	5	3
香　　川	17	12	2	－	－	3	4	3	5
愛　　媛	71	54	2	4	6	10	14	18	17
高　　知	12	12	－	2	－	－	5	5	－
福　　岡	41	28	1	6	1	5	5	10	13
佐　　賀	33	29	－	1	2	10	4	12	4
長　　崎	75	65	2	6	7	12	15	23	10
熊　　本	140	115	3	1	1	34	37	39	25
大　　分	37	28	1	－	2	3	4	18	9
宮　　崎	330	243	7	14	19	80	27	96	87
鹿　児　島	439	300	20	33	36	59	52	100	139
沖　　縄	213	158	43	18	19	18	24	36	55
関東農政局	985	757	45	83	56	136	214	223	228
東海農政局	200	175	1	3	7	35	64	65	25
中国四国農政局	185	141	10	8	11	23	31	58	44

オ　子取り用めす豚飼養頭数規模別の飼養頭数

単位：頭

全国農業地域・都道府県	計	子取り用めす豚飼養頭数規模							子取り用めす豚なし
		小計	1～9頭	10～29	30～49	50～99	100～199	200頭以上	
全　　国	8,914,000	7,563,000	12,600	67,900	77,100	372,200	866,200	6,167,000	1,351,000
（全国農業地域）									
北　海　道	727,000	600,000	1,050	2,500	6,430	13,100	42,300	534,600	127,100
都　府　県	8,187,000	6,963,000	11,500	65,400	70,700	359,100	823,900	5,632,000	1,224,000
東　　北	1,599,000	1,415,000	500	6,520	9,460	20,900	77,000	1,301,000	183,300
北　陸	207,800	160,500	x	x	3,660	9,080	38,100	109,300	47,300
関東・東山	2,159,000	1,861,000	6,980	28,400	15,900	94,000	306,300	1,409,000	297,900
東　海	572,100	531,500	60	2,290	3,610	39,800	112,300	373,400	40,600
近　畿	44,200	28,600	90	480	1,570	8,490	6,200	11,800	15,600
中　国	313,400	196,900	930	x	2,590	5,580	5,440	182,100	116,400
四　国	291,800	264,700	280	11,700	2,670	17,600	42,200	190,300	27,100
九　州	2,789,000	2,346,000	1,500	14,600	28,800	150,200	213,900	1,937,000	443,000
沖　縄	211,000	158,100	1,160	830	2,500	13,500	22,400	117,800	52,900
（都道府県）									
北　海　道	727,000	600,000	1,050	2,500	6,430	13,100	42,300	534,600	127,100
青　森	358,500	310,000	-	1,460	x	x	7,350	299,300	48,600
岩　手	491,800	467,500	x	x	1,950	3,820	21,600	439,600	24,300
宮　城	186,600	173,700	120	2,000	2,600	4,160	12,100	152,800	12,900
秋　田	260,300	224,400	-	x	x	x	13,700	208,600	35,900
山　形	180,200	154,400	170	910	2,710	5,020	12,100	133,400	25,800
福　島	121,200	85,400	x	1,410	1,200	5,360	10,200	67,200	35,800
茨　城	416,600	361,500	350	24,300	4,800	21,200	95,500	215,300	55,100
栃　木	355,700	333,800	x	470	750	1,050	43,100	288,400	21,800
群　馬	604,800	557,900	290	710	1,440	33,300	79,800	442,300	46,800
埼　玉	75,900	62,000	120	670	3,630	5,360	14,100	38,200	13,900
千　葉	582,100	438,000	5,350	610	1,530	22,400	44,400	363,700	144,100
東　京	1,610	x	x	-	x	-	-	-	1,320
神　奈　川	60,400	56,700	-	590	2,050	5,220	10,300	38,500	3,690
新　潟	166,500	129,700	x	x	3,140	8,060	25,700	92,500	36,800
富　山	21,900	13,800	-	-	x	-	4,000	9,690	8,110
石　川	18,200	15,900	-	-	x	x	7,320	7,160	x
福　井	x	x	-	-	-	-	x	-	x
山　梨	10,400	9,830	-	370	1,060	x	x	x	x
長　野	51,400	40,900	x	640	x	4,690	16,600	17,900	10,600
岐　阜	89,700	87,500	-	-	1,290	4,270	11,800	70,200	2,220
静　岡	94,300	90,800	60	1,470	1,100	7,190	17,500	63,500	3,480
愛　知	303,700	276,900	-	x	x	15,000	71,800	188,600	26,800
三　重	84,500	76,400	x	x	x	13,400	11,300	51,100	8,080
滋　賀	4,370	x	-	-	-	x	-	-	x
京　都	13,400	7,190	30	x	x	x	-	x	x
大　阪	2,320	x	x	-	-	-	x	-	1,210
兵　庫	18,200	11,200	-	410	x	x	x	x	6,970
奈　良	4,120	3,660	-	x	x	x	x	-	x
和　歌　山	1,800	1,720	x	-	x	x	-	-	x
鳥　取	59,300	26,000	-	x	x	x	x	20,300	x
島　根	35,500	35,500	-	-	-	-	-	35,500	-
岡　山	47,100	41,800	x	-	x	x	-	40,200	5,260
広　島	138,300	60,400	380	-	x	3,320	x	54,400	77,900
山　口	33,200	33,100	-	-	-	-	x	31,600	x
徳　島	45,800	42,600	x	-	-	3,270	4,370	34,800	3,170
香　川	30,100	24,000	x	-	-	3,870	6,700	13,400	6,050
愛　媛	191,700	173,800	x	11,600	2,670	10,400	24,700	124,300	17,900
高　知	24,200	24,200	-	x	-	-	6,480	17,700	-
福　岡	82,000	67,600	x	830	x	4,180	6,740	55,400	14,400
佐　賀	82,300	80,800	-	x	x	8,190	5,680	65,900	1,460
長　崎	195,600	182,600	x	1,170	2,190	9,380	23,000	146,800	13,000
熊　本	339,000	311,200	80	x	x	29,800	58,500	222,500	27,800
大　分	136,600	124,300	x	-	x	1,790	4,910	117,100	12,300
宮　崎	761,200	599,000	420	4,370	9,740	54,400	35,600	494,500	162,100
鹿　児　島	1,193,000	980,800	790	8,080	14,800	42,500	79,400	835,200	212,000
沖　縄	211,000	158,100	1,160	830	2,500	13,500	22,400	117,800	52,900
関東農政局	2,253,000	1,952,000	7,040	29,900	17,000	101,200	323,800	1,473,000	301,400
東海農政局	477,800	440,700	x	820	2,520	32,600	94,900	309,900	37,100
中国四国農政局	605,200	461,700	1,210	12,000	5,260	23,100	47,700	372,400	143,500

118 豚

(1) 全国農業地域・都道府県別（続き）

カ　経営タイプ別飼養戸数

単位：戸

全国農業地域・都道府県	計	経営タイプ				
		子取り経営	肥育豚のいる戸数	肥育経営	子取り用めす豚のいる戸数	一貫経営
全　　　　国	3,450	312	105	825	8	2,320
（全国農業地域）						
北　海　道	195	15	8	38	－	142
都　府　県	3,260	297	97	787	8	2,170
東　　　北	421	30	3	108	1	283
北　　　陸	113	7	1	31	－	75
関東・東山	908	46	21	215	6	647
東　　　海	277	17	7	35	－	225
近　　　畿	45	5	－	15	－	25
中　　　国	67	5	－	17	－	45
四　　　国	118	7	3	25	－	86
九　　　州	1,100	141	44	286	1	668
沖　　　縄	213	39	18	55	－	119
（都道府県）						
北　海　道	195	15	8	38	－	142
青　　　森	59	4	1	20	1	35
岩　　　手	84	4	－	11	－	69
宮　　　城	92	8	－	15	－	69
秋　　　田	64	7	1	26	－	31
山　　　形	69	2	－	22	－	45
福　　　島	53	5	1	14	－	34
茨　　　城	256	6	－	56	5	194
栃　　　木	86	2	－	11	－	73
群　　　馬	183	1	－	50	－	132
埼　　　玉	62	1	－	10	－	51
千　　　葉	213	32	21	57	－	124
東　　　京	7	－	－	5	－	2
神　奈　川	39	－	－	9	1	30
新　　　潟	87	4	－	22	－	61
富　　　山	13	2	－	6	－	5
石　　　川	11	1	1	2	－	8
福　　　井	2	－	－	1	－	1
山　　　梨	13	1	－	2	－	10
長　　　野	49	3	－	15	－	31
岐　　　阜	26	1	－	4	－	21
静　　　岡	77	14	7	12	－	51
愛　　　知	134	－	－	14	－	120
三　　　重	40	2	－	5	－	33
滋　　　賀	4	－	－	2	－	2
京　　　都	9	1	－	2	－	6
大　　　阪	4	－	－	3	－	1
兵　　　庫	16	2	－	6	－	8
奈　　　良	6	1	－	1	－	4
和　歌　山	6	1	－	1	－	4
鳥　　　取	14	1	－	1	－	12
島　　　根	5	－	－	－	－	5
岡　　　山	18	1	－	8	－	9
広　　　島	23	2	－	7	－	14
山　　　口	7	1	－	1	－	5
徳　　　島	18	1	－	3	－	14
香　　　川	17	3	2	5	－	9
愛　　　媛	71	2	－	17	－	52
高　　　知	12	1	1	－	－	11
福　　　岡	41	2	－	13	－	26
佐　　　賀	33	1	－	4	－	28
長　　　崎	75	1	－	10	－	64
熊　　　本	140	4	－	24	1	112
大　　　分	37	1	－	9	－	27
宮　　　崎	330	74	20	87	－	169
鹿　児　島	439	58	24	139	－	242
沖　　　縄	213	39	18	55	－	119
関東農政局	985	60	28	227	6	698
東海農政局	200	3	－	23	－	174
中国四国農政局	185	12	3	42	－	131

キ　経営タイプ別飼養頭数

単位：頭

全国農業地域・都道府県	計	経営タイプ				
		子取り経営	肥育豚のいる飼養者の飼養頭数	肥育経営	子取り用めす豚のいる飼養者の飼養頭数	一貫経営
全　　　　国	8,914,000	412,200	75,900	1,346,000	8,140	7,156,000
（全国農業地域）						
北　海　道	727,000	38,700	750	127,100	-	561,200
都　府　県	8,187,000	373,500	75,200	1,218,000	8,140	6,595,000
東　　　北	1,599,000	68,000	9,070	182,300	x	1,348,000
北　　　陸	207,800	11,900	x	47,300	-	148,600
関 東 ・ 東 山	2,159,000	44,300	7,810	286,800	1,140	1,828,000
東　　　海	572,100	14,500	570	40,600	-	517,000
近　　　畿	44,200	520	-	15,600	-	28,100
中　　　国	313,400	17,900	-	116,300	-	179,200
四　　　国	291,800	13,700	3,990	27,100	-	251,000
九　　　州	2,789,000	165,100	40,400	449,700	x	2,175,000
沖　　　縄	211,000	37,700	11,500	52,900	-	120,500
（都道府県）						
北　海　道	727,000	38,700	750	127,100		561,200
青　　　森	358,500	7,760	x	48,800	x	302,000
岩　　　手	491,800	13,200	-	24,200		454,300
宮　　　城	186,600	5,360	-	11,800		169,500
秋　　　田	260,300	28,100	x	35,900	-	196,400
山　　　形	180,200	x	-	25,800	-	153,700
福　　　島	121,200	13,000	x	35,800	-	72,400
茨　　　城	416,600	120	-	55,500	340	361,000
栃　　　木	355,700	x	-	15,800	-	339,600
群　　　馬	604,800	x	-	46,800	-	548,700
埼　　　玉	75,900	x	-	7,700	-	66,500
千　　　葉	582,100	32,700	7,810	144,100	-	405,300
東　　　京	1,610	-		1,320	-	x
神　奈　川	60,400	-		4,470	x	55,900
新　　　潟	166,500	8,630	-	36,800	-	121,100
富　　　山	21,900	x	-	8,110	-	12,400
石　　　川	18,200	x	x	x	-	14,100
福　　　井	x	-	-	x	-	x
山　　　梨	10,400	x	-	x	-	9,760
長　　　野	51,400	110	-	10,600	-	40,800
岐　　　阜	89,700	x	-	2,220	-	87,500
静　　　岡	94,300	10,800	570	3,480	-	80,000
愛　　　知	303,700	-	-	26,800	-	276,900
三　　　重	84,500	x	-	8,070	-	72,800
滋　　　賀	4,370	-	-	x	-	x
京　　　都	13,400	x	-	x	-	7,180
大　　　阪	2,320	-	-	1,210	-	x
兵　　　庫	18,200	x	-	6,970	-	10,700
奈　　　良	4,120	x	-	x	-	3,640
和　歌　山	1,800	x	-	x	-	1,720
鳥　　　取	59,300	x	-	x	-	22,900
島　　　根	35,500	-	-	-	-	35,500
岡　　　山	47,100	x	-	5,140	-	41,800
広　　　島	138,300	x	-	77,900	-	45,800
山　　　口	33,200	x	-	x	-	33,100
徳　　　島	45,800	x	-	3,170	-	37,500
香　　　川	30,100	3,530	x	6,050	-	20,500
愛　　　媛	191,700	x	-	17,900	-	169,900
高　　　知	24,200	x	x	-	-	23,200
福　　　岡	82,000	x	-	14,400	-	57,200
佐　　　賀	82,300	x	-	1,460	-	80,700
長　　　崎	195,600	x	-	13,000	-	182,400
熊　　　本	339,000	9,380	-	34,400	x	295,200
大　　　分	136,600	x	-	12,300	-	124,300
宮　　　崎	761,200	62,600	24,100	162,100	-	536,400
鹿　児　島	1,193,000	82,400	16,300	212,000	-	898,400
沖　　　縄	211,000	37,700	11,500	52,900		120,500
関 東 農 政 局	2,253,000	55,100	8,380	290,300	1,140	1,908,000
東 海 農 政 局	477,800	3,640	-	37,100	-	437,100
中国四国農政局	605,200	31,600	3,990	143,300	-	430,200

(1)　全国農業地域・都道府県別（続き）

ク　経営組織別飼養戸数

単位：戸

全国農業地域・都道府県	計	経営組織		
		農　家	会　社	そ の 他
全　　　　　国	3,450	1,620	1,750	81
（全国農業地域）				
北　海　道	195	72	121	2
都　府　県	3,260	1,550	1,630	79
東　　　　北	421	153	261	7
北　　　　陸	113	35	78	－
関　東・東　山	908	480	408	20
東　　　　海	277	142	134	1
近　　　　畿	45	23	20	2
中　　　　国	67	21	44	2
四　　　　国	118	39	78	1
九　　　　州	1,100	517	532	46
沖　　　　縄	213	135	78	－
（都道府県）				
北　海　道	195	72	121	2
青　　　森	59	14	45	－
岩　　　手	84	22	59	3
宮　　　城	92	50	40	2
秋　　　田	64	8	54	2
山　　　形	69	41	28	－
福　　　島	53	18	35	－
茨　　　城	256	184	72	－
栃　　　木	86	32	48	6
群　　　馬	183	102	81	－
埼　　　玉	62	33	28	1
千　　　葉	213	74	131	8
東　　　京	7	7	－	－
神　奈　川	39	17	19	3
新　　　潟	87	31	56	－
富　　　山	13	2	11	－
石　　　川	11	1	10	－
福　　　井	2	1	1	－
山　　　梨	13	8	5	－
長　　　野	49	23	24	2
岐　　　阜	26	3	23	－
静　　　岡	77	37	39	1
愛　　　知	134	75	59	－
三　　　重	40	27	13	－
滋　　　賀	4	－	4	－
京　　　都	9	4	3	2
大　　　阪	4	1	3	－
兵　　　庫	16	10	6	－
奈　　　良	6	4	2	－
和　歌　山	6	4	2	－
鳥　　　取	14	8	6	－
島　　　根	5	－	5	－
岡　　　山	18	6	12	－
広　　　島	23	6	15	2
山　　　口	7	1	6	－
徳　　　島	18	5	13	－
香　　　川	17	3	14	－
愛　　　媛	71	24	47	－
高　　　知	12	7	4	1
福　　　岡	41	23	18	－
佐　　　賀	33	17	15	1
長　　　崎	75	46	27	2
熊　　　本	140	56	84	－
大　　　分	37	7	30	－
宮　　　崎	330	163	163	4
鹿　児　島	439	205	195	39
沖　　　縄	213	135	78	－
関 東 農 政 局	985	517	447	21
東 海 農 政 局	200	105	95	－
中国四国農政局	185	60	122	3

ケ　経営組織別飼養頭数

単位：頭

全国農業地域・都道府県	計	経営組織 農家	会社	その他
全国	8,914,000	1,335,000	7,300,000	279,100
（全国農業地域）				
北海道	727,000	56,800	669,700	x
都府県	8,187,000	1,278,000	6,630,000	278,600
東北	1,599,000	87,100	1,422,000	89,600
北陸	207,800	24,600	183,200	-
関東・東山	2,159,000	434,800	1,665,000	58,800
東海	572,100	156,300	415,700	x
近畿	44,200	8,190	34,700	x
中国	313,400	10,400	279,100	x
四国	291,800	27,600	258,900	x
九州	2,789,000	451,900	2,238,000	99,600
沖縄	211,000	77,600	133,500	-
（都道府県）				
北海道	727,000	56,800	669,700	x
青森	358,500	10,600	348,000	-
岩手	491,800	17,900	414,000	59,900
宮城	186,600	21,200	152,100	x
秋田	260,300	2,980	240,900	x
山形	180,200	22,500	157,700	-
福島	121,200	11,900	109,300	-
茨城	416,600	165,400	251,200	-
栃木	355,700	43,400	289,800	22,500
群馬	604,800	110,300	494,400	-
埼玉	75,900	16,000	58,100	x
千葉	582,100	68,700	493,400	20,100
東京	1,610	1,610	-	-
神奈川	60,400	10,300	39,200	10,800
新潟	166,500	21,500	145,100	-
富山	21,900	x	20,800	-
石川	18,200	x	16,300	-
福井	x	x	x	-
山梨	10,400	3,540	6,860	-
長野	51,400	15,400	32,300	x
岐阜	89,700	5,590	84,100	-
静岡	94,300	14,600	79,500	x
愛知	303,700	99,100	204,600	-
三重	84,500	37,000	47,400	-
滋賀	4,370	-	4,370	-
京都	13,400	360	11,800	x
大阪	2,320	x	2,020	-
兵庫	18,200	4,000	14,200	-
奈良	4,120	2,210	x	-
和歌山	1,800	1,330	x	-
鳥取	59,300	7,610	51,700	-
島根	35,500	-	35,500	-
岡山	47,100	920	46,200	-
広島	138,300	1,850	112,600	x
山口	33,200	x	33,200	-
徳島	45,800	2,030	43,800	-
香川	30,100	2,170	27,900	-
愛媛	191,700	16,700	175,000	-
高知	24,200	6,720	12,200	x
福岡	82,000	20,500	61,500	-
佐賀	82,300	16,200	53,300	x
長崎	195,600	47,900	142,600	x
熊本	339,000	47,400	291,600	-
大分	136,600	9,060	127,500	-
宮崎	761,200	167,100	590,300	3,770
鹿児島	1,193,000	143,600	971,100	78,100
沖縄	211,000	77,600	133,500	-
関東農政局	2,253,000	449,400	1,745,000	59,000
東海農政局	477,800	141,700	336,100	-
中国四国農政局	605,200	38,000	538,000	29,200

(2)　全国農業地域別・飼養頭数規模別

ア　経営タイプ別飼養戸数（肥育豚飼養頭数規模別）

単位：戸

区　　分	計	子取り経営	肥育経営	子取り用めす豚のいる戸数	一貫経営
全　　　　　国	3,450	312	825	8	2,320
小　　　　計	3,230	105	823	8	2,300
1 〜　99 頭	320	56	113	5	151
100 〜 299	316	6	100	1	210
300 〜 499	318	21	115	-	182
500 〜 999	686	9	175	1	502
1,000 〜 1,999	633	4	150	-	479
2,000 頭 以 上	958	9	170	1	779
うち3,000 頭 以 上	662	8	125	1	529
肥 育 豚 な し	221	207	2	-	12
北　　海　　道	195	15	38	-	142
小　　　　計	188	8	38	-	142
1 〜　99 頭	24	8	7	-	9
100 〜 299	30	-	11	-	19
300 〜 499	18	-	-	-	18
500 〜 999	28	-	-	-	28
1,000 〜1,999	13	-	-	-	13
2,000 頭 以 上	75	-	20	-	55
肥 育 豚 な し	7	7	-	-	-
都　　府　　県	3,260	297	787	8	2,170
小　　　　計	3,040	97	785	8	2,160
1 〜　99 頭	296	48	106	5	142
100 〜 299	286	6	89	1	191
300 〜 499	300	21	115	-	164
500 〜 999	658	9	175	1	474
1,000 〜1,999	620	4	150	-	466
2,000 頭 以 上	883	9	150	1	724
肥 育 豚 な し	214	200	2	-	12
東　　　　北	421	30	108	1	283
小　　　　計	393	3	107	1	283
1 〜　99 頭	39	2	18	-	19
100 〜 299	36	1	6	1	29
300 〜 499	42	-	17	-	25
500 〜 999	73	-	33	-	40
1,000 〜1,999	56	-	13	-	43
2,000 頭 以 上	147	-	20	-	127
肥 育 豚 な し	28	27	1	-	-
北　　　　陸	113	7	31	-	75
小　　　　計	107	1	31	-	75
1 〜　99 頭	3	-	2	-	1
100 〜 299	8	1	3	-	4
300 〜 499	8	-	2	-	6
500 〜 999	31	-	11	-	20
1,000 〜1,999	29	-	5	-	24
2,000 頭 以 上	28	-	8	-	20
肥 育 豚 な し	6	6	-	-	-

注：この統計表には学校、試験場等の非営利的な飼養者は含まない（以下(2)において同じ。）。

単位:戸

区　　分	計	子取り経営	肥育経営	子取り用めす豚のいる戸数	一貫経営
関　東　・　東　山	908	46	215	6	647
小　　　　　計	878	21	215	6	642
1　～　99　頭	64	5	18	5	41
100　～　299	81	－	18	－	63
300　～　499	104	14	42	－	48
500　～　999	216	2	67	1	147
1,000　～1,999	193	－	43	－	150
2,000　頭　以　上	220	－	27	－	193
肥　育　豚　な　し	30	25	－	－	5
東　　　　　海	277	17	35	－	225
小　　　　　計	266	7	35	－	224
1　～　99　頭	26	7	9	－	10
100　～　299	16	－	8	－	8
300　～　499	19	－	2	－	17
500　～　999	53	－	6	－	47
1,000　～1,999	63	－	6	－	57
2,000　頭　以　上	89	－	4	－	85
肥　育　豚　な　し	11	10	－	－	1
近　　　　　畿	45	5	15	－	25
小　　　　　計	40	－	15	－	25
1　～　99　頭	8	－	3	－	5
100　～　299	6	－	2	－	4
300　～　499	7	－	3	－	4
500　～　999	6	－	3	－	3
1,000　～1,999	8	－	2	－	6
2,000　頭　以　上	5	－	2	－	3
肥　育　豚　な　し	5	5	－	－	－
中　　　　　国	67	5	17	－	45
小　　　　　計	61	－	17	－	44
1　～　99　頭	8	－	7	－	1
100　～　299	3	－	1	－	2
300　～　499	5	－	1	－	4
500　～　999	10	－	1	－	9
1,000　～1,999	5	－	1	－	4
2,000　頭　以　上	30	－	6	－	24
肥　育　豚　な　し	6	5	－	－	1
四　　　　　国	118	7	25	－	86
小　　　　　計	113	3	25	－	85
1　～　99　頭	16	1	7	－	8
100　～　299	2	－	－	－	2
300　～　499	14	2	7	－	5
500　～　999	16	－	2	－	14
1,000　～1,999	33	－	5	－	28
2,000　頭　以　上	32	－	4	－	28
肥　育　豚　な　し	5	4	－	－	1

(2) 全国農業地域別・飼養頭数規模別（続き）

ア　経営タイプ別飼養戸数（肥育豚飼養頭数規模別）（続き）

単位：戸

区　　分	計	子 取 り 経 営	肥 育 経 営	子取り用めす豚のいる戸数	一 貫 経 営
九　　州	1,100	141	286	1	668
小　　　計	993	44	285	1	664
1 ～ 99 頭	65	18	29	－	18
100 ～ 299	108	4	45	－	59
300 ～ 499	83	5	31	－	47
500 ～ 999	218	7	41	－	170
1,000 ～ 1,999	207	3	65	－	139
2,000 頭 以 上	312	7	74	1	231
肥 育 豚 な し	102	97	1	－	4
沖　　縄	213	39	55	－	119
小　　　計	192	18	55		119
1 ～ 99 頭	67	15	13	－	39
100 ～ 299	26	－	6	－	20
300 ～ 499	18	－	10	－	8
500 ～ 999	35	－	11	－	24
1,000 ～ 1,999	26	1	10	－	15
2,000 頭 以 上	20	2	5	－	13
肥 育 豚 な し	21	21	－	－	－
関 東 農 政 局	985	60	227	6	698
小　　　計	948	28	227	6	693
1 ～ 99 頭	86	12	24	5	50
100 ～ 299	87	－	19	－	68
300 ～ 499	106	14	42	－	50
500 ～ 999	230	2	72	1	156
1,000 ～ 1,999	203	－	43	－	160
2,000 頭 以 上	236	－	27	－	209
肥 育 豚 な し	37	32	－	－	5
東 海 農 政 局	200	3	23	－	174
小　　　計	196	－	23	－	173
1 ～ 99 頭	4	－	3	－	1
100 ～ 299	10	－	7	－	3
300 ～ 499	17	－	2	－	15
500 ～ 999	39	－	1	－	38
1,000 ～ 1,999	53	－	6	－	47
2,000 頭 以 上	73	－	4	－	69
肥 育 豚 な し	4	3	－	－	1
中 国 四 国 農 政 局	185	12	42	－	131
小　　　計	174	3	42	－	129
1 ～ 99 頭	24	1	14	－	9
100 ～ 299	5	－	1	－	4
300 ～ 499	19	2	8	－	9
500 ～ 999	26	－	3	－	23
1,000 ～ 1,999	38	－	6	－	32
2,000 頭 以 上	62	－	10	－	52
肥 育 豚 な し	11	9	－	－	2

イ　経営タイプ別飼養頭数（肥育豚飼養頭数規模別）

単位：頭

区　　分	計	子取り経営	肥育経営	子取り用めす豚のいる飼養者の飼養頭数	一貫経営
全　　国	8,914,000	412,200	1,346,000	8,140	7,156,000
小　　　計	8,550,000	75,900	1,341,000	8,140	7,133,000
1 ～ 99頭	21,200	6,650	5,570	340	9,020
100 ～ 299	80,400	11,600	20,500	x	48,300
300 ～ 499	157,200	11,000	49,100	－	97,100
500 ～ 999	578,700	6,330	123,400	x	449,000
1,000 ～1,999	1,020,000	5,570	231,800	－	783,000
2,000 頭 以 上	6,692,000	34,700	911,000	x	5,747,000
うち3,000 頭以上	5,913,000	31,800	800,800	x	5,081,000
肥 育 豚 な し	364,000	336,300	x	－	23,600
北　海　道	727,000	38,700	127,100	－	561,200
小　　　計	689,100	750	127,100	－	561,200
1 ～ 99頭	1,440	750	10	－	690
100 ～ 299	4,820	－	1,520	－	3,300
300 ～ 499	8,050	－	－	－	8,050
500 ～ 999	26,100	－	－	－	26,100
1,000 ～1,999	26,400	－	－	－	26,400
2,000 頭 以 上	622,200	－	125,500	－	496,700
肥 育 豚 な し	38,000	38,000	－	－	－
都　府　県	8,187,000	373,500	1,218,000	8,140	6,595,000
小　　　計	7,861,000	75,200	1,214,000	8,140	6,572,000
1 ～ 99頭	19,800	5,910	5,560	340	8,340
100 ～ 299	75,600	11,600	19,000	x	45,000
300 ～ 499	149,100	11,000	49,100	－	89,000
500 ～ 999	552,600	6,330	123,400	x	422,800
1,000 ～1,999	994,000	5,570	231,800	－	756,600
2,000 頭 以 上	6,070,000	34,700	785,500	x	5,250,000
肥 育 豚 な し	326,000	298,300	x	－	23,600
東　　北	1,599,000	68,000	182,300	x	1,348,000
小　　　計	1,536,000	9,070	178,300	x	1,348,000
1 ～ 99頭	2,330	x	850	－	990
100 ～ 299	16,700	x	900	x	7,180
300 ～ 499	17,600	－	6,420	－	11,200
500 ～ 999	60,900	－	25,900	－	35,100
1,000 ～1,999	93,200	－	19,500	－	73,600
2,000 頭 以 上	1,345,000	－	124,700	－	1,220,000
肥 育 豚 な し	63,000	58,900	x	－	－
北　　陸	207,800	11,900	47,300	－	148,600
小　　　計	197,800	x	47,300	－	148,600
1 ～ 99頭	90	－	x	－	x
100 ～ 299	3,560	x	530	－	1,140
300 ～ 499	3,500	－	x	－	2,730
500 ～ 999	20,800	－	7,550	－	13,200
1,000 ～1,999	47,800	－	7,930	－	39,900
2,000 頭 以 上	122,100	－	30,500	－	91,600
肥 育 豚 な し	10,000	10,000	－	－	－

注：　この統計表の飼養頭数は、各階層の飼養者が飼養している全ての豚（子取り用めす豚、肥育豚、種おす豚及びその他（肥育用のもと豚等）を含む。）の頭数である（以下エ、カ及びクにおいて同じ。）。

(2) 全国農業地域別・飼養頭数規模別 (続き)

　　イ　経営タイプ別飼養頭数 (肥育豚飼養頭数規模別) (続き)

単位:頭

区　　　分	計	子取り経営	肥育経営	子取り用めす豚のいる飼養者の飼養頭数	一貫経営
関　東　・　東　山	2,159,000	44,300	286,800	1,140	1,828,000
小　　　　　計	2,115,000	7,810	286,800	1,140	1,821,000
1 ～ 99 頭	4,430	350	770	340	3,310
100 ～ 299	18,300	－	3,520	－	14,800
300 ～ 499	60,200	5,620	19,100	－	35,500
500 ～ 999	183,100	x	47,100	x	134,200
1,000 ～1,999	326,800	－	67,700	－	259,000
2,000 頭 以 上	1,523,000	－	148,600	－	1,374,000
肥　育　豚　な　し	43,400	36,500	－	－	6,940
東　　　　　　海	572,100	14,500	40,600	－	517,000
小　　　　　計	558,200	570	40,600	－	517,000
1 ～ 99 頭	1,630	570	620	－	440
100 ～ 299	3,780	－	1,700	－	2,080
300 ～ 499	10,300	－	x	－	9,310
500 ～ 999	48,900	－	3,260	－	45,700
1,000 ～1,999	90,800	－	8,240	－	82,600
2,000 頭 以 上	402,800	－	25,800	－	377,000
肥　育　豚　な　し	13,900	13,900	－	－	x
近　　　　　　畿	44,200	520	15,600	－	28,100
小　　　　　計	43,700	－	15,600	－	28,100
1 ～ 99 頭	380	－	130	－	250
100 ～ 299	1,190	－	x	－	850
300 ～ 499	3,080	－	1,050	－	2,020
500 ～ 999	4,050	－	1,720	－	2,330
1,000 ～1,999	10,900	－	x	－	8,690
2,000 頭 以 上	24,100	－	x	－	14,000
肥　育　豚　な　し	520	520	－	－	－
中　　　　　　国	313,400	17,900	116,300	－	179,200
小　　　　　計	295,400	－	116,300	－	179,200
1 ～ 99 頭	340	－	270	－	x
100 ～ 299	520	－	x	－	x
300 ～ 499	2,100	－	x	－	1,650
500 ～ 999	8,060	－	x	－	7,240
1,000 ～1,999	7,380	－	x	－	5,580
2,000 頭 以 上	277,000	－	112,700	－	164,300
肥　育　豚　な　し	17,900	17,900	－	－	x
四　　　　　　国	291,800	13,700	27,100	－	251,000
小　　　　　計	282,100	3,990	27,100	－	251,000
1 ～ 99 頭	1,710	x	230	－	410
100 ～ 299	x	－	－	－	x
300 ～ 499	8,070	x	2,840	－	2,320
500 ～ 999	16,900	－	x	－	15,400
1,000 ～1,999	52,100	－	8,530	－	43,500
2,000 頭 以 上	202,600	－	14,000	－	188,500
肥　育　豚　な　し	9,700	9,700	－	－	x

単位:頭

区　　　分	計	子 取 り 経 営	肥 育 経 営	子取り用めす豚のいる飼養者の飼 養 頭 数	一 貫 経 営
九　　　　　州	2,789,000	165,100	449,700	x	2,175,000
小　　　　　計	2,648,000	40,400	449,600	x	2,158,000
1 ～ 99 頭	3,770	770	2,000	－	1,000
100 ～ 299	26,800	1,160	10,800	－	14,800
300 ～ 499	38,300	2,490	13,900	－	21,900
500 ～ 999	178,300	4,490	25,100	－	148,800
1,000 ～1,999	332,100	3,340	101,300	－	227,400
2,000 頭 以 上	2,069,000	28,100	296,500	x	1,744,000
肥 育 豚 な し	141,400	124,700	x	－	16,700
沖　　　　　縄	211,000	37,700	52,900	－	120,500
小　　　　　計	184,800	11,500	52,900	－	120,500
1 ～ 99 頭	5,140	2,660	640	－	1,850
100 ～ 299	4,000	－	1,000	－	3,000
300 ～ 499	5,980	－	3,550	－	2,430
500 ～ 999	31,600	－	10,700	－	21,000
1,000 ～1,999	33,000	x	14,500	－	16,200
2,000 頭 以 上	105,100	x	22,500	－	76,000
肥 育 豚 な し	26,200	26,200	－	－	－
関 東 農 政 局	2,253,000	55,100	290,300	1,140	1,908,000
小　　　　　計	2,199,000	8,380	290,300	1,140	1,901,000
1 ～ 99 頭	5,900	920	1,240	340	3,740
100 ～ 299	20,100	－	3,810	－	16,300
300 ～ 499	61,000	5,620	19,100	－	36,300
500 ～ 999	194,800	x	49,800	x	143,200
1,000 ～1,999	340,900	－	67,700	－	273,200
2,000 頭 以 上	1,677,000	－	148,600	－	1,428,000
肥 育 豚 な し	53,700	46,700	－	－	6,940
東 海 農 政 局	477,800	3,640	37,100	－	437,100
小　　　　　計	474,200	－	37,100	－	437,100
1 ～ 99 頭	150	－	140	－	x
100 ～ 299	2,010	－	1,410	－	590
300 ～ 499	9,460	－	x	－	8,510
500 ～ 999	37,200	－	x	－	36,700
1,000 ～1,999	76,700	－	8,240	－	68,400
2,000 頭 以 上	348,700	－	25,800	－	322,800
肥 育 豚 な し	3,650	3,640	－	－	x
中 国 四 国 農 政 局	605,200	31,600	143,300	－	430,200
小　　　　　計	577,500	3,990	143,300	－	430,200
1 ～ 99 頭	2,050	x	500	－	480
100 ～ 299	1,310	－	x	－	1,140
300 ～ 499	10,200	x	3,290	－	3,970
500 ～ 999	24,900	－	2,260	－	22,700
1,000 ～1,999	59,400	－	10,300	－	49,100
2,000 頭 以 上	479,600	－	126,800	－	352,800
肥 育 豚 な し	27,600	27,600	－	－	x

(2) 全国農業地域別・飼養頭数規模別（続き）

ウ　経営タイプ別飼養戸数（子取り用めす豚飼養頭数規模別）

単位：戸

区　　分	計	子取り経営	肥育豚のいる戸数	肥育経営	一貫経営
全　　　国	3,450	312	105	825	2,320
小　　　　計	2,620	306	105	8	2,300
1 ～ 9 頭	170	59	25	5	106
10 ～ 29	224	29	10	1	194
30 ～ 49	228	40	20	-	188
50 ～ 99	488	50	18	1	437
100 ～ 199	585	15	4	-	570
200 頭以上	923	113	28	1	809
子取り用 めす豚なし	834	6	-	817	11
北　海　道	195	15	8	38	142
小　　　　計	157	15	8	-	142
1 ～ 9 頭	15	-	-	-	15
10 ～ 29	13	-	-	-	13
30 ～ 49	22	8	8	-	14
50 ～ 99	20	2	-	-	18
100 ～ 199	28	-	-	-	28
200 頭以上	59	5	-	-	54
子取り用 めす豚なし	38	-	-	38	-
都　府　県	3,260	297	97	787	2,170
小　　　　計	2,460	291	97	8	2,160
1 ～ 9 頭	155	59	25	5	91
10 ～ 29	211	29	10	1	181
30 ～ 49	206	32	12	-	174
50 ～ 99	468	48	18	1	419
100 ～ 199	557	15	4	-	542
200 頭以上	864	108	28	1	755
子取り用 めす豚なし	796	6	-	779	11
東　　　北	421	30	3	108	283
小　　　　計	310	27	3	1	282
1 ～ 9 頭	16	4	-	-	12
10 ～ 29	31	1	-	1	29
30 ～ 49	29	2	1	-	27
50 ～ 99	31	2	-	-	29
100 ～ 199	51	-	-	-	51
200 頭以上	152	18	2	-	134
子取り用 めす豚なし	111	3	-	107	1
北　　　陸	113	7	1	31	75
小　　　　計	82	7	1	-	75
1 ～ 9 頭	1	-	-	-	1
10 ～ 29	2	-	-	-	2
30 ～ 49	11	1	-	-	10
50 ～ 99	14	1	-	-	13
100 ～ 199	25	1	-	-	24
200 頭以上	29	4	1	-	25
子取り用 めす豚なし	31	-	-	31	-

単位:戸

区　　　分	計	子 取 り 経 営	肥育豚のいる戸数	肥 育 経 営	一 貫 経 営
関 東 ・ 東 山	908	46	21	215	647
小　　　計	692	46	21	6	640
1 ～ 9 頭	41	20	15	5	16
10 ～ 29	73	6	-	-	67
30 ～ 49	52	3	-	-	49
50 ～ 99	122	8	5	1	113
100 ～ 199	200	-	-	-	200
200 頭 以 上	204	9	1	-	195
子 取 り 用	216	-	-	209	7
め す 豚 な し					
東　　　海	277	17	7	35	225
小　　　計	240	16	7	-	224
1 ～ 9 頭	5	4	2	-	1
10 ～ 29	13	5	5	-	8
30 ～ 49	11	1	-	-	10
50 ～ 99	49	1	-	-	48
100 ～ 199	78	1	-	-	77
200 頭 以 上	84	4	-	-	80
子 取 り 用	37	1	-	35	1
め す 豚 な し					
近　　　畿	45	5	-	15	25
小　　　計	30	5	-	-	25
1 ～ 9 頭	5	2	-	-	3
10 ～ 29	5	1	-	-	4
30 ～ 49	5	1	-	-	4
50 ～ 99	8	-	-	-	8
100 ～ 199	4	-	-	-	4
200 頭 以 上	3	1	-	-	2
子 取 り 用	15	-	-	15	-
め す 豚 な し					
中　　　国	67	5	-	17	45
小　　　計	48	3	-	-	45
1 ～ 9 頭	4	-	-	-	4
10 ～ 29	2	-	-	-	2
30 ～ 49	5	-	-	-	5
50 ～ 99	6	-	-	-	6
100 ～ 199	4	-	-	-	4
200 頭 以 上	27	3	-	-	24
子 取 り 用	19	2	-	17	-
め す 豚 な し					
四　　　国	118	7	3	25	86
小　　　計	93	7	3	-	86
1 ～ 9 頭	6	-	-	-	6
10 ～ 29	6	-	-	-	6
30 ～ 49	6	-	-	-	6
50 ～ 99	17	1	-	-	16
100 ～ 199	27	2	2	-	25
200 頭 以 上	31	4	1	-	27
子 取 り 用	25	-	-	25	-
め す 豚 な し					

(2) 全国農業地域別・飼養頭数規模別（続き）

ウ 経営タイプ別飼養戸数（子取り用めす豚飼養頭数規模別）（続き）

単位：戸

区　　分	計	子 取 り 経 営	肥育豚のいる戸数	肥 育 経 営	一 貫 経 営
九　　　州	1,100	141	44	286	668
小　　　計	808	141	44	1	666
1 ～ 9 頭	34	25	8	-	9
10 ～ 29	61	12	5	-	49
30 ～ 49	68	20	11	-	48
50 ～ 99	203	28	10	-	175
100 ～ 199	144	7	2	-	137
200 頭 以 上	298	49	8	1	248
子 取 り 用めす豚なし	287	-	-	285	2
沖　　　縄	213	39	18	55	119
小　　　計	158	39	18	-	119
1 ～ 9 頭	43	4	-	-	39
10 ～ 29	18	4	-	-	14
30 ～ 49	19	4	-	-	15
50 ～ 99	18	7	3	-	11
100 ～ 199	24	4	-	-	20
200 頭 以 上	36	16	15	-	20
子 取 り 用めす豚なし	55	-	-	55	-
関 東 農 政 局	985	60	28	227	698
小　　　計	757	60	28	6	691
1 ～ 9 頭	45	24	17	5	16
10 ～ 29	83	11	5	-	72
30 ～ 49	56	4	-	-	52
50 ～ 99	136	9	5	1	126
100 ～ 199	214	-	-	-	214
200 頭 以 上	223	12	1	-	211
子 取 り 用めす豚なし	228	-	-	221	7
東 海 農 政 局	200	3	-	23	174
小　　　計	175	2	-	-	173
1 ～ 9 頭	1	-	-	-	1
10 ～ 29	3	-	-	-	3
30 ～ 49	7	-	-	-	7
50 ～ 99	35	-	-	-	35
100 ～ 199	64	1	-	-	63
200 頭 以 上	65	1	-	-	64
子 取 り 用めす豚なし	25	1	-	23	1
中 国 四 国 農 政 局	185	12	3	42	131
小　　　計	141	10	3	-	131
1 ～ 9 頭	10	-	-	-	10
10 ～ 29	8	-	-	-	8
30 ～ 49	11	-	-	-	11
50 ～ 99	23	1	-	-	22
100 ～ 199	31	2	2	-	29
200 頭 以 上	58	7	1	-	51
子 取 り 用めす豚なし	44	2	-	42	-

エ　経営タイプ別飼養頭数（子取り用めす豚飼養頭数規模別）

単位：頭

区　　　分	計	子 取 り 経 営	肥育豚のいる飼養者の飼養頭数	肥 育 経 営	一 貫 経 営
全　　　　　国	8,914,000	412,200	75,900	1,346,000	7,156,000
小　　　　　計	7,563,000	412,000	75,900	8,140	7,143,000
1 ～ 9 頭	12,600	6,080	5,130	340	6,180
10 ～ 29	67,900	2,700	860	x	65,000
30 ～ 49	77,100	7,350	2,660	-	69,800
50 ～ 99	372,200	21,400	8,130	x	350,000
100 ～ 199	866,200	15,900	5,170	-	850,300
200 頭 以 上	6,167,000	358,500	54,000	x	5,802,000
子 取 り 用めす豚なし	1,351,000	280	-	1,337,000	13,600
北　海　道	727,000	38,700	750	127,100	561,200
小　　　　　計	600,000	38,700	750	-	561,200
1 ～ 9 頭	1,050	-	-	-	1,050
10 ～ 29	2,500	-	-	-	2,500
30 ～ 49	6,430	750	750	-	5,680
50 ～ 99	13,100	x	-	-	13,000
100 ～ 199	42,300	-	-	-	42,300
200 頭 以 上	534,600	37,900	-	-	496,700
子 取 り 用めす豚なし	127,100	-	-	127,100	
都　府　県	8,187,000	373,500	75,200	1,218,000	6,595,000
小　　　　　計	6,963,000	373,200	75,200	8,140	6,582,000
1 ～ 9 頭	11,500	6,080	5,130	340	5,130
10 ～ 29	65,400	2,700	860	x	62,500
30 ～ 49	70,700	6,610	1,920	-	64,100
50 ～ 99	359,100	21,300	8,130	x	337,000
100 ～ 199	823,900	15,900	5,170	-	808,000
200 頭 以 上	5,632,000	320,600	54,000	x	5,305,000
子 取 り 用めす豚なし	1,224,000	280	-	1,210,000	13,600
東　　　　　北	1,599,000	68,000	9,070	182,300	1,348,000
小　　　　　計	1,415,000	67,900	9,070	x	1,347,000
1 ～ 9 頭	500	50	-	-	450
10 ～ 29	6,520	x	-	x	6,180
30 ～ 49	9,460	x	x	-	8,880
50 ～ 99	20,900	x	-	-	20,300
100 ～ 199	77,000	-	-	-	77,000
200 頭 以 上	1,301,000	66,500	x	-	1,234,000
子 取 り 用めす豚なし	183,300	110	-	182,100	x
北　　　　　陸	207,800	11,900	x	47,300	148,600
小　　　　　計	160,500	11,900	x	-	148,600
1 ～ 9 頭	x	-	-	-	x
10 ～ 29	x	-	-	-	x
30 ～ 49	3,660	x	-	-	3,580
50 ～ 99	9,080	x	-	-	8,880
100 ～ 199	38,100	x	-	-	32,700
200 頭 以 上	109,300	6,130	x	-	103,200
子 取 り 用めす豚なし	47,300	-	-	47,300	-

(2) 全国農業地域別・飼養頭数規模別（続き）

エ 経営タイプ別飼養頭数（子取り用めす豚飼養頭数規模別）（続き）

単位：頭

区　　　分	計	子 取 り 経 営	肥育豚のいる 飼 養 者 の 飼 養 頭 数	肥 育 経 営	一 貫 経 営
関 東 ・ 東 山	2,159,000	44,300	7,810	286,800	1,828,000
小　　　　計	1,861,000	44,300	7,810	1,140	1,816,000
1 ～ 9 頭	6,980	4,960	4,950	340	1,690
10 ～ 29	28,400	380	-	-	28,000
30 ～ 49	15,900	350	-	-	15,500
50 ～ 99	94,000	2,430	1,020	x	90,800
100 ～ 199	306,300	-	-	-	306,300
200 頭 以 上	1,409,000	36,200	x	-	1,373,000
子 取 り 用 め す 豚 な し	297,900	-	-	285,700	12,300
東 　 　 海	572,100	14,500	570	40,600	517,000
小　　　　計	531,500	14,500	570	-	517,000
1 ～ 9 頭	60	60	x	-	x
10 ～ 29	2,290	700	540	-	1,590
30 ～ 49	3,610	x	-	-	3,400
50 ～ 99	39,800	x	-	-	39,300
100 ～ 199	112,300	x	-	-	111,700
200 頭 以 上	373,400	12,400	-	-	361,000
子 取 り 用 め す 豚 な し	40,600	x	-	40,600	x
近 　 　 畿	44,200	520	-	15,600	28,100
小　　　　計	28,600	520	-	-	28,100
1 ～ 9 頭	90	x	-	-	90
10 ～ 29	480	x	-	-	460
30 ～ 49	1,570	x	-	-	1,280
50 ～ 99	8,490	-	-	-	8,490
100 ～ 199	6,200	-	-	-	6,200
200 頭 以 上	11,800	x	-	-	x
子 取 り 用 め す 豚 な し	15,600	-	-	15,600	-
中 　 　 国	313,400	17,900	-	116,300	179,200
小　　　　計	196,900	17,800	-	-	179,200
1 ～ 9 頭	930	-	-	-	930
10 ～ 29	x	-	-	-	x
30 ～ 49	2,590	-	-	-	2,590
50 ～ 99	5,580	-	-	-	5,580
100 ～ 199	5,440	-	-	-	5,440
200 頭 以 上	182,100	17,800	-	-	164,300
子 取 り 用 め す 豚 な し	116,400	x	-	116,300	-
四 　 　 国	291,800	13,700	3,990	27,100	251,000
小　　　　計	264,700	13,700	3,990	-	251,000
1 ～ 9 頭	280	-	-	-	280
10 ～ 29	11,700	-	-	-	11,700
30 ～ 49	2,670	-	-	-	2,670
50 ～ 99	17,600	x	-	-	17,500
100 ～ 199	42,200	x	x	-	39,300
200 頭 以 上	190,300	10,700	x	-	179,600
子 取 り 用 め す 豚 な し	27,100	-	-	27,100	-

単位：頭

区　　　分	計	子取り経営	肥育豚のいる飼養者の飼養頭数	肥育経営	一貫経営
九　　　　　州	2,789,000	165,100	40,400	449,700	2,175,000
小　　　　計	2,346,000	165,100	40,400	x	2,174,000
1 ～ 9 頭	1,500	1,000	150	－	500
10 ～ 29	14,600	1,450	320	－	13,100
30 ～ 49	28,800	4,970	1,670	－	23,800
50 ～ 99	150,200	16,900	6,750	－	133,400
100 ～ 199	213,900	6,150	x	－	207,700
200 頭 以 上	1,937,000	134,600	29,200	x	1,796,000
子 取 り 用	443,000	－	－	442,900	x
め す 豚 な し					
沖　　　　　縄	211,000	37,700	11,500	52,900	120,500
小　　　　計	158,100	37,700	11,500	－	120,500
1 ～ 9 頭	1,160	10	－	－	1,150
10 ～ 29	830	40	－	－	790
30 ～ 49	2,500	120	－	－	2,380
50 ～ 99	13,500	690	370	－	12,800
100 ～ 199	22,400	780	－	－	21,600
200 頭 以 上	117,800	36,000	11,100	－	81,800
子 取 り 用	52,900	－	－	52,900	－
め す 豚 な し					
関 東 農 政 局	2,253,000	55,100	8,380	290,300	1,908,000
小　　　　計	1,952,000	55,100	8,380	1,140	1,895,000
1 ～ 9 頭	7,040	5,020	4,980	340	1,690
10 ～ 29	29,900	1,070	540	－	28,800
30 ～ 49	17,000	570	－	－	16,400
50 ～ 99	101,200	2,910	1,020	x	97,500
100 ～ 199	323,800	－	－	－	323,800
200 頭 以 上	1,473,000	45,600	x	－	1,427,000
子 取 り 用	301,400	－	－	289,100	12,300
め す 豚 な し					
東 海 農 政 局	477,800	3,640	－	37,100	437,100
小　　　　計	440,700	x	－	－	437,100
1 ～ 9 頭	x	－	－	－	x
10 ～ 29	820	－	－	－	820
30 ～ 49	2,520	－	－	－	2,520
50 ～ 99	32,600	－	－	－	32,600
100 ～ 199	94,900	x	－	－	94,300
200 頭 以 上	309,900	x	－	－	306,800
子 取 り 用	37,100	x	－	37,100	x
め す 豚 な し					
中 国 四 国 農 政 局	605,200	31,600	3,990	143,300	430,200
小　　　　計	461,700	31,500	3,990	－	430,200
1 ～ 9 頭	1,210	－	－	－	1,210
10 ～ 29	12,000	－	－	－	12,000
30 ～ 49	5,260	－	－	－	5,260
50 ～ 99	23,100	x	－	－	23,000
100 ～ 199	47,700	x	x	－	44,800
200 頭 以 上	372,400	28,400	x	－	343,900
子 取 り 用	143,500	x	－	143,300	
め す 豚 な し					

(2) 全国農業地域別・飼養頭数規模別（続き）

オ　経営組織別飼養戸数（肥育豚飼養頭数規模別）

単位：戸

区　分	計	農　家	会　社	その他
全　　　　国	3,450	1,620	1,750	81
小　　　　計	3,230	1,510	1,640	79
1 ～ 99 頭	320	258	61	1
100 ～ 299	316	257	56	3
300 ～ 499	318	201	111	6
500 ～ 999	686	443	235	8
1,000 ～1,999	633	260	347	26
2,000 頭 以 上	958	95	828	35
うち3,000 頭 以 上	662	40	601	21
肥 育 豚 な し	221	103	116	2
北　海　道	195	72	121	2
小　　　　計	188	72	114	2
1 ～ 99 頭	24	22	2	－
100 ～ 299	30	17	11	2
300 ～ 499	18	14	4	－
500 ～ 999	28	18	10	－
1,000 ～1,999	13	－	13	－
2,000 頭 以 上	75	1	74	－
肥 育 豚 な し	7	－	7	－
都　府　県	3,260	1,550	1,630	79
小　　　　計	3,040	1,440	1,520	77
1 ～ 99 頭	296	236	59	1
100 ～ 299	286	240	45	1
300 ～ 499	300	187	107	6
500 ～ 999	658	425	225	8
1,000 ～1,999	620	260	334	26
2,000 頭 以 上	883	94	754	35
肥 育 豚 な し	214	103	109	2
東　　　　北	421	153	261	7
小　　　　計	393	145	241	7
1 ～ 99 頭	39	31	8	－
100 ～ 299	36	33	3	－
300 ～ 499	42	30	12	－
500 ～ 999	73	29	44	－
1,000 ～1,999	56	17	39	－
2,000 頭 以 上	147	5	135	7
肥 育 豚 な し	28	8	20	－
北　　　　陸	113	35	78	－
小　　　　計	107	34	73	－
1 ～ 99 頭	3	2	1	－
100 ～ 299	8	7	1	－
300 ～ 499	8	4	4	－
500 ～ 999	31	16	15	－
1,000 ～1,999	29	5	24	－
2,000 頭 以 上	28	－	28	－
肥 育 豚 な し	6	1	5	－

単位：戸

区　　　分	計	農　　家	会　　社	そ の 他
関 東 ・ 東 山	908	480	408	20
小　　　　　計	878	465	394	19
1 ～　99 頭	64	58	6	－
100 ～ 299	81	68	12	1
300 ～ 499	104	60	44	－
500 ～ 999	216	139	77	－
1,000 ～1,999	193	111	76	6
2,000 頭 以 上	220	29	179	12
肥 育 豚 な し	30	15	14	1
東　　　　海	277	142	134	1
小　　　　　計	266	137	129	－
1 ～　99 頭	26	19	7	－
100 ～ 299	16	13	3	－
300 ～ 499	19	12	7	－
500 ～ 999	53	39	14	－
1,000 ～1,999	63	37	26	－
2,000 頭 以 上	89	17	72	－
肥 育 豚 な し	11	5	5	1
近　　　　畿	45	23	20	2
小　　　　　計	40	19	19	2
1 ～　99 頭	8	5	2	1
100 ～ 299	6	5	1	－
300 ～ 499	7	3	4	－
500 ～ 999	6	3	3	－
1,000 ～1,999	8	3	4	1
2,000 頭 以 上	5	－	5	－
肥 育 豚 な し	5	4	1	－
中　　　　国	67	21	44	2
小　　　　　計	61	20	39	2
1 ～　99 頭	8	8	－	－
100 ～ 299	3	2	1	－
300 ～ 499	5	2	3	－
500 ～ 999	10	6	4	－
1,000 ～1,999	5	1	4	－
2,000 頭 以 上	30	1	27	2
肥 育 豚 な し	6	1	5	－
四　　　　国	118	39	78	1
小　　　　　計	113	37	75	1
1 ～　99 頭	16	9	7	－
100 ～ 299	2	2	－	－
300 ～ 499	14	9	5	－
500 ～ 999	16	7	9	－
1,000 ～1,999	33	9	24	－
2,000 頭 以 上	32	1	30	1
肥 育 豚 な し	5	2	3	－

(2) 全国農業地域別・飼養頭数規模別（続き）

オ 経営組織別飼養戸数（肥育豚飼養頭数規模別）（続き）

単位：戸

区　分	計	農　家	会　社	その他
九　　　州	1,100	517	532	46
小　　　計	993	465	482	46
1 ～ 99 頭	65	52	13	－
100 ～ 299	108	89	19	－
300 ～ 499	83	58	19	6
500 ～ 999	218	161	49	8
1,000 ～ 1,999	207	67	121	19
2,000 頭 以 上	312	38	261	13
肥 育 豚 な し	102	52	50	－
沖　　　縄	213	135	78	－
小　　　計	192	120	72	－
1 ～ 99 頭	67	52	15	－
100 ～ 299	26	21	5	－
300 ～ 499	18	9	9	－
500 ～ 999	35	25	10	－
1,000 ～ 1,999	26	10	16	－
2,000 頭 以 上	20	3	17	－
肥 育 豚 な し	21	15	6	－
関 東 農 政 局	985	517	447	21
小　　　計	948	499	430	19
1 ～ 99 頭	86	76	10	－
100 ～ 299	87	74	12	1
300 ～ 499	106	60	46	－
500 ～ 999	230	146	84	－
1,000 ～ 1,999	203	114	83	6
2,000 頭 以 上	236	29	195	12
肥 育 豚 な し	37	18	17	2
東 海 農 政 局	200	105	95	－
小　　　計	196	103	93	－
1 ～ 99 頭	4	1	3	－
100 ～ 299	10	7	3	－
300 ～ 499	17	12	5	－
500 ～ 999	39	32	7	－
1,000 ～ 1,999	53	34	19	－
2,000 頭 以 上	73	17	56	－
肥 育 豚 な し	4	2	2	－
中 国 四 国 農 政 局	185	60	122	3
小　　　計	174	57	114	3
1 ～ 99 頭	24	17	7	－
100 ～ 299	5	4	1	－
300 ～ 499	19	11	8	－
500 ～ 999	26	13	13	－
1,000 ～ 1,999	38	10	28	－
2,000 頭 以 上	62	2	57	3
肥 育 豚 な し	11	3	8	－

カ　経営組織別飼養頭数（肥育豚飼養頭数規模別）

単位：頭

区　　分	計	農　家	会　社	そ の 他
全　　　　　国	8,914,000	1,335,000	7,300,000	279,100
小　　　　　計	8,550,000	1,310,000	6,963,000	277,100
1 ～ 99 頭	21,200	16,200	5,020	x
100 ～ 299	80,400	60,900	18,900	660
300 ～ 499	157,200	89,800	65,000	2,380
500 ～ 999	578,700	373,900	199,200	5,700
1,000 ～1,999	1,020,000	407,500	566,200	46,600
2,000 頭 以 上	6,692,000	361,700	6,109,000	221,700
うち3,000 頭以上	5,913,000	228,000	5,496,000	189,700
肥 育 豚 な し	364,000	25,400	336,600	x
北　海　道	727,000	56,800	669,700	x
小　　　　　計	689,100	56,800	631,700	x
1 ～ 99 頭	1,440	1,010	x	－
100 ～ 299	4,820	2,610	1,730	x
300 ～ 499	8,050	6,150	1,900	－
500 ～ 999	26,100	17,100	9,070	－
1,000 ～1,999	26,400	－	26,400	－
2,000 頭 以 上	622,200	x	592,200	－
肥 育 豚 な し	38,000	－	38,000	－
都　府　県	8,187,000	1,278,000	6,630,000	278,600
小　　　　　計	7,861,000	1,253,000	6,332,000	276,600
1 ～ 99 頭	19,800	15,200	4,590	x
100 ～ 299	75,600	58,300	17,200	x
300 ～ 499	149,100	83,600	63,100	2,380
500 ～ 999	552,600	356,800	190,100	5,700
1,000 ～1,999	994,000	407,500	539,900	46,600
2,000 頭 以 上	6,070,000	331,600	5,517,000	221,700
肥 育 豚 な し	326,000	25,400	298,600	x
東　　　　　北	1,599,000	87,100	1,422,000	89,600
小　　　　　計	1,536,000	86,100	1,360,000	89,600
1 ～ 99 頭	2,330	1,740	590	－
100 ～ 299	16,700	7,720	8,940	－
300 ～ 499	17,600	11,100	6,470	－
500 ～ 999	60,900	21,200	39,700	－
1,000 ～1,999	93,200	27,300	65,800	－
2,000 頭 以 上	1,345,000	16,900	1,238,000	89,600
肥 育 豚 な し	63,000	1,020	61,900	－
北　　　　　陸	207,800	24,600	183,200	－
小　　　　　計	197,800	24,500	173,300	－
1 ～ 99 頭	90	x	x	－
100 ～ 299	3,560	3,320	x	－
300 ～ 499	3,500	1,770	1,730	－
500 ～ 999	20,800	11,100	9,660	－
1,000 ～1,999	47,800	8,250	39,600	－
2,000 頭 以 上	122,100	－	122,100	－
肥 育 豚 な し	10,000	x	9,920	－

(2) 全国農業地域別・飼養頭数規模別（続き）

カ 経営組織別飼養頭数（肥育豚飼養頭数規模別）（続き）

単位：頭

区　　　分	計	農　家	会　社	そ の 他
関　東　・　東　山	**2,159,000**	**434,800**	**1,665,000**	**58,800**
小　　　　　計	2,115,000	433,800	1,625,000	57,000
1 〜 99 頭	4,430	3,980	450	－
100 〜 299	18,300	15,800	2,390	x
300 〜 499	60,200	28,300	31,900	－
500 〜 999	183,100	116,700	66,400	－
1,000 〜1,999	326,800	186,200	130,500	10,100
2,000 頭 以 上	1,523,000	82,900	1,393,000	46,800
肥 育 豚 な し	43,400	1,000	40,600	x
東　　　　　海	**572,100**	**156,300**	**415,700**	**x**
小　　　　　計	558,200	155,000	403,200	－
1 〜 99 頭	1,630	1,180	440	－
100 〜 299	3,780	2,920	860	－
300 〜 499	10,300	6,350	3,910	－
500 〜 999	48,900	36,500	12,400	－
1,000 〜1,999	90,800	52,200	38,600	－
2,000 頭 以 上	402,800	55,800	347,000	－
肥 育 豚 な し	13,900	1,310	12,400	x
近　　　　　畿	**44,200**	**8,190**	**34,700**	**x**
小　　　　　計	43,700	7,870	34,500	x
1 〜 99 頭	380	230	x	x
100 〜 299	1,190	1,090	x	－
300 〜 499	3,080	1,020	2,060	－
500 〜 999	4,050	2,140	1,910	－
1,000 〜1,999	10,900	3,390	6,300	x
2,000 頭 以 上	24,100	－	24,100	－
肥 育 豚 な し	520	320	x	－
中　　　　　国	**313,400**	**10,400**	**279,100**	**x**
小　　　　　計	295,400	10,400	261,200	x
1 〜 99 頭	340	340	－	－
100 〜 299	520	x	x	－
300 〜 499	2,100	x	1,340	－
500 〜 999	8,060	4,960	3,100	－
1,000 〜1,999	7,380	x	5,910	－
2,000 頭 以 上	277,000	x	250,700	x
肥 育 豚 な し	17,900	x	17,900	－
四　　　　　国	**291,800**	**27,600**	**258,900**	**x**
小　　　　　計	282,100	27,500	249,300	x
1 〜 99 頭	1,710	410	1,300	－
100 〜 299	x	x	－	－
300 〜 499	8,070	3,950	4,120	－
500 〜 999	16,900	7,190	9,680	－
1,000 〜1,999	52,100	12,500	39,600	－
2,000 頭 以 上	202,600	x	194,600	x
肥 育 豚 な し	9,700	x	9,600	－

単位：頭

区　　　分	計	農　家	会　社	そ　の　他
九　　　　　州	2,789,000	451,900	2,238,000	99,600
小　　　　計	2,648,000	444,500	2,104,000	99,600
1 ～ 　99 頭	3,770	2,960	810	－
100 ～ 299	26,800	23,200	3,570	－
300 ～ 499	38,300	27,500	8,410	2,380
500 ～ 999	178,300	134,700	37,900	5,700
1,000 ～1,999	332,100	102,600	194,200	35,300
2,000 頭 以 上	2,069,000	153,600	1,859,000	56,200
肥 育 豚 な し	141,400	7,310	134,000	
沖　　　　　縄	211,000	77,600	133,500	－
小　　　　計	184,800	63,300	121,500	－
1 ～ 　99 頭	5,140	4,270	870	－
100 ～ 299	4,000	3,100	900	－
300 ～ 499	5,980	2,770	3,210	－
500 ～ 999	31,600	22,300	9,320	－
1,000 ～1,999	33,000	13,600	19,400	－
2,000 頭 以 上	105,100	17,200	87,900	－
肥 育 豚 な し	26,200	14,300	11,900	－
関 東 農 政 局	2,253,000	449,400	1,745,000	59,000
小　　　　計	2,199,000	447,700	1,695,000	57,000
1 ～ 　99 頭	5,900	5,100	810	－
100 ～ 299	20,100	17,600	2,390	x
300 ～ 499	61,000	28,300	32,700	－
500 ～ 999	194,800	122,800	72,000	－
1,000 ～1,999	340,900	191,000	139,800	10,100
2,000 頭 以 上	1,577,000	82,900	1,447,000	46,800
肥 育 豚 な し	53,700	1,710	50,000	x
東 海 農 政 局	477,800	141,700	336,100	－
小　　　　計	474,200	141,100	333,100	－
1 ～ 　99 頭	150	x	80	
100 ～ 299	2,010	1,150	860	
300 ～ 499	9,460	6,350	3,110	
500 ～ 999	37,200	30,300	6,890	
1,000 ～1,999	76,700	47,400	29,300	
2,000 頭 以 上	348,700	55,800	292,900	
肥 育 豚 な し	3,650	x	x	－
中 国 四 国 農 政 局	605,200	38,000	538,000	29,200
小　　　　計	577,500	37,900	510,500	29,200
1 ～ 　99 頭	2,050	750	1,300	－
100 ～ 299	1,310	1,140	x	－
300 ～ 499	10,200	4,710	5,460	－
500 ～ 999	24,900	12,100	12,800	－
1,000 ～1,999	59,400	14,000	45,500	
2,000 頭 以 上	479,600	x	445,200	29,200
肥 育 豚 な し	27,600	110	27,500	－

(2) 全国農業地域別・飼養頭数規模別（続き）

キ　経営組織別飼養戸数（子取り用めす豚飼養頭数規模別）

単位：戸

区　　　分	計	農　家	会　社	その他
全　　　　　国	3,450	1,620	1,750	81
小　　　　　計	2,620	1,260	1,310	49
1 ～ 9 頭	170	119	51	-
10 ～ 29	224	205	15	4
30 ～ 49	228	199	29	-
50 ～ 99	488	364	124	-
100 ～ 199	585	282	297	6
200 頭 以 上	923	91	793	39
子 取 り 用	834	357	445	32
め す 豚 な し				
北　海　道	195	72	121	2
小　　　　　計	157	58	97	2
1 ～ 9 頭	15	7	8	-
10 ～ 29	13	11	-	2
30 ～ 49	22	20	2	-
50 ～ 99	20	11	9	-
100 ～ 199	28	9	19	-
200 頭 以 上	59	-	59	-
子 取 り 用	38	14	24	-
め す 豚 な し				
都　府　県	3,260	1,550	1,630	79
小　　　　　計	2,460	1,200	1,210	47
1 ～ 9 頭	155	112	43	-
10 ～ 29	211	194	15	2
30 ～ 49	206	179	27	-
50 ～ 99	468	353	115	-
100 ～ 199	557	273	278	6
200 頭 以 上	864	91	734	39
子 取 り 用	796	343	421	32
め す 豚 な し				
東　　　　　北	421	153	261	7
小　　　　　計	310	107	196	7
1 ～ 9 頭	16	15	1	-
10 ～ 29	31	28	3	-
30 ～ 49	29	26	3	-
50 ～ 99	31	18	13	-
100 ～ 199	51	11	40	-
200 頭 以 上	152	9	136	7
子 取 り 用	111	46	65	-
め す 豚 な し				
北　　　　　陸	113	35	78	-
小　　　　　計	82	28	54	-
1 ～ 9 頭	1	1	-	-
10 ～ 29	2	2	-	-
30 ～ 49	11	6	5	-
50 ～ 99	14	9	5	-
100 ～ 199	25	7	18	-
200 頭 以 上	29	3	26	-
子 取 り 用	31	7	24	-
め す 豚 な し				

単位:戸

区　　分	計	農　家	会　社	そ の 他
関 東 ・ 東 山	**908**	**480**	**408**	**20**
小　　　　計	692	382	295	15
1 〜 9 頭	41	23	18	－
10 〜 29	73	70	3	－
30 〜 49	52	48	4	－
50 〜 99	122	84	38	－
100 〜 199	200	129	69	2
200 頭 以 上	204	28	163	13
子 取 り 用	216	98	113	5
め す 豚 な し				
東　　　　海	**277**	**142**	**134**	**1**
小　　　　計	240	126	114	－
1 〜 9 頭	5	3	2	－
10 〜 29	13	13	－	－
30 〜 49	11	9	2	－
50 〜 99	49	43	6	－
100 〜 199	78	49	29	－
200 頭 以 上	84	9	75	－
子 取 り 用	37	16	20	1
め す 豚 な し				
近　　　　畿	**45**	**23**	**20**	**2**
小　　　　計	30	17	12	1
1 〜 9 頭	5	4	1	－
10 〜 29	5	4	－	1
30 〜 49	5	5	－	－
50 〜 99	8	3	5	－
100 〜 199	4	1	3	－
200 頭 以 上	3	－	3	－
子 取 り 用	15	6	8	1
め す 豚 な し				
中　　　　国	**67**	**21**	**44**	**2**
小　　　　計	48	13	33	2
1 〜 9 頭	4	3	1	－
10 〜 29	2	2	－	－
30 〜 49	5	1	4	－
50 〜 99	6	4	2	－
100 〜 199	4	2	2	－
200 頭 以 上	27	1	24	2
子 取 り 用	19	8	11	－
め す 豚 な し				
四　　　　国	**118**	**39**	**78**	**1**
小　　　　計	93	35	57	1
1 〜 9 頭	6	6	－	－
10 〜 29	6	5	1	－
30 〜 49	6	6	－	－
50 〜 99	17	11	6	－
100 〜 199	27	5	22	－
200 頭 以 上	31	2	28	1
子 取 り 用	25	4	21	－
め す 豚 な し				

(2) 全国農業地域別・飼養頭数規模別（続き）

キ 経営組織別飼養戸数（子取り用めす豚飼養頭数規模別）（続き）

単位:戸

区　　　分	計	農　　家	会　　社	そ の 他
九　　　　州	1,100	517	532	46
小　　　　計	808	389	398	21
1 ～ 9 頭	34	28	6	－
10 ～ 29	61	52	8	1
30 ～ 49	68	63	5	－
50 ～ 99	203	172	31	－
100 ～ 199	144	56	84	4
200 頭 以 上	298	18	264	16
子 取 り 用 めす豚なし	287	128	134	25
沖　　　　縄	213	135	78	－
小　　　　計	158	105	53	－
1 ～ 9 頭	43	29	14	－
10 ～ 29	18	18	－	－
30 ～ 49	19	15	4	－
50 ～ 99	18	9	9	－
100 ～ 199	24	13	11	－
200 頭 以 上	36	21	15	－
子 取 り 用 めす豚なし	55	30	25	－
関 東 農 政 局	985	517	447	21
小　　　　計	757	414	328	15
1 ～ 9 頭	45	25	20	－
10 ～ 29	83	80	3	－
30 ～ 49	56	52	4	－
50 ～ 99	136	97	39	－
100 ～ 199	214	132	80	2
200 頭 以 上	223	28	182	13
子 取 り 用 めす豚なし	228	103	119	6
東 海 農 政 局	200	105	95	－
小　　　　計	175	94	81	－
1 ～ 9 頭	1	1	－	－
10 ～ 29	3	3	－	－
30 ～ 49	7	5	2	－
50 ～ 99	35	30	5	－
100 ～ 199	64	46	18	－
200 頭 以 上	65	9	56	－
子 取 り 用 めす豚なし	25	11	14	－
中 国 四 国 農 政 局	185	60	122	3
小　　　　計	141	48	90	3
1 ～ 9 頭	10	9	1	－
10 ～ 29	8	7	1	－
30 ～ 49	11	7	4	－
50 ～ 99	23	15	8	－
100 ～ 199	31	7	24	－
200 頭 以 上	58	3	52	3
子 取 り 用 めす豚なし	44	12	32	－

ク 経営組織別飼養頭数（子取り用めす豚飼養頭数規模別）

単位：頭

区　　分	計	農　家	会　社	その他
全　　国	8,914,000	1,335,000	7,300,000	279,100
小　　　計	7,563,000	1,092,000	6,232,000	238,200
1 ～ 9 頭	12,600	4,480	8,120	–
10 ～ 29	67,900	52,600	14,700	620
30 ～ 49	77,100	64,300	12,800	–
50 ～ 99	372,200	270,200	102,000	–
100 ～ 199	866,200	396,100	461,900	8,210
200 頭 以 上	6,167,000	304,500	5,633,000	229,400
子 取 り 用	1,351,000	243,000	1,067,000	40,800
め す 豚 な し				
北　海　道	727,000	56,800	669,700	x
小　　　計	600,000	26,200	573,300	x
1 ～ 9 頭	1,050	250	800	–
10 ～ 29	2,500	2,020	–	x
30 ～ 49	6,430	5,990	x	–
50 ～ 99	13,100	8,560	4,490	–
100 ～ 199	42,300	9,410	32,900	–
200 頭 以 上	534,600	–	534,600	–
子 取 り 用	127,100	30,600	96,400	–
め す 豚 な し				
都　府　県	8,187,000	1,278,000	6,630,000	278,600
小　　　計	6,963,000	1,066,000	5,659,000	237,700
1 ～ 9 頭	11,500	4,230	7,310	–
10 ～ 29	65,400	50,600	14,700	x
30 ～ 49	70,700	58,400	12,300	–
50 ～ 99	359,100	261,700	97,500	–
100 ～ 199	823,900	386,700	429,000	8,210
200 頭 以 上	5,632,000	304,500	5,098,000	229,400
子 取 り 用	1,224,000	212,400	970,900	40,800
め す 豚 な し				
東　　北	1,599,000	87,100	1,422,000	89,600
小　　　計	1,415,000	63,800	1,262,000	89,600
1 ～ 9 頭	500	480	x	–
10 ～ 29	6,520	4,700	1,820	–
30 ～ 49	9,460	8,180	1,280	–
50 ～ 99	20,900	12,900	8,040	–
100 ～ 199	77,000	17,300	59,700	–
200 頭 以 上	1,301,000	20,200	1,191,000	89,600
子 取 り 用	183,300	23,300	160,000	–
め す 豚 な し				
北　　陸	207,800	24,600	183,200	–
小　　　計	160,500	21,200	139,300	–
1 ～ 9 頭	x	x	–	–
10 ～ 29	x	x	–	–
30 ～ 49	3,660	2,710	960	–
50 ～ 99	9,080	5,800	3,280	–
100 ～ 199	38,100	5,760	32,400	–
200 頭 以 上	109,300	6,640	102,700	–
子 取 り 用	47,300	3,370	43,900	–
め す 豚 な し				

(2) 全国農業地域別・飼養頭数規模別（続き）

　ク　経営組織別飼養頭数（子取り用めす豚飼養頭数規模別）（続き）

単位：頭

区　分	計	農　家	会　社	その他
関 東 ・ 東 山	2,159,000	434,800	1,665,000	58,800
小　　　　計	1,861,000	389,400	1,419,000	52,300
1 ～ 9 頭	6,980	1,120	5,860	-
10 ～ 29	28,400	28,300	60	-
30 ～ 49	15,900	14,900	960	-
50 ～ 99	94,000	62,200	31,800	-
100 ～ 199	306,300	198,600	104,100	x
200 頭 以 上	1,409,000	84,300	1,276,000	48,600
子 取 り 用 めす豚なし	297,900	45,400	245,900	6,550
東 　 　 海	572,100	156,300	415,700	x
小　　　　計	531,500	149,300	382,200	-
1 ～ 9 頭	60	50	x	-
10 ～ 29	2,290	2,290	-	-
30 ～ 49	3,610	2,870	x	-
50 ～ 99	39,800	34,900	4,870	-
100 ～ 199	112,300	73,500	38,800	-
200 頭 以 上	373,400	35,600	337,800	-
子 取 り 用 めす豚なし	40,600	7,000	33,500	x
近 　 　 畿	44,200	8,190	34,700	x
小　　　　計	28,600	6,000	22,600	x
1 ～ 9 頭	90	40	x	-
10 ～ 29	480	430	-	x
30 ～ 49	1,570	1,570	-	-
50 ～ 99	8,490	2,710	5,780	-
100 ～ 199	6,200	x	4,930	-
200 頭 以 上	11,800	-	11,800	-
子 取 り 用 めす豚なし	15,600	2,190	12,200	x
中 　 　 国	313,400	10,400	279,100	x
小　　　　計	196,900	9,660	163,400	x
1 ～ 9 頭	930	380	x	-
10 ～ 29	x	x	-	-
30 ～ 49	2,590	x	1,960	-
50 ～ 99	5,580	3,270	x	-
100 ～ 199	5,440	x	x	-
200 頭 以 上	182,100	x	155,700	x
子 取 り 用 めす豚なし	116,400	720	115,700	-
四 　 　 国	291,800	27,600	258,900	x
小　　　　計	264,700	26,000	233,400	x
1 ～ 9 頭	280	280	-	-
10 ～ 29	11,700	580	x	-
30 ～ 49	2,670	2,670	-	-
50 ～ 99	17,600	11,000	6,570	-
100 ～ 199	42,200	6,590	35,600	-
200 頭 以 上	190,300	x	180,100	x
子 取 り 用 めす豚なし	27,100	1,640	25,400	-

単位:頭

区　　　分	計	農　　家	会　　社	そ　の　他
九　　　　　州	2,789,000	451,900	2,238,000	99,600
小　　　　　計	2,346,000	356,700	1,923,000	66,700
1 ～ 9 頭	1,500	1,140	360	-
10 ～ 29	14,600	12,800	1,710	x
30 ～ 49	28,800	24,000	4,760	
50 ～ 99	150,200	125,200	25,000	-
100 ～ 199	213,900	71,800	137,500	4,540
200 頭 以 上	1,937,000	121,700	1,754,000	62,100
子 取 り 用	443,000	95,200	314,900	32,900
め す 豚 な し				
沖　　　　　縄	211,000	77,600	133,500	-
小　　　　　計	158,100	44,000	114,100	-
1 ～ 9 頭	1,160	720	450	-
10 ～ 29	830	830	-	-
30 ～ 49	2,500	830	1,680	-
50 ～ 99	13,500	3,690	9,780	-
100 ～ 199	22,400	9,390	13,000	-
200 頭 以 上	117,800	28,600	89,200	-
子 取 り 用	52,900	33,500	19,400	-
め す 豚 な し				
関 東 農 政 局	2,253,000	449,400	1,745,000	59,000
小　　　　　計	1,952,000	403,300	1,496,000	52,300
1 ～ 9 頭	7,040	1,170	5,870	-
10 ～ 29	29,900	29,800	60	-
30 ～ 49	17,000	16,000	960	-
50 ～ 99	101,200	68,800	32,400	-
100 ～ 199	323,800	203,300	116,800	x
200 頭 以 上	1,473,000	84,300	1,340,000	48,600
子 取 り 用	301,400	46,100	248,600	6,710
め す 豚 な し				
東 海 農 政 局	477,800	141,700	336,100	-
小　　　　　計	440,700	135,400	305,300	-
1 ～ 9 頭	x	x	-	-
10 ～ 29	820	820	-	-
30 ～ 49	2,520	1,780	x	-
50 ～ 99	32,600	28,300	4,270	-
100 ～ 199	94,900	68,800	26,100	-
200 頭 以 上	309,900	35,600	274,200	-
子 取 り 用	37,100	6,330	30,800	-
め す 豚 な し				
中 国 四 国 農 政 局	605,200	38,000	538,000	29,200
小　　　　　計	461,700	35,700	396,800	29,200
1 ～ 9 頭	1,210	660	x	-
10 ～ 29	12,000	920	x	-
30 ～ 49	5,260	3,300	1,960	-
50 ～ 99	23,100	14,300	8,870	-
100 ～ 199	47,700	9,120	38,600	-
200 頭 以 上	372,400	7,400	335,800	29,200
子 取 り 用	143,500	2,360	141,200	-
め す 豚 な し				

4　採卵鶏
（令和4年2月1日現在）

148 採卵鶏

(1) 飼養戸数・羽数（全国農業地域・都道府県別）

全国農業地域・都道府県	飼養戸数 計 (2)+(3)	採卵鶏	種鶏のみ	飼養 計 (5)+(8)	採卵 小計
	(1)	(2)	(3)	(4)	(5)
	戸	戸	戸	千羽	千羽
全　　国 (1)	1,880	1,810	71	182,661	180,096
（全国農業地域）					
北　海　道 (2)	56	56	－	6,466	6,453
都　府　県 (3)	1,830	1,760	71	176,195	173,643
東　　北 (4)	161	155	6	24,317	24,152
北　　陸 (5)	88	77	11	9,822	9,174
関東・東山 (6)	460	453	7	50,251	49,749
東　　海 (7)	308	282	26	27,272	26,620
近　　畿 (8)	138	136	2	8,158	8,130
中　　国 (9)	143	142	1	22,283	22,227
四　　国 (10)	121	117	4	8,797	8,676
九　　州 (11)	370	357	13	23,738	23,368
沖　　縄 (12)	39	38	1	1,557	1,547
（都道府県）					
北　海　道 (13)	56	56	－	6,466	6,453
青　　森 (14)	25	25	－	6,497	6,497
岩　　手 (15)	26	21	5	5,308	5,149
宮　　城 (16)	38	38		3,947	3,947
秋　　田 (17)	15	15		2,209	2,209
山　　形 (18)	12	12	－	471	468
福　　島 (19)	45	44	1	5,885	5,882
茨　　城 (20)	104	101	3	15,288	15,142
栃　　木 (21)	43	42	1	6,110	6,103
群　　馬 (22)	53	53	－	9,261	8,968
埼　　玉 (23)	61	61	－	4,294	4,294
千　　葉 (24)	106	103	3	12,886	12,837
東　　京 (25)	12	12	－	76	76
神　奈　川 (26)	41	41	－	1,206	1,206
新　　潟 (27)	48	37	11	6,952	6,304
富　　山 (28)	17	17	－	831	831
石　　川 (29)	11	11	－	1,268	1,268
福　　井 (30)	12	12	－	771	771
山　　梨 (31)	22	22	－	585	585
長　　野 (32)	18	18	－	545	538
岐　　阜 (33)	65	49	16	5,273	4,945
静　　岡 (34)	47	42	5	5,732	5,496
愛　　知 (35)	126	121	5	9,817	9,750
三　　重 (36)	70	70	－	6,450	6,429
滋　　賀 (37)	16	16	－	255	255
京　　都 (38)	25	25	－	1,655	1,655
大　　阪 (39)	11	11	－	42	42
兵　　庫 (40)	43	41	2	5,598	5,571
奈　　良 (41)	23	23	－	308	307
和　歌　山 (42)	20	20	－	300	300
鳥　　取 (43)	8	8	－	261	261
島　　根 (44)	15	15	－	939	939
岡　　山 (45)	62	62	－	9,323	9,323
広　　島 (46)	44	43	1	9,982	9,926
山　　口 (47)	14	14	－	1,778	1,778
徳　　島 (48)	17	17	－	832	831
香　　川 (49)	55	52	3	5,428	5,310
愛　　媛 (50)	37	37	－	2,275	2,275
高　　知 (51)	12	11	1	262	260
福　　岡 (52)	66	64	2	3,270	3,244
佐　　賀 (53)	24	24	－	267	267
長　　崎 (54)	56	56	－	1,798	1,798
熊　　本 (55)	38	38	－	2,521	2,493
大　　分 (56)	18	18	－	1,067	1,067
宮　　崎 (57)	58	54	4	2,871	2,768
鹿　児　島 (58)	110	103	7	11,944	11,731
沖　　縄 (59)	39	38	1	1,557	1,547
関東農政局 (60)	507	495	12	55,983	55,245
東海農政局 (61)	261	240	21	21,540	21,124
中国四国農政局 (62)	264	259	5	31,080	30,903

注：採卵鶏の飼養戸数には、種鶏のみの飼養者及び成鶏めすの飼養羽数が1,000羽未満の飼養者を含まない。

羽			数	1戸当たり 成鶏めす 飼養羽数 (採卵鶏)	対 前 年 比		
鶏 (種鶏を除く。)			種 鶏		飼養戸数 (採卵鶏)	成鶏めす羽数 (6か月以上)	
ひ な (6か月未満)	成鶏めす (6か月以上)			(7) / (2)			
(6)	(7)		(8)	(9)	(10)	(11)	
千羽	千羽		千羽	千羽	%	%	
42,805	137,291		2,565	75.9	96.3	97.6	(1)
1,197	5,256		13	93.9	100.0	100.1	(2)
41,608	132,035		2,552	75.0	96.7	97.5	(3)
6,000	18,152		165	117.1	101.3	99.2	(4)
2,419	6,755		648	87.7	100.0	86.5	(5)
11,996	37,753		502	83.3	97.6	97.9	(6)
5,334	21,286		652	75.5	99.3	104.5	(7)
877	7,253		28	53.3	93.8	104.0	(8)
6,794	15,433		56	108.7	89.3	90.5	(9)
2,944	5,732		121	49.0	96.7	90.6	(10)
4,970	18,398		370	51.5	93.7	96.6	(11)
274	1,273		10	33.5	95.0	126.0	(12)
1,197	5,256		13	93.9	100.0	100.1	(13)
1,847	4,650		–	186.0	92.6	87.2	(14)
1,509	3,640		159	173.3	110.5	100.4	(15)
641	3,306		–	87.0	102.7	97.8	(16)
194	2,015		–	134.3	107.1	94.9	(17)
10	458		3	38.2	92.3	99.1	(18)
1,799	4,083		3	92.8	102.3	120.7	(19)
2,812	12,330		146	122.1	105.2	87.1	(20)
930	5,173		7	123.2	91.3	101.1	(21)
3,971	4,997		293	94.3	101.9	93.9	(22)
1,686	2,608		–	42.8	93.8	121.0	(23)
2,362	10,475		49	101.7	99.0	106.3	(24)
14	62		–	5.2	92.3	117.0	(25)
33	1,173		–	28.6	87.2	115.7	(26)
2,036	4,268		648	115.4	97.4	80.8	(27)
95	736		–	43.3	100.0	89.2	(28)
281	987		–	89.7	84.6	94.4	(29)
7	764		–	63.7	133.3	115.2	(30)
101	484		–	22.0	100.0	127.7	(31)
87	451		7	25.1	94.7	89.1	(32)
856	4,089		328	83.4	98.0	105.9	(33)
1,192	4,304		236	102.5	107.7	97.2	(34)
2,108	7,642		67	63.2	97.6	105.8	(35)
1,178	5,251		21	75.0	98.6	108.0	(36)
12	243		–	15.2	84.2	101.7	(37)
164	1,491		–	59.6	89.3	101.6	(38)
4	38		–	3.5	91.7	77.6	(39)
646	4,925		27	120.1	89.1	104.0	(40)
39	268		1	11.7	104.5	127.6	(41)
12	288		–	14.4	111.1	107.5	(42)
7	254		–	31.8	72.7	59.1	(43)
179	760		–	50.7	88.2	97.4	(44)
2,772	6,551		–	105.7	91.2	89.2	(45)
3,382	6,544		56	152.2	87.8	91.9	(46)
454	1,324		–	94.6	100.0	96.4	(47)
210	621		1	36.5	77.3	100.6	(48)
1,896	3,414		118	65.7	110.6	94.8	(49)
813	1,462		–	39.5	86.0	78.2	(50)
25	235		2	21.4	122.2	98.3	(51)
407	2,837		26	44.3	97.0	97.2	(52)
37	230		–	9.6	92.3	81.3	(53)
275	1,523		–	27.2	96.6	101.9	(54)
368	2,125		28	55.9	97.4	130.8	(55)
153	914		–	50.8	81.8	81.8	(56)
680	2,088		103	38.7	100.0	70.8	(57)
3,050	8,681		213	84.3	88.8	100.4	(58)
274	1,273		10	33.5	95.0	126.0	(59)
13,188	42,057		738	85.0	98.4	97.8	(60)
4,142	16,982		416	70.8	98.0	106.5	(61)
9,738	21,165		177	81.7	92.5	90.5	(62)

(2) 成鶏めす飼養羽数規模別の飼養戸数（全国農業地域・都道府県別）

単位：戸

全国農業地域・都道府県	計	成鶏めす飼養羽数規模						ひなのみ
		小計	1,000〜9,999羽	10,000〜49,999	50,000〜99,999	100,000〜499,999	500,000羽以上	
全　　　国	1,790	1,630	624	462	214	279	55	157
（全国農業地域）								
北　海　道	52	46	20	10	2	11	3	6
都　府　県	1,740	1,590	604	452	212	268	52	151
東　　　北	154	125	47	25	5	42	6	29
北　　　陸	75	63	17	21	6	16	3	12
関東・東山	447	404	176	97	52	61	18	43
東　　　海	279	260	101	65	42	42	10	19
近　　　畿	135	132	76	31	7	16	2	3
中　　　国	142	119	34	32	16	30	7	23
四　　　国	114	103	37	33	19	12	2	11
九　　　州	355	344	106	125	61	48	4	11
沖　　　縄	38	38	10	23	4	1	-	-
（都道府県）								
北　海　道	52	46	20	10	2	11	3	6
青　　　森	25	19	2	2	1	13	1	6
岩　　　手	21	12	5	1	1	3	2	9
宮　　　城	38	37	19	11	-	6	1	1
秋　　　田	15	14	4	2	2	5	1	1
山　　　形	12	12	5	5	1	1	-	-
福　　　島	43	31	12	4	-	14	1	12
茨　　　城	98	85	35	21	5	15	9	13
栃　　　木	42	40	20	10	2	5	3	2
群　　　馬	52	43	10	13	7	11	2	9
埼　　　玉	61	52	25	16	4	6	1	9
千　　　葉	102	94	39	11	20	21	3	8
東　　　京	12	12	11	1	-	-	-	-
神　奈　川	41	41	16	15	9	1	-	-
新　　　潟	37	28	4	12	3	7	2	9
富　　　山	16	13	4	5	1	3	-	3
石　　　川	11	11	3	1	2	5	-	-
福　　　井	11	11	6	3	-	1	1	-
山　　　梨	22	20	11	5	3	1	-	2
長　　　野	17	17	9	5	2	1	-	-
岐　　　阜	49	45	19	14	4	4	4	4
静　　　岡	42	42	25	8	2	5	2	-
愛　　　知	119	113	40	31	14	26	2	6
三　　　重	69	60	17	12	22	7	-	9
滋　　　賀	16	16	9	6	1	-	-	-
京　　　都	25	25	14	4	1	6	-	-
大　　　阪	11	11	11	-	-	-	-	-
兵　　　庫	40	38	17	6	4	9	2	2
奈　　　良	23	22	11	10	1	-	-	1
和　歌　山	20	20	14	5	-	1	-	-
鳥　　　取	8	8	1	6	-	1	-	-
島　　　根	15	15	6	6	1	2	-	-
岡　　　山	62	51	13	16	7	12	3	11
広　　　島	43	33	11	2	5	11	4	10
山　　　口	14	12	3	2	3	4	-	2
徳　　　島	17	16	7	6	2	1	-	1
香　　　川	50	45	14	11	13	5	2	5
愛　　　媛	36	31	9	13	4	5	-	5
高　　　知	11	11	7	3	-	1	-	-
福　　　岡	64	62	30	21	4	6	1	2
佐　　　賀	24	24	15	9	-	-	-	-
長　　　崎	55	55	21	27	5	2	-	-
熊　　　本	37	36	12	12	4	8	-	1
大　　　分	18	18	5	8	1	4	-	-
宮　　　崎	54	52	14	18	15	5	-	2
鹿　児　島	103	97	9	30	32	23	3	6
沖　　　縄	38	38	10	23	4	1	-	-
関 東 農 政 局	489	446	201	105	54	66	20	43
東 海 農 政 局	237	218	76	57	40	37	8	19
中国四国農政局	256	222	71	65	35	42	9	34

注：1　この統計表には学校、試験場等の非営利的な飼養者は含まない（以下(3)において同じ。）。
　　2　この統計表には種鶏のみの飼養者は含まない（以下(3)において同じ。）。

(3) 成鶏めす飼養羽数規模別の成鶏めす飼養羽数（全国農業地域・都道府県別）

単位：千羽

全国農業地域・都道府県	成 鶏 め す 飼 養 羽 数 規 模					
	計	1,000 ～ 9,999羽	10,000 ～ 49,999	50,000 ～ 99,999	100,000～ 499,999	500,000羽以上
全　　　　国	137,245	2,574	11,029	14,640	60,160	48,842
（全国農業地域）						
北　海　道	5,246	x	198	x	2,802	2,031
都　府　県	131,999	x	10,831	x	57,358	46,811
東　　　北	18,150	187	569	329	9,853	7,212
北　　　陸	6,751	78	536	475	3,417	2,245
関東・東山	37,735	695	2,120	3,536	14,935	16,449
東　　　海	21,282	440	1,478	2,824	8,820	7,720
近　　　畿	7,252	296	658	499	x	x
中　　　国	15,433	120	888	1,213	7,345	5,867
四　　　国	5,728	153	830	x	2,194	x
九　　　州	18,395	490	2,955	3,866	7,384	3,700
沖　　　縄	1,273	x	797	296	x	-
（都道府県）						
北　海　道	5,246	x	198	x	2,802	2,031
青　　　森	4,650	x	x	x	3,162	x
岩　　　手	3,640	18	x	x	937	x
宮　　　城	3,306	76	210	-	x	x
秋　　　田	2,015	13	x	x	1,245	x
山　　　形	458	21	172	x	x	-
福　　　島	4,081	x	88	-	3,049	x
茨　　　城	12,323	165	419	393	2,973	8,373
栃　　　木	5,173	x	236	x	1,483	3,245
群　　　馬	4,995	x	244	390	2,775	x
埼　　　玉	2,608	x	280	352	1,210	x
千　　　葉	10,473	145	245	1,518	5,972	2,593
東　　　京	62	x	x	-	-	-
神　奈　川	1,173	x	459	454	x	x
新　　　潟	4,268	20	x	235	1,907	x
富　　　山	732	21	108	x	x	-
石　　　川	987	19	x	x	772	x
福　　　井	764	18	41	-	x	x
山　　　梨	484	46	x	194	x	-
長　　　野	444	54	122	x	x	x
岐　　　阜	4,089	105	332	297	800	2,555
静　　　岡	4,304	99	172	x	1,717	x
愛　　　知	7,639	149	625	x	4,790	x
三　　　重	5,250	87	349	x	1,513	x
滋　　　賀	243	x	125	x	-	-
京　　　都	1,491	x	63	x	1,313	x
大　　　阪	38	38	-	-	-	-
兵　　　庫	4,924	x	173	281	1,877	x
奈　　　良	268	x	159	x	x	x
和　歌　山	288	x	138	-	x	-
鳥　　　取	254	x	145	-	x	x
島　　　根	760	29	127	x	x	x
岡　　　山	6,551	47	547	535	3,000	2,422
広　　　島	6,544	x	x	383	2,640	3,445
山　　　口	1,324	11	x	x	1,094	-
徳　　　島	621	30	141	x	x	-
香　　　川	3,412	x	349	1,005	892	x
愛　　　媛	1,460	47	282	291	840	-
高　　　知	235	x	58	-	x	-
福　　　岡	2,837	x	437	245	1,507	x
佐　　　賀	230	41	189	-	-	-
長　　　崎	1,521	111	632	x	x	-
熊　　　本	2,124	79	278	267	1,500	-
大　　　分	914	21	159	x	x	-
宮　　　崎	2,088	48	502	831	707	-
鹿　児　島	8,681	x	758	2,104	2,577	x
沖　　　縄	1,273	x	797	296	x	-
関東農政局	42,039	794	2,292	x	16,652	x
東海農政局	16,978	341	1,306	x	7,103	x
中国四国農政局	21,161	273	1,718	x	9,539	x

5 ブロイラー
(令和4年2月1日現在)

(1)　飼養戸数・羽数（全国農業地域・都道府県別）

全国農業地域・都道府県	飼養戸数	飼養羽数	1戸当たり飼養羽数 (2)／(1)	対前年比	
				飼養戸数	飼養羽数
	(1)	(2)	(3)	(4)	(5)
	戸	千羽	千羽	％	％
全　　　　　国	2,100	139,230	66.3	97.2	99.7
（全国農業地域）					
北　海　道	9	5,180	575.6	100.0	101.8
都　府　県	2,100	134,050	63.8	97.7	99.6
東　　　　北	431	32,668	75.8	91.7	98.2
北　　　　陸	11	1,239	112.6	84.6	131.0
関 東・東 山	128	6,031	47.1	96.2	99.5
東　　　　海	61	3,700	60.7	98.4	106.4
近　　　　畿	81	3,027	37.4	98.8	95.1
中　　　　国	64	8,632	134.9	92.8	90.4
四　　　　国	212	8,042	37.9	101.9	107.6
九　　　　州	1,090	70,026	64.2	99.1	100.1
沖　　　　縄	14	685	48.9	100.0	107.7
（都道府県）					
北　海　道	9	5,180	575.6	100.0	101.8
青　　　森	63	8,058	127.9	98.4	113.7
岩　　　手	280	21,095	75.3	88.9	93.3
宮　　　城	37	1,958	52.9	90.2	98.4
秋　　　田	1	x	x	100.0	x
山　　　形	15	x	x	88.2	x
福　　　島	35	841	24.0	109.4	98.9
茨　　　城	40	1,435	35.9	90.9	108.1
栃　　　木	10	x	x	100.0	x
群　　　馬	27	1,562	57.9	108.0	103.6
埼　　　玉	1	x	x	100.0	x
千　　　葉	25	1,671	66.8	100.0	95.1
東　　　京	－	－	nc	nc	nc
神　奈　川	－	－	nc	nc	nc
新　　　潟	9	x	x	90.0	x
富　　　山	－	－	nc	nc	nc
石　　　川	－	－	nc	nc	nc
福　　　井	2	x	x	66.7	x
山　　　梨	8	351	43.9	80.0	85.8
長　　　野	17	670	39.4	94.4	93.4
岐　　　阜	15	1,001	66.7	107.1	113.6
静　　　岡	25	996	39.8	96.2	89.1
愛　　　知	11	997	90.6	100.0	117.3
三　　　重	10	706	70.6	90.9	112.2
滋　　　賀	2	x	x	100.0	x
京　　　都	11	593	53.9	100.0	130.0
大　　　阪	－	－	nc	nc	nc
兵　　　庫	50	2,120	42.4	100.0	86.0
奈　　　良	2	x	x	100.0	x
和　歌　山	16	239	14.9	94.1	103.9
鳥　　　取	10	3,111	311.1	90.9	96.6
島　　　根	3	396	132.0	100.0	100.0
岡　　　山	17	2,842	167.2	94.4	75.4
広　　　島	8	731	91.4	100.0	120.6
山　　　口	26	1,552	59.7	89.7	100.0
徳　　　島	146	4,254	29.1	101.4	108.9
香　　　川	33	2,500	75.8	106.5	115.7
愛　　　媛	25	817	32.7	100.0	80.1
高　　　知	8	471	58.9	100.0	122.3
福　　　岡	38	1,444	38.0	102.7	119.7
佐　　　賀	63	3,637	57.7	98.4	97.0
長　　　崎	50	3,117	62.3	100.0	102.2
熊　　　本	67	3,848	57.4	98.5	91.2
大　　　分	51	2,291	44.9	98.1	86.2
宮　　　崎	446	27,599	61.9	100.7	98.5
鹿　児　島	378	28,090	74.3	99.2	103.7
沖　　　縄	14	685	48.9	100.0	107.7
関 東 農 政 局	153	7,027	45.9	96.2	97.9
東 海 農 政 局	36	2,704	75.1	100.0	114.6
中国四国農政局	276	16,674	60.4	99.6	98.0

注：ブロイラーの飼養戸数・羽数には、ブロイラーの年間出荷羽数が3,000羽未満の飼養者を含まない。

(2) 出荷戸数・羽数（全国農業地域・都道府県別）

全国農業地域・都道府県	出 荷 戸 数	出 荷 羽 数	1 戸 当 た り 出 荷 羽 数 (2)／(1)	対 前 年 比	
				出 荷 戸 数	出 荷 羽 数
	(1)	(2)	(3)	(4)	(5)
	戸	千羽	千羽	%	%
全　　　　　国	2,150	719,259	334.5	98.2	100.8
（全国農業地域）					
北　海　道	9	38,836	4,315.1	100.0	99.1
都　府　県	2,140	680,423	318.0	98.2	100.9
東　　北	458	176,660	385.7	94.6	98.5
北　　陸	11	6,845	622.3	84.6	129.2
関　東・東　山	128	27,350	213.7	96.2	97.0
東　　海	62	17,516	282.5	96.9	104.5
近　　畿	81	16,485	203.5	98.8	97.0
中　　国	67	47,122	703.3	97.1	101.2
四　　国	214	35,212	164.5	101.4	109.2
九　　州	1,110	349,812	315.1	100.0	101.1
沖　　縄	14	3,421	244.4	100.0	99.8
（都道府県）					
北　海　道	9	38,836	4,315.1	100.0	99.1
青　　森	63	42,496	674.5	98.4	101.1
岩　　手	307	116,490	379.4	95.6	98.4
宮　　城	37	10,789	291.6	82.2	97.0
秋　　田	1	x	x	100.0	x
山　　形	15	x	x	71.4	x
福　　島	35	3,320	94.9	109.4	94.1
茨　　城	40	5,841	146.0	90.9	95.7
栃　　木	10	x	x	100.0	x
群　　馬	27	7,512	278.2	108.0	102.6
埼　　玉	1	x	x	100.0	x
千　　葉	25	8,076	323.0	100.0	93.7
東　　京	-	-	nc	nc	nc
神　奈　川	-	-	nc	nc	nc
新　　潟	9	x	x	90.0	x
富　　山	-	-	nc	nc	nc
石　　川	-	-	nc	nc	nc
福　　井	2	x	x	66.7	x
山　　梨	8	1,408	176.0	80.0	86.3
長　　野	17	2,804	164.9	94.4	92.3
岐　　阜	15	4,138	275.9	107.1	120.1
静　　岡	25	5,234	209.4	89.3	91.7
愛　　知	12	5,456	454.7	109.1	108.3
三　　重	10	2,688	268.8	90.9	104.8
滋　　賀	2	x	x	100.0	x
京　　都	11	2,782	252.9	100.0	126.4
大　　阪	-	-	nc	nc	nc
兵　　庫	50	12,494	249.9	100.0	91.4
奈　　良	2	x	x	100.0	x
和　歌　山	16	912	57.0	94.1	107.3
鳥　　取	10	17,481	1,748.1	90.9	100.2
島　　根	3	2,289	763.0	100.0	102.5
岡　　山	18	16,069	892.7	100.0	102.1
広　　島	8	3,709	463.6	100.0	101.0
山　　口	28	7,574	270.5	96.6	101.6
徳　　島	146	17,870	122.4	100.7	109.0
香　　川	33	10,886	329.9	106.5	122.6
愛　　媛	25	4,224	169.0	100.0	84.5
高　　知	10	2,232	223.2	100.0	113.2
福　　岡	38	5,761	151.6	100.0	111.2
佐　　賀	64	16,440	256.9	97.0	95.1
長　　崎	50	14,475	289.5	100.0	112.9
熊　　本	67	19,160	286.0	98.5	104.5
大　　分	52	9,833	189.1	98.1	85.1
宮　　崎	448	139,817	312.1	99.3	100.1
鹿　児　島	388	144,326	372.0	101.6	102.3
沖　　縄	14	3,421	244.4	100.0	99.8
関東農政局	153	32,584	213.0	95.0	96.1
東海農政局	37	12,282	331.9	102.8	111.2
中国四国農政局	281	82,334	293.0	100.4	104.5

注：1　ブロイラーの出荷戸数・羽数には、ブロイラーの年間出荷羽数が3,000羽未満の飼養者を含まない。
　　2　令和4年2月1日現在でブロイラーの飼養実態がない場合でも、過去1年間に3,000羽以上のブロイラーの出荷があれば出荷戸数・羽数に含めた（以下(3)から(4)までにおいて同じ。）。

(3)　出荷羽数規模別の出荷戸数（全国農業地域・都道府県別）

単位：戸

全国農業地域・都道府県	計	3,000〜99,999羽	100,000〜199,999	200,000〜299,999	300,000〜499,999	500,000羽以上
全国	2,150	479	597	389	370	313
（全国農業地域）						
北海道	9	–	1	–	1	7
都府県	2,140	479	596	389	369	306
東北	458	97	91	83	98	89
北陸	11	3	1	1	2	4
関東・東山	128	51	29	21	19	8
東海	62	28	14	6	7	7
近畿	79	50	11	4	6	8
中国	67	15	10	13	8	21
四国	214	109	55	29	8	13
九州	1,110	121	380	231	220	154
沖縄	14	5	5	1	1	2
（都道府県）						
北海道	9	–	1	–	1	7
青森	63	3	8	20	13	19
岩手	307	51	54	57	82	63
宮城	37	18	7	5	2	5
秋田	1	–	1	–	–	–
山形	15	8	3	1	1	2
福島	35	17	18	–	–	–
茨城	40	20	6	7	7	–
栃木	10	5	2	1	2	–
群馬	27	10	8	3	4	2
埼玉	1	1	–	–	–	–
千葉	25	5	6	7	3	4
東京	–	–	–	–	–	–
神奈川	–	–	–	–	–	–
新潟	9	2	–	1	2	4
富山	–	–	–	–	–	–
石川	–	–	–	–	–	–
福井	2	1	1	–	–	–
山梨	8	2	5	–	–	1
長野	17	8	2	3	3	1
岐阜	15	4	4	3	2	2
静岡	25	15	4	2	2	2
愛知	12	4	4	1	2	1
三重	10	5	2	–	1	2
滋賀	2	–	2	–	–	–
京都	11	5	2	1	1	2
大阪	–	–	–	–	–	–
兵庫	48	28	6	3	5	6
奈良	2	2	–	–	–	–
和歌山	16	15	1	–	–	–
鳥取	10	–	–	–	3	7
島根	3	1	–	–	–	2
岡山	18	3	5	4	2	4
広島	8	–	1	2	1	4
山口	28	11	4	7	2	4
徳島	146	78	43	18	4	3
香川	33	14	4	4	3	8
愛媛	25	11	7	5	1	1
高知	10	6	1	2	–	1
福岡	38	19	7	6	4	2
佐賀	64	14	16	12	15	7
長崎	49	11	14	8	7	9
熊本	67	13	25	11	12	6
大分	52	16	24	5	3	4
宮崎	448	25	164	102	93	64
鹿児島	388	23	130	87	86	62
沖縄	14	5	5	1	1	2
関東農政局	153	66	33	23	21	10
東海農政局	37	13	10	4	5	5
中国四国農政局	281	124	65	42	16	34

注：この統計表には学校、試験場等の非営利的な飼養者は含まない（以下(4)において同じ。）。

(4)　出荷羽数規模別の出荷羽数（全国農業地域・都道府県別）

単位：千羽

全国農業地域・都道府県	計	3,000～99,999羽	100,000～199,999	200,000～299,999	300,000～499,999	500,000羽以上
全国	719,186	26,480	91,433	97,156	149,001	355,116
（全国農業地域）						
北海道	38,836	-	x	-	x	38,212
都府県	680,350	26,480	x	97,156	x	316,904
東北	176,660	6,999	14,502	21,122	41,341	92,696
北陸	6,845	202	x	x	x	x
関東・東山	27,350	2,644	4,003	4,999	6,868	8,836
東海	17,516	1,262	2,068	1,562	2,720	9,904
近畿	16,419	2,671	1,673	x	2,316	x
中国	47,122	691	1,607	3,117	2,943	38,764
四国	35,212	4,770	7,833	6,773	3,364	12,472
九州	349,805	6,934	58,879	58,257	87,833	137,902
沖縄	3,421	307	594	x	x	x
（都道府県）						
北海道	38,836	-	x	-	x	38,212
青森	42,496	265	1,303	4,944	4,692	31,292
岩手	116,490	4,453	9,221	14,853	35,401	52,562
宮城	10,789	1,145	816	x	x	x
秋田	x	-	x	-	x	x
山形	x	484	x	x	x	x
福島	3,320	652	2,668	-	-	-
茨城	5,841	998	745	1,588	2,510	-
栃木	x	252	x	x	x	x
群馬	7,512	538	1,038	x	1,561	x
埼玉	x	x	-	-	-	-
千葉	8,076	198	873	1,786	1,125	4,094
東京	-	-	-	-	-	-
神奈川	-	-	-	-	-	-
新潟	x	x	x	x	x	x
富山	-	-	-	-	-	-
石川	-	-	-	-	-	-
福井	x	x	x	-	-	-
山梨	1,408	x	745	-	-	x
長野	2,804	478	x	638	x	x
岐阜	4,138	203	588	758	x	x
静岡	5,234	616	613	x	x	x
愛知	5,456	216	x	x	x	x
三重	2,688	227	x	-	x	x
滋賀	x	-	x	-	-	-
京都	2,782	173	x	x	x	x
大阪	-	-	-	-	-	-
兵庫	12,428	1,714	972	x	x	x
奈良	x	x	-	-	-	-
和歌山	912	x	x	-	-	-
鳥取	17,481	-	-	-	917	16,564
島根	2,289	x	-	-	-	x
岡山	16,069	x	860	x	x	13,111
広島	3,709	-	x	x	x	x
山口	7,574	455	x	1,578	x	4,117
徳島	17,870	3,362	6,131	4,017	1,740	2,620
香川	10,886	642	x	1,174	x	7,223
愛媛	4,224	570	955	x	x	x
高知	2,232	196	x	x	-	x
福岡	5,761	x	870	1,340	1,426	x
佐賀	16,440	844	2,146	2,887	5,588	4,975
長崎	14,468	716	2,127	2,049	3,002	6,574
熊本	19,160	768	4,011	3,102	4,468	6,811
大分	9,833	x	3,466	1,194	1,092	x
宮崎	139,817	2,195	24,476	25,013	35,639	52,494
鹿児島	144,326	874	21,783	22,672	36,618	62,379
沖縄	3,421	307	594	x	x	x
関東農政局	32,584	3,260	4,616	x	x	x
東海農政局	12,282	646	1,455	x	x	x
中国四国農政局	82,334	5,461	9,440	9,890	6,307	51,236

Ⅲ　累　年　統　計　表

1 乳用牛

(1) 飼養戸数・頭数（全国）（昭和35年～令和4年）

区　　分	飼養戸数	飼養頭数 合計 (3)+(8)	成畜（2歳以上） 計	経産牛 小計	搾乳牛	乾乳牛
	(1)	(2)	(3)	(4)	(5)	(6)
	戸	頭	頭	頭	頭	頭
昭和 35 年 (1)	410,400	823,500	519,500	455,100	382,600	72,400
36 (2)	413,000	884,900	563,800	486,100	410,300	75,900
37 (3)	415,700	1,001,700	637,300	556,500	468,200	88,300
38 (4)	417,600	1,145,400	729,200	636,200	538,300	97,900
39 (5)	402,500	1,238,300	795,300	695,000	585,200	109,800
40 (6)	381,600	1,289,000	859,400	753,400	633,800	119,700
41 (7)	360,700	1,310,000	884,800	785,600	664,700	120,900
42 (8)	346,900	1,376,000	913,600	819,800	691,600	128,300
43 (9)	336,700	1,489,000	967,500	865,600	734,900	130,700
44 (10)	324,400	1,663,000	1,098,000	967,100	815,500	151,500
45 (11)	307,600	1,804,000	1,198,000	1,060,000	884,900	174,900
46 (12)	279,300	1,856,000	1,245,000	1,105,000	912,300	192,300
47 (13)	242,900	1,819,000	1,235,000	1,111,000	918,000	193,100
48 (14)	212,300	1,780,000	1,213,000	1,097,000	909,400	187,200
49 (15)	178,600	1,752,000	1,215,000	1,094,000	899,600	194,400
50 (16)	160,100	1,787,000	1,235,000	1,111,000	910,000	200,900
51 (17)	147,100	1,811,000	1,275,000	1,132,000	927,800	203,900
52 (18)	136,500	1,888,000	1,324,000	1,176,000	967,800	207,800
53 (19)	129,400	1,979,000	1,377,000	1,228,000	1,013,000	215,300
54 (20)	123,300	2,067,000	1,447,000	1,292,000	1,072,000	220,000
55 (21)	115,400	2,091,000	1,422,000	1,291,000	1,066,000	225,000
56 (22)	106,000	2,104,000	1,457,000	1,305,000	1,075,000	230,800
57 (23)	98,900	2,103,000	1,461,000	1,312,000	1,082,000	229,800
58 (24)	92,600	2,098,000	1,469,000	1,322,000	1,096,000	226,100
59 (25)	87,400	2,110,000	1,474,000	1,324,000	1,101,000	223,800
60 (26)	82,400	2,111,000	1,464,000	1,322,000	1,101,000	221,300
61 (27)	78,500	2,103,000	1,460,000	1,315,000	1,099,000	216,000
62 (28)	74,500	2,049,000	1,417,000	1,278,000	1,051,000	226,900
63 (29)	70,600	2,017,000	1,387,000	1,253,000	1,043,000	210,200
平成 元 (30)	66,700	2,031,000	1,398,000	1,265,000	1,066,000	198,700
2 (31)	63,300	2,058,000	…	1,285,000	1,081,000	204,700
3 (32)	59,800	2,068,000	1,414,000	1,285,000	1,082,000	203,300
4 (33)	55,100	2,082,000	1,418,000	1,282,000	1,081,000	200,400
5 (34)	50,900	2,068,000	1,416,000	1,281,000	1,084,000	196,600
6 (35)	47,600	2,018,000	1,383,000	1,247,000	1,052,000	194,500
7 (36)	44,300	1,951,000	1,342,000	1,213,000	1,034,000	178,700
8 (37)	41,600	1,927,000	1,334,000	1,211,000	1,035,000	175,800
9 (38)	39,400	1,899,000	1,320,000	1,205,000	1,032,000	172,600
10 (39)	37,400	1,860,000	1,301,000	1,190,000	1,022,000	168,100
11 (40)	35,400	1,816,000	1,279,000	1,171,000	1,008,000	163,500
12 (41)	33,600	1,764,000	1,251,000	1,150,000	991,800	157,900
13 (42)	32,200	1,725,000	1,221,000	1,124,000	971,300	153,100
14 (43)	31,000	1,726,000	1,219,000	1,126,000	966,100	160,300
15 (44)	29,800	1,719,000	1,210,000	1,120,000	964,200	156,000
16 (45)	28,800	1,690,000	1,180,000	1,088,000	935,800	152,000
17 (46)	27,700	1,655,000	1,145,000	1,055,000	910,100	144,900
18 (47)	26,600	1,636,000	1,131,000	1,046,000	900,000	146,100
19 (48)	25,400	1,592,000	1,093,000	1,011,000	871,200	140,100
20 (49)	24,400	1,533,000	1,075,000	998,200	861,500	136,700
21 (50)	23,100	1,500,000	1,055,000	985,200	848,000	137,200
22 (51)	21,900	1,484,000	1,029,000	963,800	829,700	134,100
23 (52)	21,000	1,467,000	999,600	932,900	804,700	128,200
24 (53)	20,100	1,449,000	1,012,000	942,600	812,700	129,900
25 (54)	19,400	1,423,000	992,100	923,400	798,300	125,100
26 (55)	18,600	1,395,000	957,800	893,400	772,500	121,000
27 (56)	17,700	1,371,000	934,100	869,700	750,100	119,600
28 (57)	17,000	1,345,000	936,700	871,000	751,700	119,300
29 (58)	16,400	1,323,000	913,800	852,100	735,300	116,900
30 (59)	15,700	1,328,000	906,900	847,200	731,100	116,100
31 (旧) (60)	15,000	1,332,000	900,500	839,200	729,500	109,700
31 (新) (61)	14,900	1,339,000	903,700	840,700	717,000	123,700
令和 2 (62)	14,400	1,352,000	900,300	838,900	715,400	123,500
3 (63)	13,800	1,356,000	909,900	849,300	726,000	123,300
4 (64)	**13,300**	**1,371,000**	**924,000**	**861,700**	**736,500**	**125,200**

注：1　統計数値は、四捨五入の関係で内訳と計は必ずしも一致しない（以下同じ。）。
　　2　昭和35年は畜産基本調査、昭和36年から昭和43年までは農業調査、昭和44年から平成15年までは畜産基本調査（ただし、昭和50年、昭和55年、昭和60年、平成2年、平成7年及び平成12年は畜産予察調査、情報収集等による。）、平成16年から平成31年（旧）までは畜産統計調査である（以下1及び2において同じ。）。
　　3　令和2年以降は、牛個体識別全国データベース等の行政記録情報や関係統計により集計した加工統計である（以下1及び2において同じ。）。
　　4　平成31年（新）は、令和2年と同様の集計方法により作成した参考値である（以下1及び2において同じ。）。
　　5　昭和47年以前は沖縄を含まない（以下2、3及び4において同じ。）。また、昭和48年から昭和53年までの乳用牛の状態別頭数に沖縄は含まない。
　　6　令和2年の対前年比は、平成31年（新）の数値を用いた（以下(2)及び2(1)から(2)までにおいて同じ。）。
　　1)は2歳未満を含む。

未 経 産 牛 (7)	子 畜（2歳未満の未経産牛）(8)	搾 乳 牛 頭 数 割 合 (5)／(4) (9)	子 畜 頭 数 割 合 (8)／(2) (10)	1 戸 当 た り 飼 養 頭 数 (2)／(1) (11)	対 前 年 比 飼 養 戸 数 (12)	飼 養 頭 数 (13)	
頭	頭	%	%	頭	%	%	
64,400	304,000	84.1	36.9	2.0	105.7	109.6	(1)
77,700	321,100	84.4	36.3	2.1	100.6	107.5	(2)
80,800	364,400	84.1	36.4	2.4	100.7	113.2	(3)
92,900	416,200	84.6	36.3	2.7	100.5	114.3	(4)
100,200	443,100	84.2	35.8	3.1	96.4	108.1	(5)
106,000	429,600	84.1	33.3	3.4	94.8	104.1	(6)
99,200	425,200	84.6	32.5	3.6	94.5	101.6	(7)
93,800	462,500	84.4	33.6	4.0	96.2	105.0	(8)
101,900	521,200	84.9	35.0	4.4	97.1	108.2	(9)
130,600	565,700	84.3	34.0	5.1	96.3	111.7	(10)
138,000	606,600	83.5	33.6	5.9	94.8	108.5	(11)
140,400	611,200	82.6	32.9	6.6	90.8	102.9	(12)
124,200	583,800	82.6	32.1	7.5	87.0	98.0	(13)
116,700	563,900	82.9	31.7	8.4	87.4	97.6	(14)
121,400	534,000	82.2	30.5	9.8	84.1	98.4	(15)
124,100	549,700	81.9	30.8	11.2	89.6	102.0	(16)
143,600	533,300	82.0	29.4	12.3	91.9	101.3	(17)
148,600	559,800	82.3	29.7	13.8	92.8	104.3	(18)
148,900	597,700	82.5	30.2	15.3	94.8	104.8	(19)
155,200	619,500	83.0	30.0	16.8	95.3	104.4	(20)
131,000	669,000	82.6	32.0	18.1	93.6	101.2	(21)
151,200	647,800	82.4	30.8	19.8	91.9	100.6	(22)
149,400	641,500	82.5	30.5	21.3	93.3	100.0	(23)
146,700	629,700	82.9	30.0	22.7	93.6	99.8	(24)
149,400	635,900	83.2	30.1	24.1	94.4	100.6	(25)
140,800	648,600	83.3	30.7	25.6	94.3	100.0	(26)
145,100	643,100	83.6	30.6	26.8	95.3	99.6	(27)
139,500	631,600	82.2	30.8	27.5	94.9	97.4	(28)
134,000	629,400	83.2	31.2	28.6	94.8	98.4	(29)
132,700	633,200	84.3	31.2	30.4	94.5	100.7	(30)
1) 772,600	…	84.1	nc	32.5	94.9	101.3	(31)
129,000	654,100	84.2	31.6	34.6	94.5	100.5	(32)
136,300	663,500	84.3	31.9	37.8	92.1	100.7	(33)
135,000	651,600	84.6	31.5	40.6	92.4	99.3	(34)
136,600	635,300	84.4	31.5	42.4	93.5	97.6	(35)
129,200	609,700	85.2	31.3	44.0	93.1	96.7	(36)
123,200	593,300	85.5	30.8	46.3	93.9	98.8	(37)
115,300	578,400	85.6	30.5	48.2	94.7	98.5	(38)
111,000	558,600	85.9	30.0	49.7	94.9	97.9	(39)
107,200	537,400	86.1	29.6	51.3	94.7	97.6	(40)
101,400	513,200	86.2	29.1	52.5	94.9	97.1	(41)
96,200	504,700	86.4	29.3	53.6	95.8	97.8	(42)
92,700	506,700	85.8	29.4	55.7	96.3	100.1	(43)
89,400	509,200	86.1	29.6	57.7	96.1	99.6	(44)
92,100	510,500	86.0	30.2	58.7	96.6	98.3	(45)
89,800	510,200	86.3	30.8	59.7	96.2	97.9	(46)
84,600	505,300	86.0	30.9	61.5	96.0	98.9	(47)
81,200	499,600	86.2	31.4	62.7	95.5	97.3	(48)
76,500	458,000	86.3	29.9	62.8	96.1	96.3	(49)
69,600	445,100	86.1	29.7	64.9	94.7	97.8	(50)
65,600	454,900	86.1	30.7	67.8	94.8	98.9	(51)
66,700	467,800	86.3	31.9	69.9	95.9	98.9	(52)
69,700	436,700	86.2	30.1	72.1	95.7	98.8	(53)
68,700	431,300	86.5	30.3	73.4	96.5	98.2	(54)
64,400	436,800	86.5	31.3	75.0	95.9	98.0	(55)
64,400	437,200	86.2	31.9	77.5	95.2	98.3	(56)
65,800	408,300	86.3	30.4	79.1	96.0	98.1	(57)
61,700	409,300	86.3	30.9	80.7	96.5	98.4	(58)
59,700	421,100	86.3	31.7	84.6	95.7	100.4	(59)
61,300	431,100	86.9	32.4	88.8	95.5	100.3	(60)
63,000	435,700	85.3	32.5	89.9	nc	nc	(61)
61,400	452,000	85.3	33.4	93.9	96.6	101.0	(62)
60,600	445,800	85.5	32.9	98.3	95.8	100.3	(63)
62,300	**447,200**	**85.5**	**32.6**	**103.1**	**96.4**	**101.1**	**(64)**

1 乳用牛（続き）

(2) 飼養戸数・頭数（全国農業地域別）（平成29年～令和4年）

区　分	飼養戸数	合　計 (3)+(8)	飼養頭数 成畜（2歳以上） 計	経産牛 小　計	搾乳牛	乾乳牛
	(1)	(2)	(3)	(4)	(5)	(6)
	戸	頭	頭	頭	頭	頭
北 海 道						
平成 29 年　(1)	6,310	779,400	496,400	459,400	390,500	68,900
30　　(2)	6,140	790,900	498,800	461,500	392,200	69,200
31（旧）(3)	5,970	801,000	502,600	464,500	399,500	65,000
31（新）(4)	5,990	804,500	491,900	455,100	386,800	68,300
令和 2　　(5)	5,840	820,900	495,400	459,800	390,800	69,000
3　　(6)	5,710	829,900	504,600	470,200	400,600	69,600
4　　(7)	5,560	846,100	516,000	480,900	409,700	71,200
都 府 県						
平成 29 年　(8)	10,100	543,700	417,400	392,700	344,700	48,000
30　　(9)	9,540	537,100	408,100	385,700	338,900	46,900
31（旧）(10)	9,070	530,600	397,900	374,700	330,000	44,700
31（新）(11)	8,900	534,900	411,800	385,600	330,100	55,500
令和 2　　(12)	8,520	531,400	404,900	379,100	324,600	54,500
3　　(13)	8,120	525,900	405,300	379,000	325,400	53,700
4　　(14)	7,740	525,100	407,900	380,800	326,800	54,000
東　　　北						
平成 29 年　(15)	2,430	100,300	73,300	67,500	58,500	9,000
30　　(16)	2,350	99,200	72,000	66,600	57,700	8,920
31（旧）(17)	2,220	98,900	70,600	65,800	57,500	8,340
31（新）(18)	2,170	99,700	73,400	68,600	58,700	9,900
令和 2　　(19)	2,080	99,200	72,500	67,800	58,000	9,800
3　　(20)	2,000	98,300	72,000	67,200	57,600	9,570
4　　(21)	1,900	97,400	71,800	66,700	57,200	9,470
北　　　陸						
平成 29 年　(22)	347	13,600	10,800	10,400	9,230	1,190
30　　(23)	320	13,100	10,400	10,100	8,930	1,180
31（旧）(24)	305	12,600	9,590	9,300	8,200	1,100
31（新）(25)	292	12,600	9,890	9,410	8,030	1,380
令和 2　　(26)	284	12,400	9,580	9,080	7,750	1,330
3　　(27)	266	12,200	9,440	8,930	7,630	1,300
4　　(28)	253	12,200	9,570	9,030	7,700	1,330
関 東・東 山						
平成 29 年　(29)	3,240	178,500	138,000	130,400	114,300	16,100
30　　(30)	3,050	175,900	134,300	128,100	112,300	15,800
31（旧）(31)	2,880	173,600	132,500	124,600	109,600	15,000
31（新）(32)	2,840	175,000	135,800	127,500	108,700	18,800
令和 2　　(33)	2,710	172,400	132,700	124,200	105,900	18,300
3　　(34)	2,560	170,400	132,800	124,400	106,300	18,100
4　　(35)	2,430	172,200	136,200	126,900	108,500	18,400
東　　　海						
平成 29 年　(36)	723	51,300	41,100	39,400	34,900	4,560
30　　(37)	684	50,500	40,000	38,800	34,300	4,500
31（旧）(38)	651	49,000	37,900	37,300	33,000	4,290
31（新）(39)	635	49,400	39,600	37,600	32,300	5,320
令和 2　　(40)	607	48,500	38,700	36,800	31,600	5,200
3　　(41)	582	47,600	38,300	36,400	31,500	4,970
4　　(42)	549	47,000	38,100	36,200	31,000	5,250
近　　　畿						
平成 29 年　(43)	517	25,800	20,800	19,900	17,600	2,250
30　　(44)	483	25,000	19,900	19,000	16,700	2,280
31（旧）(45)	456	24,400	18,900	18,000	16,000	2,040
31（新）(46)	454	24,700	19,700	18,500	16,000	2,540
令和 2　　(47)	434	24,600	19,500	18,300	15,800	2,520
3　　(48)	412	24,700	19,700	18,500	16,100	2,470
4　　(49)	392	24,400	19,700	18,400	16,000	2,470

未 経 産 牛	子　畜 （2歳未満 の未経産牛）	搾 乳 牛 頭 数 割 合	子　畜 頭 数 割 合	1 戸 当 た り 飼 養 頭 数	対 前 年 比 飼 養 戸 数	対 前 年 比 飼 養 頭 数	
(7)	(8)	(9) (5)／(4)	(10) (8)／(2)	(11) (2)／(1)	(12)	(13)	
頭	頭	%	%	頭	%	%	
37,000	283,000	85.0	36.3	123.5	97.2	99.2	(1)
37,400	292,100	85.0	36.9	128.8	97.3	101.5	(2)
38,100	298,400	86.0	37.3	134.2	97.2	101.3	(3)
36,800	312,500	85.0	38.8	134.3	nc	nc	(4)
35,600	325,500	85.0	39.7	140.6	97.5	102.0	(5)
34,400	325,300	85.2	39.2	145.3	97.8	101.1	(6)
35,200	330,000	85.2	39.0	152.2	97.4	102.0	(7)
24,700	126,300	87.8	23.2	53.8	96.2	97.2	(8)
22,400	129,000	87.9	24.0	56.3	94.5	98.8	(9)
23,200	132,700	88.1	25.0	58.5	95.1	98.8	(10)
26,200	123,100	85.6	23.0	60.1	nc	nc	(11)
25,800	126,500	85.6	23.8	62.4	95.7	99.3	(12)
26,200	120,600	85.9	22.9	64.8	95.3	99.0	(13)
27,100	117,200	85.8	22.3	67.8	95.3	99.8	(14)
5,760	27,100	86.7	27.0	41.3	95.7	97.1	(15)
5,350	27,200	86.6	27.4	42.2	96.7	98.9	(16)
4,750	28,400	87.4	28.7	44.5	94.5	99.7	(17)
4,830	26,300	85.6	26.4	45.9	nc	nc	(18)
4,700	26,800	85.5	27.0	47.7	95.9	99.5	(19)
4,820	26,200	85.7	26.7	49.2	96.2	99.1	(20)
5,110	25,600	85.8	26.3	51.3	95.0	99.1	(21)
420	2,790	88.8	20.5	39.2	95.3	95.1	(22)
270	2,720	88.4	20.8	40.9	92.2	96.3	(23)
300	2,960	88.2	23.5	41.3	95.3	96.2	(24)
480	2,700	85.3	21.2	43.2	nc	nc	(25)
500	2,780	85.4	22.4	43.7	97.3	98.4	(26)
500	2,810	85.4	23.0	45.9	93.7	98.4	(27)
540	2,630	85.3	21.6	48.2	95.1	100.0	(28)
7,650	40,500	87.7	22.7	55.1	95.9	97.6	(29)
6,270	41,500	87.7	23.6	57.7	94.1	98.5	(30)
7,900	41,100	88.0	23.7	60.3	94.4	98.7	(31)
8,380	39,200	85.3	22.4	61.6	nc	nc	(32)
8,440	39,700	85.3	23.0	63.6	95.4	98.5	(33)
8,450	37,600	85.5	22.1	66.6	94.5	98.8	(34)
9,250	36,000	85.5	20.9	70.9	94.9	101.1	(35)
1,610	10,200	88.6	19.9	71.0	95.3	97.5	(36)
1,250	10,400	88.4	20.6	73.8	94.6	98.4	(37)
670	11,100	88.5	22.7	75.3	95.2	97.0	(38)
1,970	9,820	85.9	19.9	77.8	nc	nc	(39)
1,930	9,750	85.9	20.1	79.9	95.6	98.2	(40)
1,900	9,300	86.5	19.5	81.8	95.9	98.1	(41)
1,850	8,940	85.6	19.0	85.6	94.3	98.7	(42)
920	4,980	88.4	19.3	49.9	94.2	95.2	(43)
890	5,090	87.9	20.4	51.8	93.4	96.9	(44)
870	5,570	88.9	22.8	53.5	94.4	97.6	(45)
1,150	5,020	86.5	20.3	54.4	nc	nc	(46)
1,180	5,130	86.3	20.9	56.7	95.6	99.6	(47)
1,200	4,950	87.0	20.0	60.0	94.9	100.4	(48)
1,220	4,710	87.0	19.3	62.2	95.1	98.8	(49)

164 乳 用 牛（累年）

1 乳用牛（続き）

(2) 飼養戸数・頭数（全国農業地域別）（平成29年～令和4年）（続き）

区　　分	飼養戸数	合　計 (3)+(8)	飼養頭数　成畜（2歳以上）　計	経産牛 小計	搾乳牛	乾乳牛
	(1) 戸	(2) 頭	(3) 頭	(4) 頭	(5) 頭	(6) 頭
中　国						
平成 29 年　(50)	735	44,300	33,400	31,200	27,700	3,570
30　(51)	708	45,000	33,700	31,700	28,200	3,500
31（旧）(52)	678	45,400	34,500	32,800	28,900	3,880
31（新）(53)	666	45,600	34,700	32,700	28,100	4,580
令和　2　(54)	629	47,600	35,900	33,700	29,000	4,730
3　(55)	597	47,700	37,000	34,700	29,900	4,790
4　(56)	577	48,000	37,300	35,000	30,200	4,800
四　国						
平成 29 年　(57)	369	18,500	15,000	14,400	12,600	1,770
30　(58)	355	17,800	14,300	13,700	12,100	1,600
31（旧）(59)	341	17,100	13,600	12,900	11,400	1,470
31（新）(60)	330	17,400	14,200	13,400	11,500	1,840
令和　2　(61)	305	16,900	13,500	12,800	11,000	1,760
3　(62)	286	16,700	13,400	12,700	10,900	1,780
4　(63)	274	16,700	13,500	12,700	11,100	1,650
九　州						
平成 29 年　(64)	1,620	107,000	81,500	76,100	67,000	9,120
30　(65)	1,520	106,500	80,000	74,600	65,900	8,750
31（旧）(66)	1,470	105,300	77,200	71,000	63,000	8,000
31（新）(67)	1,450	106,200	81,000	74,900	64,200	10,700
令和　2　(68)	1,410	105,500	79,100	73,400	62,900	10,400
3　(69)	1,350	104,000	79,000	73,100	62,800	10,300
4　(70)	1,300	103,100	78,400	72,700	62,500	10,200
沖　縄						
平成 29 年　(71)	73	4,310	3,490	3,320	2,900	420
30　(72)	69	4,190	3,370	3,130	2,760	370
31（旧）(73)	64	4,230	3,250	3,040	2,520	520
31（新）(74)	64	4,330	3,400	3,130	2,680	450
令和　2　(75)	66	4,250	3,370	3,050	2,610	440
3　(76)	64	4,310	3,450	3,130	2,670	460
4　(77)	65	4,040	3,400	3,100	2,670	430
関東農政局						
平成 29 年　(78)	3,470	191,900	148,800	140,700	123,400	17,300
30　(79)	3,260	189,300	145,100	138,300	121,300	17,000
31（旧）(80)	3,090	187,100	142,900	134,900	118,600	16,300
31（新）(81)	3,050	188,600	146,800	137,800	117,500	20,300
令和　2　(82)	2,900	186,000	143,600	134,500	114,700	19,800
3　(83)	2,750	184,200	143,900	134,800	115,200	19,600
4　(84)	2,610	185,900	147,400	137,500	117,300	20,200
東海農政局						
平成 29 年　(85)	496	37,900	30,300	29,200	25,800	3,410
30　(86)	471	37,000	29,300	28,600	25,300	3,280
31（旧）(87)	443	35,500	27,500	27,000	23,900	3,070
31（新）(88)	428	35,800	28,700	27,300	23,500	3,800
令和　2　(89)	414	34,900	27,800	26,500	22,800	3,690
3　(90)	397	33,900	27,300	26,000	22,500	3,520
4　(91)	374	33,300	26,900	25,700	22,200	3,480
中国四国農政局						
平成 29 年　(92)	1,100	62,800	48,400	45,600	40,300	5,330
30　(93)	1,060	62,800	48,100	45,400	40,300	5,100
31（旧）(94)	1,020	62,600	48,100	45,600	40,300	5,350
31（新）(95)	996	63,000	48,900	46,000	39,600	6,420
令和　2　(96)	934	64,500	49,400	46,500	40,000	6,490
3　(97)	883	64,400	50,400	47,300	40,800	6,560
4　(98)	851	64,800	50,800	47,700	41,200	6,450

未 経 産 牛	子 畜（２歳未満の未経産牛）	搾 乳 牛頭 数 割 合	子 畜頭 数 割 合	１戸当たり飼 養 頭 数	対 前 年 比		
		(5)／(4)	(8)／(2)	(2)／(1)	飼 養 戸 数	飼 養 頭 数	
(7)	(8)	(9)	(10)	(11)	(12)	(13)	
頭	頭	%	%	頭	%	%	
2,120	10,900	88.8	24.6	60.3	95.7	96.7	(50)
2,050	11,300	89.0	25.1	63.6	96.3	101.6	(51)
1,700	11,000	88.1	24.2	67.0	95.8	100.9	(52)
2,090	10,800	85.9	23.7	68.5	nc	nc	(53)
2,210	11,700	86.1	24.6	75.7	94.4	104.4	(54)
2,370	10,700	86.2	22.4	79.9	94.9	100.2	(55)
2,340	10,700	86.3	22.3	83.2	96.6	100.6	(56)
650	3,450	87.5	18.6	50.1	94.9	97.4	(57)
640	3,410	88.3	19.2	50.1	96.2	96.2	(58)
720	3,520	88.4	20.6	50.1	96.1	96.1	(59)
830	3,190	85.8	18.3	52.7	nc	nc	(60)
750	3,440	85.9	20.4	55.4	92.4	97.1	(61)
730	3,260	85.8	19.5	58.4	93.8	98.8	(62)
790	3,230	87.4	19.3	60.9	95.8	100.0	(63)
5,370	25,600	88.0	23.9	66.0	97.6	97.1	(64)
5,400	26,500	88.3	24.9	70.1	93.8	99.5	(65)
6,120	28,200	88.7	26.8	71.6	96.7	98.9	(66)
6,170	25,200	85.7	23.7	73.2	nc	nc	(67)
5,760	26,400	85.7	25.0	74.8	97.2	99.3	(68)
5,940	24,900	85.9	23.9	77.0	95.7	98.6	(69)
5,720	24,700	86.0	24.0	79.3	96.3	99.1	(70)
170	820	87.3	19.0	59.0	98.6	99.8	(71)
240	820	88.2	19.6	60.7	94.5	97.2	(72)
210	980	82.9	23.2	66.1	92.8	101.0	(73)
270	940	85.6	21.7	67.7	nc	nc	(74)
320	880	85.6	20.7	64.4	103.1	98.2	(75)
320	860	85.3	20.0	67.3	97.0	101.4	(76)
300	650	86.1	16.1	62.2	101.6	93.7	(77)
8,180	43,100	87.7	22.5	55.3	95.9	97.7	(78)
6,770	44,300	87.7	23.4	58.1	93.9	98.6	(79)
8,030	44,200	87.9	23.6	60.6	94.8	98.8	(80)
8,970	41,900	85.3	22.2	61.8	nc	nc	(81)
9,080	42,400	85.3	22.8	64.1	95.1	98.6	(82)
9,070	40,300	85.5	21.9	67.0	94.8	99.0	(83)
9,890	38,500	85.3	20.7	71.2	94.9	100.9	(84)
1,090	7,640	88.4	20.2	76.4	95.6	97.2	(85)
760	7,720	88.5	20.9	78.6	95.0	97.6	(86)
540	7,970	88.5	22.5	80.1	94.1	95.9	(87)
1,380	7,120	86.1	19.9	83.6	nc	nc	(88)
1,290	7,080	86.0	20.3	84.3	96.7	97.5	(89)
1,290	6,620	86.5	19.5	85.4	95.9	97.1	(90)
1,210	6,430	86.4	19.3	89.0	94.2	98.2	(91)
2,770	14,400	88.4	22.9	57.1	94.8	96.9	(92)
2,690	14,700	88.8	23.4	59.2	96.4	100.0	(93)
2,420	14,500	88.4	23.2	61.4	96.2	99.7	(94)
2,920	14,000	86.1	22.2	63.3	nc	nc	(95)
2,960	15,100	86.0	23.4	69.1	93.8	102.4	(96)
3,100	13,900	86.3	21.6	72.9	94.5	99.8	(97)
3,130	14,000	86.4	21.6	76.1	96.4	100.6	(98)

166 乳 用 牛（累年）

1 乳用牛（続き）

(3) 成畜飼養頭数規模別の飼養戸数（全国）（平成14年〜令和4年）

区　　分	計	成　　畜　　飼　　養					
		小　　計	1 〜 9頭	10 〜 14	15 〜 19	20 〜 29	30 〜 39
平成 14 年 (1)	30,700	30,100	3,200	2,340	2,360	5,160	4,940
15 (2)	29,500	29,000	2,980	2,270	2,380	4,840	4,480
16 (3)	28,600	27,900	3,090	2,080	2,190	4,460	4,490
17 (4)	27,400	26,900	2,980	1,980	2,170	4,270	4,200
18 (5)	26,300	25,700	2,900	1,860	1,990	4,110	3,920
19 (6)	25,100	24,600	2,660	1,660	1,890	3,850	3,780
20 (7)	24,100	23,500	1) 5,630	…	…	3,720	2) 6,550
21 (8)	22,800	22,300	1) 5,090	…	…	3,450	2) 5,960
22 (9)	21,700	21,200	1) 4,870	…	…	3,120	2) 5,880
23 (10)	20,800	20,300	1) 4,690	…	…	3,030	2) 5,450
24 (11)	19,900	19,400	1) 4,340	…	…	2,940	2) 5,210
25 (12)	19,100	18,800	1) 4,050	…	…	2,710	2) 5,170
26 (13)	18,300	17,900	1) 3,820	…	…	2,510	2) 4,750
27 (14)	17,400	16,900	1) 3,530	…	…	2,370	2) 4,630
28 (15)	16,700	16,300	1) 3,300	…	…	2,300	2) 4,200
29 (16)	16,100	15,700	1) 3,100	…	…	2,270	2) 3,960
30 (17)	15,400	15,100	1) 2,900	…	…	2,160	2) 3,810
31 (旧) (18)	14,800	14,400	1) 2,910	…	…	1,910	2) 3,690
31 (新) (19)	14,900	14,600	1) 2,960	…	…	2,000	2) 3,690
令和 2 (20)	14,400	14,000	1) 2,890	…	…	1,880	2) 3,500
3 (21)	13,800	13,500	1) 2,710	…	…	1,740	2) 3,280
4 (22)	13,300	13,000	1) 2,510	…	…	1,590	2) 3,120

注： 1　この統計表の平成14年から平成31年（旧）までの数値は、学校、試験場等の非営利的な飼養者は含まない（以下(4)から(8)まで及び
　　　2(3)から(4)までにおいて同じ。）。
　　2　平成15年の（　）は、平成16年から飼養戸数の3桁以下の数値を原数表示したことに対応する数値である（以下(5)、(7)、3(3)及び
　　　4(3)において同じ。）。
　　3　平成20年から階層区分を変更し、「1〜9頭」、「10〜14」及び「15〜19」を「1〜19頭」に、「30〜39」及び「40〜49」を「30〜
　　　49」にした（以下(4)から(8)までにおいて同じ。）。
　　4　令和2年から階層区分を変更し、「100頭以上」を「100〜199」及び「200頭以上」にした（以下(4)から(8)までにおいて同じ。）。
　　1)は「10〜14」及び「15〜19」を含む（以下(4)から(8)までにおいて同じ。）。
　　2)は「40〜49」を含む（以下(4)から(8)までにおいて同じ。）。
　　3)は「200頭以上」を含む（以下(4)から(8)までにおいて同じ。）。

(4) 成畜飼養頭数規模別の飼養頭数（全国）（平成14年〜令和4年）

区　　分	計	成　　畜　　飼　　養					
		小　　計	1 〜 9頭	10 〜 14	15 〜 19	20 〜 29	30 〜 39
平成 14 年 (1)	1,697,000	1,690,000	27,400	37,400	49,300	166,700	223,100
15 (2)	1,683,000	1,674,000	26,800	34,200	51,400	161,300	207,900
16 (3)	1,665,000	1,656,000	26,500	31,900	46,800	139,600	205,400
17 (4)	1,630,000	1,623,000	28,900	31,000	48,300	137,200	182,600
18 (5)	1,611,000	1,603,000	30,000	29,300	47,000	132,600	184,300
19 (6)	1,568,000	1,561,000	27,300	25,300	45,200	123,800	176,400
20 (7)	1,507,000	1,493,000	1) 83,500	…	…	118,100	2) 330,100
21 (8)	1,477,000	1,467,000	1) 70,000	…	…	106,900	2) 304,200
22 (9)	1,460,000	1,450,000	1) 70,700	…	…	95,900	2) 300,200
23 (10)	1,442,000	1,433,000	1) 71,600	…	…	94,200	2) 280,200
24 (11)	1,423,000	1,415,000	1) 66,500	…	…	95,300	2) 273,200
25 (12)	1,392,000	1,384,000	1) 71,500	…	…	88,100	2) 281,200
26 (13)	1,360,000	1,352,000	1) 63,300	…	…	81,700	2) 259,100
27 (14)	1,335,000	1,325,000	1) 59,000	…	…	77,000	2) 249,100
28 (15)	1,309,000	1,298,000	1) 53,200	…	…	72,400	2) 224,000
29 (16)	1,287,000	1,272,000	1) 47,500	…	…	75,600	2) 215,300
30 (17)	1,293,000	1,276,000	1) 47,200	…	…	71,000	2) 196,700
31 (旧) (18)	1,293,000	1,268,000	1) 49,600	…	…	64,900	2) 191,700
31 (新) (19)	1,339,000	1,323,000	1) 61,600	…	…	72,700	2) 207,200
令和 2 (20)	1,352,000	1,339,000	1) 62,900	…	…	70,200	2) 206,200
3 (21)	1,356,000	1,339,000	1) 59,200	…	…	63,400	2) 190,600
4 (22)	1,371,000	1,353,000	1) 59,200	…	…	61,500	2) 175,100

単位：戸

頭　　数　　規　　模						子畜のみ	
40 ～ 49	50 ～ 79	80 ～ 99	100 ～ 199	200 頭以上	300 頭以上		
3,980	5,710	1,090	3) 1,360	…	…	530	(1)
3,830	5,510	1,190	3) 1,510	…	…	(534) 530	(2)
3,400	5,410	1,260	3) 1,570	…	…	618	(3)
3,270	5,140	1,260	3) 1,590	…	…	520	(4)
3,210	4,940	1,200	3) 1,570	…	…	594	(5)
3,110	4,880	1,180	3) 1,560	…	…	579	(6)
…	4,630	1,200	3) 1,730	…	153	609	(7)
…	4,580	1,330	3) 1,860	…	173	531	(8)
…	4,210	1,240	3) 1,860	…	158	517	(9)
…	4,010	1,200	3) 1,880	…	211	489	(10)
…	3,910	1,010	3) 2,030	…	203	443	(11)
…	3,860	1,030	3) 1,960	…	198	347	(12)
…	3,730	1,200	3) 1,900	…	260	397	(13)
…	3,520	1,020	3) 1,880	…	255	490	(14)
…	3,460	1,020	3) 2,010	…	234	428	(15)
…	3,420	1,040	3) 1,920	…	244	410	(16)
…	3,140	1,120	3) 1,940	…	260	361	(17)
…	2,950	924	3) 2,000	…	261	410	(18)
…	3,000	1,000	1,390	534	258	322	(19)
…	2,870	952	1,400	561	288	320	(20)
…	2,820	946	1,420	610	316	296	(21)
…	2,750	917	1,450	669	348	310	(22)

単位：頭

頭　　数　　規　　模						子畜のみ	
40 ～ 49	50 ～ 79	80 ～ 99	100 ～ 199	200 頭以上	300 頭以上		
249,200	503,200	138,600	3) 295,000	…	…	7,490	(1)
237,700	479,200	150,700	3) 324,400	…	…	9,630	(2)
217,100	472,000	167,800	3) 348,500	…	…	8,880	(3)
204,100	463,500	164,800	3) 362,600	…	…	7,170	(4)
200,600	427,800	151,400	3) 400,400	…	…	7,980	(5)
192,200	417,700	148,800	3) 404,500	…	…	7,070	(6)
…	392,900	145,700	3) 422,700	…	94,100	14,300	(7)
…	378,400	160,600	3) 446,600	…	106,200	10,200	(8)
…	368,100	146,400	3) 468,500	…	109,200	9,840	(9)
…	359,900	144,600	3) 482,700	…	132,500	8,800	(10)
…	345,900	129,600	3) 504,800	…	137,800	7,690	(11)
…	343,200	133,400	3) 467,000	…	123,200	7,310	(12)
…	335,100	152,500	3) 460,000	…	140,900	8,210	(13)
…	305,200	129,000	3) 505,900	…	148,100	9,280	(14)
…	287,600	128,500	3) 532,400	…	163,900	11,300	(15)
…	286,400	121,900	3) 525,600	…	176,800	14,800	(16)
…	265,900	146,100	3) 549,000	…	186,400	17,300	(17)
…	280,100	107,200	3) 574,800	…	207,100	24,400	(18)
…	276,900	131,800	275,300	297,200	202,500	16,800	(19)
…	269,600	128,500	279,000	322,300	228,400	13,700	(20)
…	264,300	127,600	280,900	353,500	254,000	16,300	(21)
…	256,600	120,900	287,500	392,400	281,100	17,900	(22)

1 乳用牛（続き）

(5) 成畜飼養頭数規模別の飼養戸数（北海道）（平成14年～令和4年）

区　　分	計	小　　計	成畜飼養 1 ～ 9頭	10 ～ 14	15 ～ 19	20 ～ 29	30 ～ 39
平成 14 年 (1)	9,360	9,120	280	190	140	660	1,100
15 (2)	9,160	8,910	(289) 290	(164) 160	(239) 240	(547) 550	(983) 980
16 (3)	8,990	8,680	336	162	152	555	992
17 (4)	8,790	8,540	320	184	220	448	1,040
18 (5)	8,550	8,290	341	137	189	463	1,000
19 (6)	8,270	8,030	313	124	167	431	965
20 (7)	8,050	7,720	1) 528	…	…	513	2) 1,940
21 (8)	7,820	7,510	1) 419	…	…	396	2) 1,730
22 (9)	7,650	7,350	1) 448	…	…	322	2) 1,900
23 (10)	7,460	7,130	1) 453	…	…	338	2) 1,700
24 (11)	7,230	6,970	1) 418	…	…	397	2) 1,680
25 (12)	7,080	6,910	1) 483	…	…	352	2) 1,680
26 (13)	6,850	6,660	1) 418	…	…	268	2) 1,550
27 (14)	6,630	6,350	1) 408	…	…	258	2) 1,590
28 (15)	6,440	6,190	1) 391	…	…	264	2) 1,310
29 (16)	6,250	6,010	1) 281	…	…	289	2) 1,290
30 (17)	6,090	5,860	1) 267	…	…	284	2) 1,290
31 (旧) (18)	5,920	5,650	1) 290	…	…	267	2) 1,370
31 (新) (19)	5,990	5,820	1) 428	…	…	321	2) 1,300
令和 2 (20)	5,840	5,670	1) 437	…	…	313	2) 1,240
3 (21)	5,710	5,550	1) 445	…	…	293	2) 1,170
4 (22)	5,560	5,400	1) 445	…	…	279	2) 1,050

(6) 成畜飼養頭数規模別の飼養頭数（北海道）（平成14年～令和4年）

区　　分	計	小　　計	成畜飼養 1 ～ 9頭	10 ～ 14	15 ～ 19	20 ～ 29	30 ～ 39
平成 14 年 (1)	849,000	843,100	5,800	6,670	3,930	28,500	57,700
15 (2)	845,300	837,500	7,310	3,460	6,010	27,300	52,100
16 (3)	855,100	848,200	7,050	3,830	3,690	21,200	53,900
17 (4)	849,800	843,900	8,630	4,210	7,200	20,900	45,200
18 (5)	847,300	840,900	10,500	2,950	8,930	18,400	52,300
19 (6)	827,500	821,700	10,200	2,320	8,040	18,200	51,500
20 (7)	809,800	796,900	1) 15,800	…	…	24,600	2) 117,800
21 (8)	813,700	804,500	1) 9,230	…	…	17,500	2) 111,500
22 (9)	816,600	809,000	1) 11,400	…	…	13,000	2) 113,800
23 (10)	816,200	808,500	1) 12,800	…	…	12,200	2) 101,200
24 (11)	809,900	803,100	1) 13,800	…	…	15,100	2) 100,900
25 (12)	788,400	781,800	1) 20,100	…	…	17,200	2) 110,200
26 (13)	774,100	767,500	1) 13,500	…	…	13,100	2) 101,000
27 (14)	768,700	760,900	1) 13,200	…	…	10,300	2) 98,900
28 (15)	763,300	753,100	1) 13,800	…	…	10,100	2) 81,500
29 (16)	756,800	742,700	1) 7,500	…	…	14,600	2) 85,000
30 (17)	769,400	753,200	1) 11,200	…	…	11,300	2) 73,600
31 (旧) (18)	776,200	753,300	1) 12,200	…	…	14,600	2) 78,900
31 (新) (19)	804,500	789,000	1) 22,800	…	…	18,900	2) 87,500
令和 2 (20)	820,900	808,700	1) 25,900	…	…	18,400	2) 90,400
3 (21)	829,900	815,500	1) 25,700	…	…	17,500	2) 82,000
4 (22)	846,100	829,600	1) 27,900	…	…	19,200	2) 71,500

単位：戸

| 頭 数 規 模 | | | | | | 子畜のみ | |
40 ～ 49	50 ～ 79	80 ～ 99	100 ～ 199	200 頭 以 上	300 頭 以 上		
1,640	3,450	750	3) 910	...	...	240	(1)
1,520	3,310	(842) 840	3) 1,010	...	...	(255) 260	(2)
1,300	3,230	908	3) 1,050	...	...	306	(3)
1,280	3,110	891	3) 1,040	...	...	255	(4)
1,300	3,030	814	3) 1,030	...	...	257	(5)
1,250	2,960	804	3) 1,010	...	...	240	(6)
...	2,820	804	3) 1,110	...	...	330	(7)
...	2,800	949	3) 1,220	...	...	313	(8)
...	2,530	882	3) 1,270	...	...	294	(9)
...	2,510	859	3) 1,280	...	...	329	(10)
...	2,420	644	3) 1,410	...	...	263	(11)
...	2,370	700	3) 1,320	...	...	176	(12)
...	2,280	841	3) 1,290	...	...	194	(13)
...	2,140	708	3) 1,250	...	...	274	(14)
...	2,140	702	3) 1,380	...	...	247	(15)
...	2,160	684	3) 1,310	...	...	244	(16)
...	1,940	773	3) 1,310	...	...	227	(17)
...	1,770	576	3) 1,380	...	...	270	(18)
...	1,790	689	948	333	158	177	(19)
...	1,720	641	961	357	177	173	(20)
...	1,660	636	956	391	194	160	(21)
...	1,610	617	968	429	218	169	(22)

単位：頭

| 頭 数 規 模 | | | | | | 子畜のみ | |
40 ～ 49	50 ～ 79	80 ～ 99	100 ～ 199	200 頭 以 上	300 頭 以 上		
112,500	331,300	99,300	3) 197,400	...	...	5,980	(1)
106,600	309,200	111,800	3) 213,600	...	...	7,790	(2)
100,200	302,600	127,200	3) 228,500	...	...	6,850	(3)
92,700	305,600	124,300	3) 235,200	...	...	5,880	(4)
90,100	278,300	107,400	3) 272,000	...	...	6,440	(5)
85,400	269,900	105,200	3) 270,900	...	...	5,800	(6)
...	257,200	104,600	3) 276,800	...	...	12,900	(7)
...	245,400	120,800	3) 300,000	...	...	9,230	(8)
...	240,000	109,400	3) 321,400	...	...	7,630	(9)
...	241,800	107,500	3) 333,000	...	...	7,700	(10)
...	232,600	87,700	3) 353,100	...	...	6,730	(11)
...	227,600	96,900	3) 309,700	...	...	6,620	(12)
...	222,700	111,800	3) 305,400	...	...	6,560	(13)
...	197,000	93,000	3) 348,500	...	...	7,740	(14)
...	186,800	91,600	3) 369,300	...	...	10,200	(15)
...	189,100	82,400	3) 364,100	...	...	14,100	(16)
...	169,500	107,100	3) 380,500	...	...	16,200	(17)
...	185,600	67,600	3) 394,400	...	...	22,900	(18)
...	179,100	96,000	200,300	184,300	120,600	15,500	(19)
...	176,300	92,000	202,200	203,600	138,400	12,200	(20)
...	170,300	91,400	201,500	227,000	157,000	14,400	(21)
...	164,900	85,700	205,700	254,600	177,600	16,400	(22)

1 乳用牛（続き）

(7) 成畜飼養頭数規模別の飼養戸数（都府県）（平成14年～令和4年）

区　　分		計	成　　　畜　　　飼　　　養					
			小　　計	1 ～ 9頭	10 ～ 14	15 ～ 19	20 ～ 29	30 ～ 39
平成　14 年	(1)	21,300	21,000	2,920	2,150	2,220	4,500	3,850
15	(2)	20,400	20,100	2,690	2,110	2,140	4,300	3,490
16	(3)	19,600	19,300	2,750	1,920	2,030	3,910	3,500
17	(4)	18,600	18,300	2,660	1,800	1,950	3,820	3,160
18	(5)	17,700	17,400	2,560	1,730	1,800	3,650	2,920
19	(6)	16,900	16,500	2,350	1,540	1,720	3,410	2,820
20	(7)	16,000	15,700	1) 5,100	…	…	3,210	2) 4,610
21	(8)	15,000	14,800	1) 4,670	…	…	3,060	2) 4,230
22	(9)	14,000	13,800	1) 4,420	…	…	2,800	2) 3,980
23	(10)	13,300	13,100	1) 4,240	…	…	2,700	2) 3,750
24	(11)	12,600	12,500	1) 3,920	…	…	2,540	2) 3,530
25	(12)	12,000	11,900	1) 3,560	…	…	2,360	2) 3,490
26	(13)	11,500	11,300	1) 3,400	…	…	2,240	2) 3,200
27	(14)	10,800	10,600	1) 3,120	…	…	2,110	2) 3,030
28	(15)	10,300	10,100	1) 2,910	…	…	2,030	2) 2,890
29	(16)	9,860	9,690	1) 2,820	…	…	1,980	2) 2,680
30	(17)	9,350	9,220	1) 2,640	…	…	1,880	2) 2,520
31 (旧)	(18)	8,880	8,740	1) 2,620	…	…	1,650	2) 2,320
31 (新)	(19)	8,900	8,750	1) 2,530	…	…	1,670	2) 2,390
令和　2	(20)	8,520	8,380	1) 2,450	…	…	1,570	2) 2,260
3	(21)	8,120	7,980	1) 2,270	…	…	1,450	2) 2,110
4	(22)	7,740	7,600	1) 2,060	…	…	1,310	2) 2,060

(8) 成畜飼養頭数規模別の飼養頭数（都府県）（平成14年～令和4年）

区　　分		計	成　　　畜　　　飼　　　養					
			小　　計	1 ～ 9頭	10 ～ 14	15 ～ 19	20 ～ 29	30 ～ 39
平成　14 年	(1)	848,200	846,700	21,600	30,800	45,300	138,200	165,400
15	(2)	838,100	836,300	19,500	30,800	45,400	134,000	155,800
16	(3)	809,700	807,600	19,500	28,100	43,100	118,400	151,400
17	(4)	780,600	779,300	20,300	26,800	41,100	116,300	137,400
18	(5)	764,000	762,500	19,500	26,400	38,000	114,100	131,900
19	(6)	740,700	739,500	17,100	23,000	37,100	105,600	124,900
20	(7)	697,500	696,100	1) 67,700	…	…	93,500	2) 212,300
21	(8)	663,200	662,200	1) 60,700	…	…	89,300	2) 192,700
22	(9)	643,100	640,900	1) 59,300	…	…	83,000	2) 186,400
23	(10)	625,800	624,600	1) 58,800	…	…	82,000	2) 178,900
24	(11)	613,000	612,100	1) 52,600	…	…	80,200	2) 172,300
25	(12)	603,200	602,500	1) 51,400	…	…	70,900	2) 170,900
26	(13)	585,800	584,200	1) 49,800	…	…	68,600	2) 158,100
27	(14)	565,900	564,300	1) 45,800	…	…	66,700	2) 150,300
28	(15)	546,200	545,000	1) 39,500	…	…	62,300	2) 142,500
29	(16)	530,200	529,600	1) 40,000	…	…	61,000	2) 130,300
30	(17)	523,700	522,700	1) 36,000	…	…	59,600	2) 123,100
31 (旧)	(18)	516,500	514,900	1) 37,400	…	…	50,300	2) 112,800
31 (新)	(19)	534,900	533,600	1) 38,800	…	…	53,800	2) 119,700
令和　2	(20)	531,400	529,900	1) 37,000	…	…	51,800	2) 115,800
3	(21)	525,900	524,000	1) 33,500	…	…	45,900	2) 108,500
4	(22)	525,100	523,600	1) 31,300	…	…	42,300	2) 103,600

単位：戸

頭 数 規 模				200 頭 以 上	300 頭 以 上	子 畜 の み	
40 ～ 49	50 ～ 79	80 ～ 99	100 ～ 199				
2,340	2,250	340	3) 460	...	...	290	(1)
2,310	2,200	(350) 350	3) (503) 500	...	...	(279) 280	(2)
2,090	2,180	356	3) 528	...	...	312	(3)
1,990	2,030	366	3) 550	...	...	265	(4)
1,910	1,910	386	3) 543	...	...	337	(5)
1,860	1,910	379	3) 544	...	...	339	(6)
...	1,820	394	3) 621	...	...	279	(7)
...	1,790	380	3) 635	...	...	218	(8)
...	1,670	354	3) 593	...	...	223	(9)
...	1,510	336	3) 600	...	...	160	(10)
...	1,480	365	3) 622	...	...	180	(11)
...	1,490	329	3) 643	...	...	171	(12)
...	1,440	356	3) 610	...	...	203	(13)
...	1,380	308	3) 624	...	...	216	(14)
...	1,320	322	3) 632	...	...	181	(15)
...	1,260	351	3) 613	...	...	166	(16)
...	1,200	345	3) 635	...	...	134	(17)
...	1,180	348	3) 625	...	...	140	(18)
...	1,200	313	439	201	100	145	(19)
...	1,140	311	434	204	111	147	(20)
...	1,160	310	462	219	122	136	(21)
...	1,140	300	485	240	130	141	(22)

単位：頭

頭 数 規 模				200 頭 以 上	300 頭 以 上	子 畜 の み	
40 ～ 49	50 ～ 79	80 ～ 99	100 ～ 199				
136,700	171,900	39,200	3) 97,600	...	...	1,510	(1)
131,100	170,000	38,900	3) 110,800	...	...	1,840	(2)
117,000	169,500	40,600	3) 120,000	...	...	2,030	(3)
111,400	157,900	40,600	3) 127,500	...	...	1,290	(4)
110,500	149,600	44,000	3) 128,400	...	...	1,550	(5)
106,800	147,800	43,600	3) 133,600	...	...	1,270	(6)
...	135,600	41,000	3) 145,900	...	...	1,420	(7)
...	133,000	39,800	3) 146,600	...	...	960	(8)
...	128,100	37,000	3) 147,100	...	...	2,210	(9)
...	118,100	37,100	3) 149,700	...	...	1,100	(10)
...	113,300	41,900	3) 151,700	...	...	960	(11)
...	115,500	36,500	3) 157,300	...	...	700	(12)
...	112,400	40,700	3) 154,600	...	...	1,650	(13)
...	108,200	35,900	3) 157,400	...	...	1,540	(14)
...	100,800	36,900	3) 163,100	...	...	1,110	(15)
...	97,300	39,500	3) 161,500	...	...	690	(16)
...	96,500	39,000	3) 168,500	...	...	1,050	(17)
...	94,500	39,600	3) 180,400	...	...	1,540	(18)
...	97,800	35,800	75,000	112,900	81,900	1,260	(19)
...	93,300	36,500	76,900	118,600	90,000	1,520	(20)
...	94,000	36,200	79,400	126,400	97,000	1,890	(21)
...	91,700	35,200	81,800	137,800	103,400	1,430	(22)

172 乳 用 牛（累年）

1 乳用牛（続き）

(9) 月別経産牛頭数（各月1日現在）（全国）

単位：千頭

年次	1月	2	3	4	5	6	7	8	9	10	11	12
平成 14 年	1,121	1,126	1,118	1,119	1,121	1,122	1,126	1,129	1,116	1,114	1,113	1,113
15	1,116	1,120	1,109	1,107	1,109	1,112	1,114	1,114	1,094	1,092	1,089	1,087
16	1,088	1,088	1,086	1,087	1,087	1,086	1,083	1,085	1,058	1,054	1,053	1,059
17	1,051	1,055	1,059	1,060	1,062	1,060	1,061	1,058	1,049	1,047	1,045	1,043
18	1,043	1,046	1,051	1,050	1,051	1,049	1,048	1,047	1,035	1,028	1,024	1,020
19	1,014	1,011	992	994	996	995	997	996	1,011	995	992	991
20	996	998	968	970	978	974	974	973	971	970	971	969
21	972	985	966	965	966	966	963	963	962	959	957	958
22	960	964	943	941	941	939	941	937	933	931	933	929
23	933	933	924	924	926	929	930	929	929	929	931	934
24	936	943	934	931	929	925	924	926	922	927	921	919
25	920	923	912	915	915	910	906	901	897	892	889	887
26	891	893	868	868	870	883	871	871	868	877	877	864
27	867	870	859	859	861	862	863	864	866	867	869	869
28	870	871	846	849	850	851	851	849	849	848	848	846
29	848	852	838	840	841	842	841	841	840	840	839	839
30	841	847	(851)837	(850)832	(851)833	(853)835	(854)834	(852)833	(849)833	(846)834	(843)835	(841)835
31	(841)838	(841)839	837	839	841	844	846	845	844	840	837	836
令和 2	837	839	838	842	845	848	851	852	851	849	848	847
3	849	849	852	855	858	861	864	867	866	865	863	861
4	863	862	1)‥	1)‥	1)‥	1)‥	1)‥	1)‥	1)‥	1)‥	1)‥	1)‥

注：1 この統計表の数値は表示単位未満を四捨五入した（以下(10)及び2(5)アからイまでにおいて同じ。）。
2 平成14年1月から平成15年8月までは乳用牛予察調査、平成15年9月から平成31年2月までは畜産統計調査、平成31年3月以降は牛個体識別全国データベース等の行政記録情報や関係統計により集計した加工統計である。
3 平成30年3月から平成31年2月までの（ ）は、平成31年3月以降の集計方法による数値である。
1)は令和5年2月1日現在の統計において対象となる期間である（以下(10)において同じ。）。

(10) 月別出生頭数（月間）（全国）

単位：千頭

年次	1月	2	3	4	5	6	7	8	9	10	11	12
乳用種めす												
平成 28 年	19	18	19	18	17	19	22	22	20	19	19	20
29	18	18	20	20	17	19	23	23	22	22	22	21
30	20	(19)19	(22)22	(20)20	(21)21	(23)23	(25)25	(25)25	(24)24	(24)23	(23)22	(23)22
31	(24)21	20	22	20	21	22	26	27	24	24	23	23
令和 2	24	20	22	21	19	21	25	26	24	23	23	23
3	24	20	23	22	19	21	26	27	26	25	24	24
4	18	1)‥	1)‥	1)‥	1)‥	1)‥	1)‥	1)‥	1)‥	1)‥	1)‥	1)‥
乳用種おす												
平成 28 年	16	16	17	16	15	17	20	20	18	17	17	17
29	13	15	16	16	13	15	18	19	18	17	16	16
30	14	(13)13	(16)16	(14)14	(15)15	(16)16	(18)18	(18)18	(17)17	(16)16	(16)15	(16)16
31	(15)14	13	15	13	14	17	18	16	15	15	15	15
令和 2	13	15	13	12	11	13	15	16	15	14	14	14
3	14	‥	‥	‥	‥	‥	‥	‥	‥	‥	‥	‥
交 雑 種												
平成 28 年	18	21	22	21	18	21	24	24	23	23	23	21
29	14	19	21	20	18	19	22	23	23	22	22	22
30	16	(19)19	(20)20	(18)18	(18)18	(19)19	(22)22	(22)22	(21)21	(22)21	(21)21	(22)21
31	(22)18	18	19	17	17	18	23	24	22	23	23	24
令和 2	23	20	21	20	17	20	24	27	25	26	25	27
3	26	‥	‥	‥	‥	‥	‥	‥	‥	‥	‥	‥

注：1 この統計表の乳用種めすの平成30年1月までの数値は乳用向けめす出生頭数である。
2 平成28年1月から平成31年1月までは畜産統計調査、平成31年2月以降は牛個体識別全国データベース等の行政記録情報や関係統計により集計した加工統計である。
3 平成30年2月から平成31年1月までの（ ）は、平成31年2月以降の集計方法による数値である。
4 乳用種おす及び交雑種の月別出生頭数は、令和3年2月1日現在の統計をもって集計をとりやめた。

2 肉用牛

(1) 飼養戸数・頭数（全国）（昭和35年～令和4年）

年　　次	飼養戸数	乳用種のいる戸数	合計 (4)＋(24)	飼　養 肉 計	肥育用牛	め 小計	1歳未満
	(1) 戸	(2) 戸	(3) 頭	(4) 頭	(5) 頭	(6) 頭	(7) 頭
昭和 35 年 (1)	2,031,000	…	2,340,000	…	…	1,685,000	…
36 (2)	1,963,000	…	2,313,000	…	…	1,660,000	…
37 (3)	1,879,000	…	2,332,000	…	…	1,686,000	…
38 (4)	1,803,000	…	2,337,000	…	…	1,668,000	…
39 (5)	1,673,000	…	2,208,000	…	…	1,550,000	…
40 (6)	1,435,000	…	1,886,000	…	…	1,314,000	…
41 (7)	1,163,000	…	1,577,000	…	…	1,111,000	…
42 (8)	1,066,000	…	1,551,000	…	…	1,062,000	…
43 (9)	1,027,000	…	1,666,000	…	…	1,080,000	…
44 (10)	988,500	…	1,795,000	…	…	1,138,000	…
45 (11)	901,600	…	1,789,000	…	…	1,165,000	…
46 (12)	797,300	…	1,759,000	1,573,000	…	1,089,000	…
47 (13)	673,200	…	1,749,000	1,454,000	…	974,400	…
48 (14)	595,400	…	1,818,000	1,373,000	…	936,400	…
49 (15)	532,200	75,700	1,898,000	1,373,000	…	932,200	…
50 (16)	473,600	55,800	1,857,000	1,382,000	…	949,400	…
51 (17)	449,600	51,700	1,912,000	1,427,000	500,200	989,000	…
52 (18)	424,200	50,100	1,987,000	1,455,000	…	993,700	…
53 (19)	401,600	44,400	2,030,000	1,464,000	…	977,300	…
54 (20)	380,800	42,900	2,083,000	1,454,000	…	963,800	…
55 (21)	364,000	41,900	2,157,000	1,465,000	…	992,000	219,000
56 (22)	352,800	45,900	2,281,000	1,478,000	582,600	985,900	…
57 (23)	340,200	42,100	2,382,000	1,529,000	…	1,018,000	…
58 (24)	328,400	38,600	2,492,000	1,606,000	604,200	1,063,000	…
59 (25)	314,800	34,700	2,572,000	1,658,000	643,500	1,086,000	…
60 (26)	298,000	31,600	2,587,000	1,646,000	…	1,079,000	…
61 (27)	287,100	30,100	2,639,000	1,662,000	691,700	1,077,000	…
62 (28)	272,400	29,000	2,645,000	1,627,000	701,600	1,047,000	…
63 (29)	260,100	27,500	2,650,000	1,615,000	695,900	1,041,000	…
平成 元 (30)	246,100	25,300	2,651,000	1,627,000	696,500	1,046,000	…
2 (31)	232,200	22,800	2,702,000	1,664,000	701,000	1,066,000	…
3 (32)	221,100	19,900	2,805,000	1,732,000	721,700	1,115,000	238,200
4 (33)	210,100	16,600	2,898,000	1,815,000	736,100	1,163,000	246,700
5 (34)	199,000	14,800	2,956,000	1,868,000	759,500	1,191,000	252,900
6 (35)	184,400	13,500	2,971,000	1,879,000	793,300	1,194,000	254,500
7 (36)	169,700	12,100	2,965,000	1,872,000	822,800	1,168,000	…
8 (37)	154,900	11,000	2,901,000	1,824,000	803,600	1,147,000	235,900
9 (38)	142,800	10,200	2,851,000	1,780,000	784,500	1,119,000	229,300
10 (39)	133,400	10,000	2,848,000	1,740,000	745,800	1,102,000	225,400
11 (40)	124,600	9,620	2,842,000	1,711,000	729,700	1,084,000	223,000
12 (41)	116,500	9,060	2,823,000	1,700,000	732,500	1,069,000	…
13 (42)	110,100	9,170	2,806,000	1,679,000	704,400	1,066,000	208,500
14 (43)	104,200	8,790	2,838,000	1,711,000	725,900	1,078,000	212,200
15 (44)	98,100	7,980	2,805,000	1,705,000	729,800	1,069,000	218,700
16 (45)	93,900	8,220	2,788,000	1,709,000	719,200	1,073,000	222,200
17 (46)	89,600	8,060	2,747,000	1,697,000	716,400	1,078,000	217,600
18 (47)	85,600	7,980	2,755,000	1,703,000	716,200	1,090,000	205,800
19 (48)	82,300	7,720	2,806,000	1,742,000	737,100	1,113,000	214,600
20 (49)	80,400	7,470	2,890,000	1,823,000	770,100	1,169,000	225,600
21 (50)	77,300	7,630	2,923,000	1,889,000	809,100	1,215,000	242,000
22 (51)	74,400	7,170	2,892,000	1,924,000	844,100	1,234,000	244,500
23 (52)	69,600	6,730	2,763,000	1,868,000	822,700	1,205,000	233,000
24 (53)	65,200	6,360	2,723,000	1,831,000	810,500	1,181,000	223,900
25 (54)	61,300	6,100	2,642,000	1,769,000	789,800	1,141,000	211,300
26 (55)	57,500	5,950	2,567,000	1,716,000	772,000	1,104,000	208,600
27 (56)	54,400	5,480	2,489,000	1,661,000	740,700	1,069,000	204,200
28 (57)	51,900	5,170	2,479,000	1,642,000	720,000	1,054,000	199,100
29 (58)	50,100	5,130	2,499,000	1,664,000	722,300	1,070,000	198,000
30 (59)	48,300	4,850	2,514,000	1,701,000	736,600	1,091,000	205,000
31(旧) (60)	46,300	4,670	2,503,000	1,734,000	753,400	1,114,000	217,000
31(新) (61)	45,600	4,730	2,527,000	1,751,000	765,200	1,115,000	238,200
令和 2 (62)	43,900	4,560	2,555,000	1,792,000	784,600	1,138,000	244,600
3 (63)	42,100	4,390	2,605,000	1,829,000	799,400	1,162,000	255,600
4 (64)	40,400	4,270	2,614,000	1,812,000	798,300	1,158,000	228,200

注：1)は2歳未満である。
　　2)は2歳以上である。

		す		子取り用めす牛				
1	2歳以上	小計	1歳未満	1	2	3歳以上		
(8)	(9)	(10)	(11)	(12)	(13)	(14)		
頭	頭	頭	頭	頭	頭	頭		
1) 400,500	1,284,000	…	…	…	…	…	(1)
1) 310,700	1,350,000	…	…	…	…	…	(2)
1) 331,700	1,354,000	…	…	…	…	…	(3)
1) 359,100	1,309,000	…	…	…	…	…	(4)
1) 349,900	1,200,000	…	…	…	…	…	(5)
1) 394,800	919,100	…	…	…	…	…	(6)
1) 377,300	733,400	…	…	…	…	…	(7)
1) 362,200	700,200	…	…	…	…	…	(8)
1) 365,100	715,200	…	…	…	…	…	(9)
1) 389,700	748,700	…	…	…	…	…	(10)
1) 370,200	794,400	…	…	…	…	…	(11)
1) 374,800	714,200	…	…	…	…	…	(12)
1) 361,000	613,400	…	…	…	…	…	(13)
1) 348,500	587,900	…	…	…	…	…	(14)
1) 337,600	594,600	…	…	…	…	…	(15)
1) 340,100	609,300	…	…	…	…	…	(16)
1) 344,300	644,700	681,300	…	…	…	…	(17)
1) 351,400	642,300	…	…	…	…	…	(18)
1) 345,600	631,700	…	…	…	…	…	(19)
1) 341,400	623,300	…	…	…	…	…	(20)
154,000	619,000	…	…	…	…	…	(21)
1) 353,300	632,600	679,800	…	…	…	…	(22)
1) 375,100	642,700	…	…	…	…	…	(23)
1) 391,800	671,100	742,800	…	…	…	…	(24)
1) 408,300	678,000	741,700	…	…	…	…	(25)
1) 414,400	664,600	…	…	…	…	…	(26)
1) 397,800	678,900	695,400	…	…	…	…	(27)
1) 390,900	655,800	671,800	…	105,700	2) 566,100	…	(28)
1) 389,800	651,000	666,200	…	101,500	2) 564,700	…	(29)
1) 387,900	658,600	672,900	…	99,400	2) 573,400	…	(30)
…	…	686,500	…	…	…	…	(31)
174,700	701,900	713,700	34,500	66,900	2) 612,300	…	(32)
183,000	733,500	739,000	35,500	67,800	2) 635,600	…	(33)
186,200	752,400	744,700	34,500	65,400	2) 644,800	…	(34)
192,500	747,400	724,600	31,100	60,700	2) 632,800	…	(35)
…	…	700,500	…	…	…	…	(36)
186,900	724,100	672,600	26,100	55,800	2) 590,600	…	(37)
182,500	706,800	653,900	24,200	55,900	2) 573,700	…	(38)
182,800	693,600	649,100	23,000	55,400	2) 570,700	…	(39)
178,400	682,500	644,200	23,200	52,800	2) 568,200	…	(40)
…	…	635,500	…	…	…	…	(41)
198,500	659,400	634,600	23,000	56,400	2) 555,100	…	(42)
194,900	671,400	636,900	26,500	55,700	2) 554,800	…	(43)
194,100	656,000	642,900	28,300	57,700	2) 556,800	…	(44)
207,800	642,700	628,000	26,600	55,100	2) 546,200	…	(45)
215,100	645,800	623,200	25,900	54,300	60,800	482,300	(46)
225,500	658,400	621,500	27,900	57,300	58,200	478,000	(47)
230,000	668,700	635,900	27,900	59,500	61,000	487,500	(48)
242,100	701,300	667,300	33,100	63,200	64,700	506,300	(49)
253,800	719,300	682,100	31,400	67,900	66,900	515,900	(50)
262,700	727,200	683,900	33,200	62,400	69,700	518,700	(51)
258,100	714,200	667,900	31,500	61,800	61,700	512,900	(52)
251,800	705,300	642,200	28,400	54,100	59,900	499,800	(53)
247,000	682,400	618,400	25,900	51,400	57,100	484,000	(54)
234,600	660,900	595,200	27,400	48,300	49,800	469,700	(55)
231,200	634,000	579,500	26,800	47,900	48,600	456,200	(56)
232,400	622,000	589,100	28,100	50,000	52,500	458,500	(57)
232,000	640,100	597,300	35,500	50,800	49,500	461,400	(58)
235,400	651,000	610,400	36,400	56,800	52,100	465,100	(59)
242,100	655,000	625,900	38,300	59,500	55,600	472,400	(60)
235,800	641,400	605,300	…	…	…	…	(61)
238,500	654,600	622,000	…	…	…	…	(62)
243,900	662,100	632,800	…	…	…	…	(63)
248,700	681,400	636,800	…	…	…	…	(64)

2 肉用牛（続き）

(1) 飼養戸数・頭数（全国）（昭和35年～令和4年）（続き）

年次		飼養頭数（続き）							
		肉用種（続き）					おす		
		めす（続き）							
		子取り用めす牛（続き）					小計	1歳未満	1
		子取り用めす牛のうち、出産経験のある牛							
		小計	2歳以下	3	4	5歳以上			
		(15)	(16)	(17)	(18)	(19)	(20)	(21)	(22)
		頭	頭	頭	頭	頭	頭	頭	頭
昭和 35 年	(1)	...	...	...	...	...	654,900	...	...
36	(2)	...	...	...	...	...	652,800	...	1) 246,300
37	(3)	...	...	...	...	...	646,500	...	1) 275,100
38	(4)	...	...	...	...	...	668,400	...	1) 301,700
39	(5)	...	...	...	...	...	657,600	...	1) 317,500
40	(6)	...	...	...	...	...	572,000	...	1) 343,300
41	(7)	...	...	...	...	...	466,200	...	1) 326,700
42	(8)	...	...	...	...	...	489,100	...	1) 364,800
43	(9)	...	...	...	...	...	585,300	...	1) 453,100
44	(10)	...	...	...	...	...	656,300	...	1) 511,600
45	(11)	...	...	...	...	...	624,300	...	1) 448,900
46	(12)	...	...	...	...	...	483,800	...	1) 367,500
47	(13)	...	...	...	...	...	479,400	...	1) 364,000
48	(14)	...	...	...	...	...	436,600	...	1) 340,800
49	(15)	...	...	...	...	...	441,300	...	1) 337,600
50	(16)	...	...	...	...	...	432,200	...	1) 331,500
51	(17)	...	...	...	...	...	438,000	...	1) 353,500
52	(18)	...	...	...	...	...	461,700	...	1) 366,500
53	(19)	...	...	...	...	...	486,900	...	1) 369,000
54	(20)	...	...	...	...	...	489,000	...	1) 373,800
55	(21)	...	...	...	...	...	473,000	222,000	158,000
56	(22)	...	...	...	...	...	491,800	...	1) 378,500
57	(23)	...	...	...	...	...	511,600	...	1) 393,500
58	(24)	...	...	...	...	...	543,400	...	1) 418,500
59	(25)	...	...	...	...	...	571,500	...	1) 444,700
60	(26)	...	...	...	...	...	567,500	...	1) 449,900
61	(27)	...	...	...	...	...	585,500	...	1) 444,600
62	(28)	...	...	...	...	...	580,200	...	1) 438,600
63	(29)	...	...	...	...	...	574,000	...	1) 432,800
平成 元	(30)	...	...	...	...	...	580,400	...	1) 440,700
2	(31)	...	...	...	...	...	598,000	...	...
3	(32)	...	...	...	...	...	616,900	249,300	216,700
4	(33)	...	...	...	...	...	651,600	260,600	228,500
5	(34)	...	...	...	...	...	676,700	271,200	239,200
6	(35)	...	...	...	...	...	684,300	274,100	243,000
7	(36)	...	...	...	...	...	704,300	...	...
8	(37)	...	...	...	...	...	677,200	265,500	242,000
9	(38)	...	...	...	...	...	661,000	260,500	231,700
10	(39)	...	...	...	...	...	638,000	253,400	223,400
11	(40)	...	...	...	...	...	627,200	242,300	223,800
12	(41)	...	...	...	...	...	630,600	...	...
13	(42)	...	...	...	...	...	613,100	227,800	237,000
14	(43)	...	...	...	...	...	632,800	229,900	250,800
15	(44)	...	...	...	...	...	636,100	240,300	227,600
16	(45)	...	...	...	...	...	636,600	253,500	245,100
17	(46)	...	...	...	...	...	618,900	246,300	248,800
18	(47)	...	...	...	...	...	613,000	238,900	258,200
19	(48)	...	...	...	...	...	628,600	236,200	273,100
20	(49)	...	...	...	...	...	653,800	246,700	279,500
21	(50)	...	...	...	...	...	674,200	260,200	290,900
22	(51)	...	...	...	...	...	689,600	264,300	299,300
23	(52)	...	...	...	...	...	662,600	253,900	289,900
24	(53)	...	...	...	...	...	650,500	245,200	283,000
25	(54)	...	...	...	...	...	628,100	232,300	280,800
26	(55)	...	...	...	...	...	611,700	230,400	267,100
27	(56)	...	...	...	...	...	591,400	223,500	262,000
28	(57)	...	...	...	...	...	588,600	217,300	267,700
29	(58)	...	...	...	...	...	593,800	219,900	263,900
30	(59)	...	...	...	...	...	610,100	231,100	272,700
31（旧）	(60)	...	...	...	...	...	620,300	240,000	276,900
31（新）	(61)	551,100	56,000	64,400	57,300	373,400	635,400	265,200	272,300
令和 2	(62)	558,700	56,900	68,000	63,700	370,100	654,200	270,000	278,700
3	(63)	567,000	58,800	69,700	67,100	371,400	667,200	278,300	281,400
4	(64)	574,600	57,600	71,600	68,800	376,500	653,600	251,200	282,600

	（続き）乳用種				乳用種頭数割合	1戸当たり飼養頭数	対前年比	
2歳以上	計	交雑種	めす	交雑種	(24)／(3)	(3)／(1)	飼養戸数	飼養頭数
(23)	(24)	(25)	(26)	(27)	(28)	(29)	(30)	(31)
頭	頭	頭	頭	頭	%	頭	%	%
...	...	...	...	...	...	1.2	97.4	98.9	(1)
406,500	...	...	...	...	...	1.2	96.7	98.9	(2)
371,400	...	...	...	...	...	1.2	96.6	100.8	(3)
366,800	...	...	...	...	...	1.2	96.0	100.2	(4)
340,100	...	...	...	...	...	1.3	92.8	94.5	(5)
228,700	...	...	...	...	...	1.3	85.8	85.4	(6)
139,500	...	...	...	...	...	1.4	81.1	83.6	(7)
124,300	...	...	...	...	...	1.5	91.7	98.4	(8)
132,200	...	...	...	...	...	1.6	96.3	107.4	(9)
144,700	...	...	...	...	...	1.8	96.3	107.7	(10)
175,400	...	...	...	...	...	2.0	91.2	99.7	(11)
116,300	186,300	...	...	...	10.6	2.2	88.4	98.3	(12)
115,400	294,900	...	...	...	16.9	2.6	84.4	99.4	(13)
95,800	444,600	...	...	...	24.5	3.1	88.4	104.0	(14)
103,600	524,100	...	91,000	...	27.6	3.6	89.4	104.4	(15)
100,700	475,500	...	...	...	25.6	3.9	89.0	97.8	(16)
84,400	485,200	...	...	...	25.4	4.3	94.9	103.0	(17)
95,800	531,400	...	...	...	26.7	4.7	94.4	103.9	(18)
117,900	565,600	...	...	...	27.9	5.1	94.7	102.2	(19)
116,000	629,200	...	...	...	30.2	5.5	94.8	102.6	(20)
93,000	692,000	...	...	...	32.1	5.9	95.6	103.6	(21)
113,300	803,300	...	...	...	35.2	6.5	96.9	105.8	(22)
118,100	852,600	...	...	...	35.8	7.0	96.4	104.4	(23)
125,000	885,800	...	...	...	35.5	7.6	96.5	104.6	(24)
126,800	913,900	...	...	...	35.5	8.2	95.9	103.2	(25)
117,600	941,000	...	...	...	36.4	8.7	94.7	100.6	(26)
140,900	977,200	...	...	...	37.0	9.2	96.3	102.0	(27)
141,700	1,018,000	...	...	...	38.5	9.7	94.9	100.2	(28)
141,200	1,036,000	...	...	...	39.1	10.2	95.5	100.2	(29)
139,800	1,024,000	...	...	...	38.6	10.8	94.6	100.0	(30)
...	1,038,000	...	...	...	38.4	11.6	94.4	101.9	(31)
150,900	1,073,000	186,100	230,000	73,100	38.3	12.7	95.2	103.8	(32)
162,500	1,083,000	211,100	221,800	80,000	37.4	13.8	95.0	103.3	(33)
166,300	1,088,000	276,300	231,600	109,700	36.8	14.9	94.7	102.0	(34)
167,200	1,093,000	304,800	249,400	117,400	36.8	16.1	92.7	100.5	(35)
...	1,093,000	...	...	...	36.9	17.5	92.0	99.8	(36)
169,700	1,077,000	355,900	229,200	140,600	37.1	18.7	91.3	97.8	(37)
168,800	1,072,000	444,500	256,800	180,000	37.6	20.0	92.2	98.3	(38)
161,100	1,108,000	565,900	285,400	227,400	38.9	21.3	93.4	99.9	(39)
161,200	1,131,000	651,200	311,500	261,600	39.8	22.8	93.4	99.8	(40)
...	1,124,000	663,300	305,600	...	39.8	24.2	93.5	99.3	(41)
148,200	1,126,000	681,900	295,100	268,500	40.1	25.5	94.5	99.4	(42)
152,000	1,127,000	643,500	300,900	275,400	39.7	27.2	94.6	101.1	(43)
168,200	1,101,000	629,800	288,800	268,400	39.3	28.6	94.1	98.8	(44)
138,000	1,079,000	608,700	298,200	277,700	38.7	29.7	95.7	99.4	(45)
123,800	1,049,000	578,500	291,200	267,500	38.2	30.7	95.4	98.5	(46)
115,900	1,052,000	583,800	295,900	272,600	38.2	32.2	95.5	100.3	(47)
119,200	1,064,000	604,000	301,400	283,500	37.9	34.1	96.1	101.9	(48)
127,600	1,067,000	635,700	318,100	301,700	36.9	35.9	97.7	103.0	(49)
123,100	1,033,000	622,100	308,500	298,800	35.3	37.8	96.1	101.1	(50)
126,000	968,300	547,300	274,600	264,800	33.5	38.9	96.2	98.9	(51)
118,700	894,800	483,000	243,800	235,100	32.4	39.7	93.5	95.5	(52)
122,300	891,700	499,100	248,700	240,700	32.7	41.8	93.7	98.6	(53)
115,000	873,400	497,900	247,600	240,200	33.1	43.1	94.0	97.0	(54)
114,200	851,400	483,900	241,600	233,400	33.2	44.6	93.8	97.2	(55)
105,900	827,700	482,400	239,500	232,200	33.3	45.8	94.6	97.0	(56)
103,500	837,100	505,300	249,700	242,700	33.8	47.8	95.4	99.6	(57)
110,000	834,700	521,600	258,700	251,500	33.4	49.9	96.5	100.8	(58)
106,300	813,000	517,900	259,500	252,700	32.3	52.0	96.4	100.6	(59)
103,400	768,600	494,200	247,700	240,700	30.7	54.1	95.9	99.6	(60)
97,900	776,600	498,800	250,600	242,600	30.7	55.4	nc	nc	(61)
105,400	763,400	495,400	248,600	240,900	29.9	58.2	96.3	101.1	(62)
107,500	775,800	525,700	263,300	255,700	29.8	61.9	95.9	102.0	(63)
119,900	802,200	555,300	279,000	269,900	30.7	64.7	96.0	100.3	(64)

2 肉用牛(続き)

(2) 飼養戸数・頭数（全国農業地域別）（平成29年～令和4年）

年　次		飼養戸数	乳用種の いる戸数	飼　　　　　　　　養				
				合計 (4)＋(24)	肉			
					計	め		
						肥育用牛	小計	1歳未満
		(1) 戸	(2) 戸	(3) 頭	(4) 頭	(5) 頭	(6) 頭	(7) ・頭
北 海 道								
平成 29 年	(1)	2,610	954	516,500	177,300	48,500	123,000	28,900
30	(2)	2,570	940	524,500	186,600	52,400	128,700	30,700
31（旧）	(3)	2,560	935	512,800	188,700	53,600	130,000	31,000
31（新）	(4)	2,360	867	518,600	190,200	56,400	130,900	31,500
令和 2	(5)	2,350	892	524,700	196,000	57,100	134,800	33,000
3	(6)	2,270	871	536,200	199,500	58,300	137,700	34,200
4	(7)	2,240	821	553,300	201,200	59,000	137,900	33,800
都 府 県								
平成 29 年	(8)	47,500	4,180	1,982,000	1,487,000	673,800	947,200	169,100
30	(9)	45,800	3,910	1,990,000	1,515,000	684,300	962,700	174,300
31（旧）	(10)	43,800	3,740	1,990,000	1,546,000	699,800	984,100	186,000
31（新）	(11)	43,200	3,860	2,009,000	1,561,000	708,800	984,500	206,700
令和 2	(12)	41,600	3,670	2,031,000	1,596,000	727,500	1,003,000	211,600
3	(13)	39,800	3,520	2,068,000	1,629,000	741,100	1,024,000	221,400
4	(14)	38,100	3,450	2,061,000	1,611,000	739,300	1,020,000	194,400
東 北								
平成 29 年	(15)	13,100	698	336,700	258,900	109,700	174,500	31,900
30	(16)	12,500	670	333,200	261,300	112,500	177,000	32,100
31（旧）	(17)	11,800	671	326,900	260,700	109,500	177,100	32,600
31（新）	(18)	11,600	655	336,400	269,900	111,900	181,500	37,100
令和 2	(19)	11,100	642	334,500	270,300	113,100	181,200	37,000
3	(20)	10,500	606	335,100	270,700	114,100	181,400	36,600
4	(21)	10,000	587	334,100	269,000	114,500	180,100	34,400
北 陸								
平成 29 年	(22)	411	157	21,300	10,900	7,010	5,120	1,230
30	(23)	403	140	21,000	11,200	6,910	5,370	1,250
31（旧）	(24)	377	131	21,400	11,200	6,590	5,620	1,380
31（新）	(25)	362	120	21,600	11,400	6,980	5,680	1,440
令和 2	(26)	343	121	21,700	11,900	7,230	6,030	1,430
3	(27)	339	113	21,100	12,500	7,590	6,240	1,500
4	(28)	328	109	20,800	12,600	7,660	6,350	1,480
関 東・東 山								
平成 29 年	(29)	3,200	1,100	279,600	135,500	86,400	64,800	13,300
30	(30)	3,010	1,010	276,700	138,400	87,000	66,600	14,000
31（旧）	(31)	2,890	961	270,400	140,900	87,500	68,300	14,900
31（新）	(32)	2,900	1,010	273,400	142,400	88,800	69,000	15,700
令和 2	(33)	2,790	952	272,400	146,200	91,100	70,900	16,000
3	(34)	2,660	903	277,200	149,500	93,100	72,200	17,100
4	(35)	2,610	878	281,400	150,300	93,900	72,700	15,900
東 海								
平成 29 年	(36)	1,170	406	122,900	71,600	52,900	48,400	8,480
30	(37)	1,140	377	122,200	72,600	54,100	49,200	8,460
31（旧）	(38)	1,100	367	119,900	73,900	54,200	50,100	9,230
31（新）	(39)	1,130	426	120,800	74,400	54,300	50,300	9,500
令和 2	(40)	1,100	402	121,800	75,900	55,100	51,800	9,390
3	(41)	1,060	387	122,200	76,000	55,000	51,600	9,960
4	(42)	1,050	391	125,000	77,700	56,300	53,100	9,200
近 畿								
平成 29 年	(43)	1,610	182	83,100	68,600	41,400	43,000	6,570
30	(44)	1,570	171	84,300	70,800	42,700	44,000	7,290
31（旧）	(45)	1,520	154	85,700	72,500	45,000	44,900	7,410
31（新）	(46)	1,530	151	87,400	74,100	44,800	45,700	8,230
令和 2	(47)	1,500	148	89,100	76,200	46,400	47,400	8,720
3	(48)	1,450	148	90,400	77,700	46,900	48,900	9,540
4	(49)	1,400	135	90,600	77,800	47,500	49,700	8,090

頭			数 種				
用		す					
			子 取 り 用 め す 牛				
1	2歳以上	小計	1歳未満	1	2	3歳以上	
(8)	(9)	(10)	(11)	(12)	(13)	(14)	
頭	頭	頭	頭	頭	頭	頭	
20,700	73,400	73,700	7,220	5,680	7,500	53,300	(1)
21,300	76,700	75,100	5,940	7,960	8,260	52,900	(2)
22,800	76,200	75,600	6,060	8,360	8,220	52,900	(3)
22,900	76,500	73,100	…	…	…	…	(4)
23,200	78,700	75,600	…	…	…	…	(5)
24,400	79,100	76,000	…	…	…	…	(6)
24,100	80,000	76,400	…	…	…	…	(7)
211,300	566,700	523,600	28,300	45,200	42,000	408,100	(8)
214,100	574,300	535,300	30,500	48,800	43,900	412,200	(9)
219,300	578,700	550,300	32,200	51,200	47,400	419,500	(10)
212,900	564,900	532,200	…	…	…	…	(11)
215,300	575,900	546,400	…	…	…	…	(12)
219,600	583,000	556,800	…	…	…	…	(13)
224,600	601,400	560,400	…	…	…	…	(14)
38,600	104,100	97,200	4,820	8,250	8,840	75,300	(15)
39,300	105,600	97,300	5,720	8,510	7,850	75,200	(16)
38,500	105,900	99,400	6,000	10,100	10,500	72,700	(17)
38,500	105,900	98,700	…	…	…	…	(18)
38,100	106,100	99,100	…	…	…	…	(19)
38,600	106,200	99,100	…	…	…	…	(20)
37,700	108,000	99,100	…	…	…	…	(21)
1,150	2,740	2,550	190	310	190	1,850	(22)
1,350	2,780	2,640	190	310	260	1,880	(23)
1,260	2,980	2,960	260	360	360	1,970	(24)
1,260	2,980	2,760	…	…	…	…	(25)
1,530	3,080	2,920	…	…	…	…	(26)
1,380	3,370	3,010	…	…	…	…	(27)
1,350	3,520	3,160	…	…	…	…	(28)
15,800	35,800	30,600	2,230	2,980	2,880	22,600	(29)
16,100	36,500	32,700	2,090	3,500	3,350	23,700	(30)
16,800	36,600	33,200	2,340	3,380	3,340	24,200	(31)
16,800	36,600	32,600	…	…	…	…	(32)
17,100	37,700	33,600	…	…	…	…	(33)
17,100	38,000	34,000	…	…	…	…	(34)
17,500	39,300	34,600	…	…	…	…	(35)
19,700	20,200	12,200	620	1,040	770	9,740	(36)
19,700	21,100	12,200	660	1,070	890	9,550	(37)
20,000	20,900	13,100	860	1,660	960	9,590	(38)
20,000	20,900	13,000	…	…	…	…	(39)
20,600	21,900	13,500	…	…	…	…	(40)
19,600	22,100	13,700	…	…	…	…	(41)
21,100	22,900	14,200	…	…	…	…	(42)
14,900	21,500	19,500	1,680	1,970	2,320	13,500	(43)
14,800	21,900	19,700	1,880	2,060	2,130	13,600	(44)
15,100	22,400	19,800	1,960	1,960	1,740	14,100	(45)
15,100	22,400	20,400	…	…	…	…	(46)
15,300	23,400	20,800	…	…	…	…	(47)
15,600	23,700	21,500	…	…	…	…	(48)
17,100	24,600	21,400	…	…	…	…	(49)

2　肉用牛（続き）

(2)　飼養戸数・頭数（全国農業地域別）（平成29年〜令和4年）（続き）

年次	飼養　　　　養　　　　頭　　　　数（続き）							
	肉　　用　　種（続き）					おす		
	めす用（続き）めす牛（続き）					小計	1歳未満	1
	子取り用めす牛	子取り用めす牛のうち、出産経験のある牛						
	小計	2歳以下	3	4	5歳以上			
	(15)	(16)	(17)	(18)	(19)	(20)	(21)	(22)
	頭	頭	頭	頭	頭	頭	頭	頭
北　海　道								
平成 29 年　(1)	...	...	...	...	...	54,400	30,300	17,400
30　(2)	...	...	...	...	...	57,800	32,700	18,200
31（旧）(3)	...	...	...	...	...	58,700	32,900	19,300
31（新）(4)	69,500	7,970	9,030	7,560	45,000	59,300	33,500	19,400
令和 2　(5)	70,500	8,290	9,110	8,850	44,300	61,200	34,900	19,200
3　(6)	70,800	8,170	9,450	8,870	44,300	61,800	35,300	19,600
4　(7)	71,100	8,130	9,410	9,170	44,400	63,300	36,300	19,900
都　府　県								
平成 29 年　(8)	...	...	...	...	...	539,500	189,600	246,500
30　(9)	...	...	...	...	...	552,200	198,500	254,500
31（旧）(10)	...	...	...	...	...	561,600	207,100	257,500
31（新）(11)	481,600	48,100	55,300	49,800	328,400	576,100	231,800	252,900
令和 2　(12)	488,200	48,600	58,900	54,800	325,900	593,000	235,200	259,500
3　(13)	496,200	50,600	60,200	58,200	327,100	605,400	243,000	261,800
4　(14)	503,500	49,500	62,200	59,700	332,100	590,300	214,800	262,700
東　　　北								
平成 29 年　(15)	...	...	...	...	...	84,300	33,700	34,400
30　(16)	...	...	...	...	...	84,300	33,600	35,500
31（旧）(17)	...	...	...	...	...	83,700	34,800	34,400
31（新）(18)	88,700	9,330	11,400	10,200	57,900	88,400	39,700	34,300
令和 2　(19)	88,900	8,810	11,100	11,100	57,900	89,100	39,700	35,200
3　(20)	88,900	8,830	10,700	11,000	58,400	89,200	39,500	35,300
4　(21)	89,000	8,580	10,800	10,600	58,900	88,900	37,800	35,300
北　　　陸								
平成 29 年　(22)	...	...	...	...	...	5,730	1,710	3,030
30　(23)	...	...	...	...	...	5,800	1,760	2,860
31（旧）(24)	...	...	...	...	...	5,620	1,810	2,980
31（新）(25)	2,600	360	310	230	1,710	5,690	1,890	2,980
令和 2　(26)	2,700	300	420	300	1,680	5,900	2,040	2,950
3　(27)	2,790	310	370	420	1,690	6,220	2,090	3,150
4　(28)	2,940	290	410	370	1,860	6,250	1,970	3,010
関 東 ・ 東 山								
平成 29 年　(29)	...	...	...	...	...	70,700	18,900	36,100
30　(30)	...	...	...	...	...	71,800	19,600	36,100
31（旧）(31)	...	...	...	...	...	72,600	20,900	36,700
31（新）(32)	30,700	3,390	3,610	3,240	20,500	73,400	21,600	36,700
令和 2　(33)	31,300	3,290	4,020	3,580	20,400	75,300	22,100	37,800
3　(34)	31,800	3,650	4,020	3,940	20,200	77,300	22,900	38,900
4　(35)	32,300	3,640	4,270	3,990	20,400	77,600	21,300	39,000
東　　　海								
平成 29 年　(36)	...	...	...	...	...	23,200	7,340	11,600
30　(37)	...	...	...	...	...	23,400	7,450	11,800
31（旧）(38)	...	...	...	...	...	23,800	7,730	12,000
31（新）(39)	11,900	1,450	1,430	1,300	7,710	24,100	8,020	12,000
令和 2　(40)	12,300	1,470	1,660	1,440	7,770	24,100	8,360	11,700
3　(41)	12,500	1,640	1,620	1,630	7,620	24,300	8,220	12,100
4　(42)	13,100	1,530	1,810	1,630	8,110	24,500	7,970	11,900
近　　　畿								
平成 29 年　(43)	...	...	...	...	...	25,600	7,310	12,400
30　(44)	...	...	...	...	...	26,800	7,410	13,800
31（旧）(45)	...	...	...	...	...	27,600	8,380	13,700
31（新）(46)	15,500	1,690	1,730	1,280	10,800	28,400	9,170	13,700
令和 2　(47)	15,900	1,630	1,960	1,690	10,600	28,800	8,530	14,400
3　(48)	16,300	1,760	1,970	1,880	10,700	28,800	9,250	13,300
4　(49)	16,300	1,700	2,050	1,920	10,700	28,100	8,000	13,300

2歳以上	計	交雑種	めす	交雑種	乳用種頭数割合 (24)／(3)	1戸当たり飼養頭数 (3)／(1)	飼養戸数	飼養頭数	
(23)	(24)	(25)	(26)	(27)	(28)	(29)	(30)	(31)	
頭	頭	頭	頭	頭	%	頭	%	%	
6,640	339,200	139,400	70,000	65,900	65.7	197.9	100.4	100.8	(1)
7,030	337,900	144,800	73,300	69,100	64.4	204.1	98.5	101.5	(2)
6,440	324,100	139,600	70,500	66,300	63.2	200.3	99.6	97.8	(3)
6,440	328,400	141,700	72,200	67,000	63.3	219.7	nc	nc	(4)
7,100	328,700	146,700	74,100	69,200	62.6	223.3	99.6	101.2	(5)
6,870	336,700	165,100	82,800	78,000	62.8	236.2	96.6	102.2	(6)
7,080	352,100	176,500	90,200	84,400	63.6	247.0	98.7	103.2	(7)
103,300	495,500	382,200	188,600	185,500	25.0	41.7	96.3	100.8	(8)
99,200	475,100	373,100	186,200	183,600	23.9	43.4	96.4	100.4	(9)
97,000	444,500	354,600	177,200	174,400	22.3	45.4	95.6	100.0	(10)
91,500	448,200	357,100	178,100	175,600	22.3	46.5	nc	nc	(11)
98,300	434,700	348,800	174,500	171,700	21.4	48.8	96.3	101.1	(12)
100,600	439,100	360,700	180,400	177,600	21.2	52.0	95.7	101.8	(13)
112,800	450,100	378,800	188,800	185,500	21.8	54.1	95.7	99.7	(14)
16,200	77,900	53,100	27,000	26,600	23.1	25.7	95.6	100.7	(15)
15,200	71,900	49,300	25,500	25,200	21.6	26.7	95.4	99.0	(16)
14,400	66,200	46,700	24,400	24,100	20.3	27.7	94.4	98.1	(17)
14,400	66,500	46,900	24,600	24,200	19.8	29.0	nc	nc	(18)
14,300	64,200	46,000	24,200	23,800	19.2	30.1	95.7	99.4	(19)
14,400	64,400	47,700	25,300	24,800	19.2	31.9	94.6	100.2	(20)
15,800	65,100	48,100	25,400	24,800	19.5	33.4	95.2	99.7	(21)
1,000	10,400	6,880	4,030	3,930	48.8	51.8	97.2	101.4	(22)
1,180	9,830	6,560	3,500	3,470	46.8	52.1	98.1	98.6	(23)
830	10,100	7,040	3,490	3,450	47.2	56.8	93.5	101.9	(24)
830	10,200	7,090	3,560	3,480	47.2	59.7	nc	nc	(25)
910	9,740	7,160	3,450	3,380	44.9	63.3	94.8	100.5	(26)
980	8,620	7,240	3,270	3,210	40.9	62.2	98.8	97.2	(27)
1,270	8,160	7,380	3,050	3,000	39.2	63.4	96.8	98.6	(28)
15,800	144,000	112,500	56,200	55,600	51.5	87.4	96.7	100.7	(29)
16,000	138,300	110,300	55,400	55,000	50.0	91.9	94.1	99.0	(30)
15,000	129,500	102,800	51,900	51,300	47.9	93.6	96.0	97.7	(31)
15,000	131,000	103,600	52,800	51,800	47.9	94.3	nc	nc	(32)
15,500	126,200	100,700	51,600	50,600	46.3	97.6	96.2	99.6	(33)
15,500	127,700	102,500	52,300	51,300	46.1	104.2	95.3	101.8	(34)
17,300	131,100	108,600	56,600	55,200	46.6	107.8	98.1	101.5	(35)
4,300	51,300	44,300	22,500	22,400	41.7	105.0	97.5	100.7	(36)
4,220	49,500	43,300	21,900	21,700	40.5	107.2	97.4	99.4	(37)
4,100	46,000	40,500	20,300	20,100	38.4	109.0	96.5	98.1	(38)
4,100	46,400	40,900	20,400	20,200	38.4	106.9	nc	nc	(39)
4,070	45,900	40,900	20,500	20,400	37.7	110.7	97.3	100.8	(40)
4,070	46,300	41,800	20,700	20,500	37.9	115.3	96.4	100.3	(41)
4,660	47,400	43,300	21,500	21,300	37.9	119.0	99.1	102.3	(42)
5,920	14,500	13,000	7,340	7,280	17.4	51.6	96.4	102.3	(43)
5,640	13,500	12,200	6,890	6,850	16.0	53.7	97.5	101.4	(44)
5,520	13,200	12,000	6,730	6,650	15.4	56.4	96.8	101.7	(45)
5,520	13,300	12,100	6,790	6,750	15.2	57.1	nc	nc	(46)
5,820	13,000	11,900	6,760	6,700	14.6	59.4	98.0	101.9	(47)
6,330	12,700	11,700	6,790	6,770	14.0	62.3	96.7	101.5	(48)
6,780	12,800	11,900	6,760	6,590	14.1	64.7	96.6	100.2	(49)

2 肉用牛（続き）

(2) 飼養戸数・頭数（全国農業地域別）（平成29年〜令和４年）（続き）

年　　次	飼養戸数	乳用種の いる戸数	飼養 合計 (4)+(24)	肉 計	肥育用牛	め 小計	1歳未満
	(1) 戸	(2) 戸	(3) 頭	(4) 頭	(5) 頭	(6) 頭	(7) 頭
中　　国							
平成 29 年 (50)	2,820	372	118,600	69,100	33,400	45,700	8,230
30 　 (51)	2,740	336	119,400	71,700	34,400	47,400	8,900
31 (旧) (52)	2,620	304	119,500	73,600	35,400	49,000	9,470
31 (新) (53)	2,560	321	121,600	75,600	36,100	49,900	10,400
令和 2 　 (54)	2,430	289	124,300	78,100	37,500	51,600	10,900
3 　 (55)	2,310	277	128,300	80,000	38,400	52,900	11,300
4 　 (56)	**2,220**	**265**	**128,900**	**79,700**	**38,100**	**52,500**	**10,300**
四　　国							
平成 29 年 (57)	741	272	58,300	25,100	16,300	15,100	2,650
30 　 (58)	724	267	58,600	26,200	16,700	15,700	2,860
31 (旧) (59)	695	251	58,100	27,100	16,800	16,200	3,040
31 (新) (60)	684	240	58,600	27,500	17,800	16,400	3,220
令和 2 　 (61)	667	221	59,900	28,500	18,100	17,000	3,350
3 　 (62)	644	206	59,600	28,500	17,800	17,300	3,420
4 　 (63)	**618**	**198**	**60,300**	**29,000**	**18,200**	**17,700**	**3,200**
九　　州							
平成 29 年 (64)	22,000	962	889,700	775,900	320,200	495,500	87,400
30 　 (65)	21,200	914	901,100	789,700	323,100	501,100	89,800
31 (旧) (66)	20,400	873	913,600	811,400	337,500	515,400	98,000
31 (新) (67)	20,100	889	910,000	807,100	341,600	506,500	109,200
令和 2 　 (68)	19,300	840	927,100	829,600	352,200	516,600	112,700
3 　 (69)	18,500	830	952,500	853,000	361,700	531,700	118,900
4 　 (70)	**17,700**	**827**	**941,700**	**837,200**	**357,100**	**528,400**	**100,400**
沖　　縄							
平成 29 年 (71)	2,530	27	72,000	71,200	6,530	55,100	9,460
30 　 (72)	2,470	22	73,600	72,900	6,850	56,300	9,640
31 (旧) (73)	2,380	23	74,700	74,200	7,370	57,500	9,990
31 (新) (74)	2,360	53	78,900	78,200	6,570	59,500	12,000
令和 2 　 (75)	2,350	51	79,700	79,100	6,800	60,300	12,000
3 　 (76)	2,250	46	81,900	81,500	6,540	61,600	13,100
4 　 (77)	**2,170**	**55**	**78,000**	**77,500**	**5,980**	**59,800**	**11,400**
関 東 農 政 局							
平成 29 年 (78)	3,330	1,170	300,300	142,800	92,400	70,400	14,200
30 　 (79)	3,140	1,070	297,000	145,700	93,000	72,100	14,900
31 (旧) (80)	3,000	1,030	289,700	148,200	93,300	73,800	15,800
31 (新) (81)	3,020	1,070	293,000	149,700	94,800	74,500	16,500
令和 2 　 (82)	2,910	1,020	291,600	153,600	97,100	76,200	16,900
3 　 (83)	2,770	964	296,300	157,000	99,200	77,700	18,100
4 　 (84)	**2,720**	**935**	**300,900**	**158,000**	**100,200**	**78,400**	**16,900**
東 海 農 政 局							
平成 29 年 (85)	1,040	338	102,200	64,300	46,900	42,700	7,620
30 　 (86)	1,020	319	101,800	65,300	48,100	43,700	7,580
31 (旧) (87)	981	298	100,600	66,500	48,400	44,600	8,350
31 (新) (88)	1,010	360	101,300	67,100	48,300	44,900	8,610
令和 2 　 (89)	985	335	102,700	68,500	49,100	46,400	8,530
3 　 (90)	952	326	103,100	68,500	48,900	46,200	8,880
4 　 (91)	**940**	**334**	**105,500**	**69,900**	**50,000**	**47,500**	**8,210**
中国四国農政局							
平成 29 年 (92)	3,560	644	177,000	94,200	49,700	60,800	10,900
30 　 (93)	3,470	603	177,900	97,900	51,100	63,100	11,800
31 (旧) (94)	3,320	555	177,600	100,800	52,200	65,100	12,500
31 (新) (95)	3,240	561	180,300	103,100	53,800	66,300	13,700
令和 2 　 (96)	3,100	510	184,200	106,600	55,600	68,600	14,200
3 　 (97)	2,950	483	187,900	108,500	56,200	70,200	14,700
4 　 (98)	**2,840**	**463**	**189,300**	**108,700**	**56,300**	**70,200**	**13,500**

頭		数				
		種				
用			す			
			子 取 り 用 め す 牛			
1	2歳以上	小計	1歳未満	1	2	3歳以上	
(8)	(9)	(10)	(11)	(12)	(13)	(14)	
頭	頭	頭	頭	頭	頭	頭	
10,800	26,700	24,700	1,380	2,030	2,070	19,200	(50)
10,700	27,900	26,100	1,430	2,280	2,410	20,000	(51)
11,100	28,400	26,000	1,920	2,540	2,480	19,100	(52)
11,100	28,400	27,000	...	...	...	...	(53)
11,100	29,600	27,700	...	...	...	...	(54)
11,600	30,100	28,400	...	...	...	...	(55)
10,700	31,400	28,900	...	...	...	...	(56)
5,050	7,380	6,050	430	520	490	4,610	(57)
5,030	7,820	6,800	550	750	560	4,950	(58)
5,270	7,880	7,250	580	910	850	4,920	(59)
5,270	7,880	7,050	...	...	...	...	(60)
5,190	8,460	7,490	...	...	...	...	(61)
5,290	8,570	7,720	...	...	...	...	(62)
5,440	9,060	7,900	...	...	...	...	(63)
100,600	307,500	288,300	14,600	24,300	20,500	228,900	(64)
102,700	308,600	295,000	16,100	27,100	23,100	228,800	(65)
106,300	311,100	304,900	16,400	27,300	23,800	237,400	(66)
99,900	297,400	287,900	...	...	...	...	(67)
101,500	302,400	297,200	...	...	...	...	(68)
105,600	307,200	304,300	...	...	...	...	(69)
109,100	318,900	306,400	...	...	...	...	(70)
4,850	40,800	42,600	2,370	3,760	3,940	32,500	(71)
4,490	42,200	43,000	1,870	3,290	3,330	34,500	(72)
5,040	42,500	43,700	1,880	2,950	3,350	35,600	(73)
5,030	42,400	42,900	...	...	...	...	(74)
4,900	43,300	44,100	...	...	...	...	(75)
4,820	43,700	45,100	...	...	...	...	(76)
4,640	43,800	44,700	...	...	...	...	(77)
18,800	37,500	31,600	2,300	3,100	2,990	23,200	(78)
19,000	38,200	33,600	2,140	3,600	3,510	24,300	(79)
19,700	38,300	34,200	2,420	3,510	3,460	24,900	(80)
19,700	38,300	33,500	...	...	...	...	(81)
20,000	39,300	34,500	...	...	...	...	(82)
19,900	39,700	35,000	...	...	...	...	(83)
20,400	41,100	35,700	...	...	...	...	(84)
16,600	18,500	11,200	560	920	660	9,100	(85)
16,800	19,300	11,300	610	970	740	8,990	(86)
17,100	19,200	12,000	780	1,520	840	8,890	(87)
17,100	19,200	12,100	...	...	...	...	(88)
17,700	20,200	12,500	...	...	...	...	(89)
16,900	20,400	12,700	...	...	...	...	(90)
18,100	21,100	13,200	...	...	...	...	(91)
15,800	34,100	30,700	1,820	2,550	2,550	23,800	(92)
15,700	35,700	32,900	1,970	3,030	2,970	25,000	(93)
16,300	36,300	33,300	2,490	3,450	3,330	24,000	(94)
16,300	36,300	34,000	...	...	...	...	(95)
16,300	38,100	35,200	...	...	...	...	(96)
16,900	38,600	36,100	...	...	...	...	(97)
16,200	40,500	36,800	...	...	...	...	(98)

2　肉用牛（続き）

(2)　飼養戸数・頭数（全国農業地域別）（平成29年～令和4年）（続き）

年　次	飼　養　頭　数 肉　用　種（続き） めす用めす牛（続き） 子取り用めす牛のうち、出産経験のある牛					おす		
	小計 (15)	2歳以下 (16)	3 (17)	4 (18)	5歳以上 (19)	小計 (20)	1歳未満 (21)	1 (22)
	頭	頭	頭	頭	頭	頭	頭	頭
中　　国								
平成 29 年　(50)	・・・	・・・	・・・	・・・	・・・	23,400	9,380	10,500
30　(51)	・・・	・・・	・・・	・・・	・・・	24,300	9,760	11,200
31 (旧)　(52)	・・・	・・・	・・・	・・・	・・・	24,700	10,600	11,000
31 (新)　(53)	24,100	2,550	2,960	2,290	16,300	25,700	11,600	11,000
令和 2　(54)	24,900	2,550	3,060	2,980	16,300	26,500	11,900	11,300
3　(55)	25,400	2,550	3,080	3,060	16,700	27,100	12,300	11,600
4　(56)	26,100	2,550	3,060	3,050	17,500	27,200	11,400	11,800
四　　国								
平成 29 年　(57)	・・・	・・・	・・・	・・・	・・・	9,990	3,060	5,040
30　(58)	・・・	・・・	・・・	・・・	・・・	10,500	3,250	5,500
31 (旧)　(59)	・・・	・・・	・・・	・・・	・・・	11,000	3,520	5,680
31 (新)　(60)	6,210	720	800	570	4,120	11,200	3,720	5,680
令和 2　(61)	6,570	800	850	790	4,130	11,500	3,790	5,670
3　(62)	6,800	670	920	830	4,380	11,200	3,760	5,510
4　(63)	6,990	640	790	910	4,660	11,300	3,520	5,720
九　　州								
平成 29 年　(64)	・・・	・・・	・・・	・・・	・・・	280,400	98,700	130,700
30　(65)	・・・	・・・	・・・	・・・	・・・	288,600	105,700	134,700
31 (旧)　(66)	・・・	・・・	・・・	・・・	・・・	296,000	109,400	138,200
31 (新)　(67)	264,000	25,800	29,100	26,800	182,400	300,600	123,900	133,700
令和 2　(68)	267,200	26,700	32,000	28,800	179,700	313,000	126,700	137,600
3　(69)	272,700	28,300	33,500	31,600	179,300	321,300	131,600	139,500
4　(70)	277,500	27,800	35,100	33,000	181,600	308,900	111,200	140,500
沖　　縄								
平成 29 年　(71)	・・・	・・・	・・・	・・・	・・・	16,100	9,600	2,780
30　(72)	・・・	・・・	・・・	・・・	・・・	16,600	9,840	3,050
31 (旧)　(73)	・・・	・・・	・・・	・・・	・・・	16,700	9,980	2,900
31 (新)　(74)	37,800	2,800	4,060	3,900	27,000	18,800	12,200	2,890
令和 2　(75)	38,300	3,050	3,760	4,140	27,400	18,800	12,100	2,930
3　(76)	39,000	2,940	4,100	3,870	28,100	19,800	13,400	2,480
4　(77)	39,200	2,790	3,810	4,160	28,500	17,700	11,700	2,150
関 東 農 政 局								
平成 29 年　(78)	・・・	・・・	・・・	・・・	・・・	72,400	19,300	37,000
30　(79)	・・・	・・・	・・・	・・・	・・・	73,600	20,200	37,100
31 (旧)　(80)	・・・	・・・	・・・	・・・	・・・	74,500	21,500	37,700
31 (新)　(81)	31,500	3,480	3,720	3,330	21,000	75,300	22,300	37,700
令和 2　(82)	32,100	3,400	4,130	3,690	20,900	77,300	22,900	38,800
3　(83)	32,600	3,730	4,130	4,050	20,700	79,400	23,600	40,000
4　(84)	33,200	3,720	4,370	4,100	21,000	79,700	22,100	40,000
東 海 農 政 局								
平成 29 年　(85)	・・・	・・・	・・・	・・・	・・・	21,600	6,870	10,600
30　(86)	・・・	・・・	・・・	・・・	・・・	21,700	6,890	10,800
31 (旧)　(87)	・・・	・・・	・・・	・・・	・・・	21,900	7,130	11,000
31 (新)　(88)	11,100	1,370	1,320	1,200	7,220	22,200	7,390	11,000
令和 2　(89)	11,500	1,370	1,550	1,330	7,280	22,100	7,590	10,700
3　(90)	11,700	1,560	1,510	1,520	7,110	22,300	7,550	10,900
4　(91)	12,200	1,450	1,710	1,520	7,550	22,500	7,190	11,000
中国四国農政局								
平成 29 年　(92)	・・・	・・・	・・・	・・・	・・・	33,400	12,400	15,600
30　(93)	・・・	・・・	・・・	・・・	・・・	34,800	13,000	16,700
31 (旧)　(94)	・・・	・・・	・・・	・・・	・・・	35,600	14,100	16,600
31 (新)　(95)	30,300	3,270	3,770	2,860	20,400	36,800	15,300	16,600
令和 2　(96)	31,400	3,350	3,910	3,770	20,400	38,000	15,600	17,000
3　(97)	32,200	3,220	4,000	3,890	21,100	38,300	16,100	17,100
4　(98)	33,100	3,190	3,860	3,960	22,100	38,500	14,900	17,500

2歳以上	（続き）乳用種 計	交雑種	めす	交雑種	乳用種頭数割合 (24)／(3)	1戸当たり飼養頭数 (3)／(1)	対前年比 飼養戸数	飼養頭数	
(23)	(24)	(25)	(26)	(27)	(28)	(29)	(30)	(31)	
頭	頭	頭	頭	頭	%	頭	%	%	
3,470	49,500	36,500	22,100	21,500	41.7	42.1	96.6	100.6	(50)
3,350	47,700	36,200	21,600	21,000	39.9	43.6	97.2	100.7	(51)
3,120	45,900	35,400	20,900	20,600	38.4	45.6	95.6	100.1	(52)
3,120	46,100	35,500	21,100	20,700	37.9	47.5	nc	nc	(53)
3,300	46,200	36,200	21,200	20,900	37.2	51.2	94.9	102.2	(54)
3,230	48,300	38,700	22,500	22,200	37.6	55.5	95.1	103.2	(55)
4,030	49,200	40,400	23,900	23,700	38.2	58.1	96.1	100.5	(56)
1,890	33,300	28,600	9,280	9,100	57.1	78.7	95.1	100.0	(57)
1,750	32,300	27,900	8,960	8,880	55.1	80.9	97.7	100.5	(58)
1,760	30,900	26,800	8,770	8,650	53.2	83.6	96.0	99.1	(59)
1,760	31,100	27,000	8,790	8,730	53.1	85.7	nc	nc	(60)
2,010	31,400	27,100	8,450	8,340	52.4	89.8	97.5	102.2	(61)
1,900	31,100	27,400	8,080	7,980	52.2	92.5	96.6	99.5	(62)
2,060	31,300	28,300	8,210	8,120	51.9	97.6	96.0	101.2	(63)
51,000	113,800	86,600	39,900	38,700	12.8	40.4	96.9	100.7	(64)
48,100	111,300	86,800	42,200	41,300	12.4	42.5	96.4	101.3	(65)
48,400	102,200	83,000	40,400	39,300	11.2	44.8	96.2	101.4	(66)
43,000	102,900	83,500	40,200	39,500	11.3	45.3	nc	nc	(67)
48,700	97,500	78,300	38,100	37,400	10.5	48.0	96.0	101.9	(68)
50,200	99,500	83,300	41,300	40,700	10.4	51.5	95.9	102.7	(69)
57,200	104,500	90,500	43,100	42,600	11.1	53.2	95.7	98.9	(70)
3,720	790	690	350	350	1.1	28.5	96.9	102.1	(71)
3,750	650	530	280	280	0.9	29.8	97.6	102.2	(72)
3,820	510	450	250	250	0.7	31.4	96.4	101.5	(73)
3,670	620	540	310	310	0.8	33.4	nc	nc	(74)
3,810	590	510	280	270	0.7	33.9	99.6	101.0	(75)
4,000	470	420	210	210	0.6	36.4	95.7	102.8	(76)
3,790	460	390	240	240	0.6	35.9	96.4	95.2	(77)
16,000	157,500	124,100	61,400	60,800	52.4	90.2	96.5	100.5	(78)
16,300	151,300	121,600	60,300	59,900	50.9	94.6	94.3	98.9	(79)
15,300	141,500	113,300	56,600	55,900	48.8	96.6	95.5	97.5	(80)
15,300	143,200	114,300	57,600	56,500	48.9	97.0	nc	nc	(81)
15,700	138,000	111,300	56,400	55,400	47.3	100.2	96.4	99.5	(82)
15,700	139,300	113,300	57,000	55,900	47.0	107.0	95.2	101.6	(83)
17,600	142,900	119,700	61,600	60,100	47.5	110.6	98.2	101.6	(84)
4,050	37,900	32,700	17,300	17,200	37.1	98.3	98.1	101.2	(85)
3,990	36,500	32,000	16,900	16,800	35.9	99.8	98.1	99.6	(86)
3,810	34,000	30,000	15,600	15,500	33.8	102.5	96.2	98.8	(87)
3,810	34,200	30,100	15,600	15,500	33.8	100.3	nc	nc	(88)
3,810	34,200	30,400	15,700	15,600	33.3	104.3	97.5	101.4	(89)
3,820	34,600	31,000	16,000	15,900	33.6	108.3	96.6	100.4	(90)
4,310	35,600	32,200	16,600	16,400	33.7	112.2	98.7	102.3	(91)
5,350	82,800	65,100	31,400	30,600	46.8	49.7	96.2	100.5	(92)
5,100	80,000	64,100	30,500	29,900	45.0	51.3	97.5	100.5	(93)
4,880	76,800	62,200	29,700	29,200	43.2	53.5	95.7	99.8	(94)
4,880	77,200	62,500	29,800	29,400	42.8	55.6	nc	nc	(95)
5,310	77,600	63,300	29,600	29,200	42.1	59.4	95.7	102.2	(96)
5,130	79,400	66,000	30,600	30,200	42.3	63.7	95.2	102.0	(97)
6,090	80,600	68,700	32,100	31,800	42.6	66.7	96.3	100.7	(98)

2 肉用牛(続き)

(3) 総飼養頭数規模別の飼養戸数（全国）（平成14年～令和4年）

区　　分		計	1 ～ 2 頭	3 ～ 4	5 ～ 9	10 ～ 19
平成 14 年	(1)	103,700	21,000	20,900	24,200	17,000
15	(2)	97,700	19,100	18,700	23,200	16,500
16	(3)	93,300	17,500	17,400	22,400	16,200
17	(4)	89,100	17,200	16,100	21,800	14,900
18	(5)	85,100	16,500	14,500	21,000	14,100
19	(6)	82,000	15,000	13,600	20,300	13,800
20	(7)	80,000	1) 26,300	…	19,200	14,600
21	(8)	76,900	1) 26,100	…	17,800	13,300
22	(9)	74,000	1) 24,300	…	18,000	12,400
23	(10)	69,200	1) 22,400	…	16,000	12,100
24	(11)	64,800	1) 21,200	…	14,300	11,500
25	(12)	60,900	1) 19,300	…	13,500	10,600
26	(13)	57,200	1) 18,100	…	12,900	9,680
27	(14)	54,000	1) 16,700	…	11,500	9,610
28	(15)	51,500	1) 13,800	…	11,600	9,510
29	(16)	49,800	1) 13,200	…	10,300	9,970
30	(17)	48,000	1) 12,400	…	9,620	9,480
31 (旧)	(18)	46,000	1) 11,000	…	9,520	9,120
31 (新)	(19)	45,600	1) 11,500	…	9,470	8,290
令和 2	(20)	43,900	1) 10,700	…	8,890	8,070
3	(21)	42,100	1) 9,700	…	8,260	7,760
4	(22)	40,400	1) 9,020	…	7,830	7,410

注：1　平成20年から階層区分を変更し、「1～2頭」及び「3～4」を「1～4頭」に、「20～29」及び「30～49」を「20～49」
にした（以下(4)において同じ。）。
　　2　令和2年から階層区分を変更し、「20～49」を「20～29」及び「30～49」に、「200頭以上うち500頭以上」を「200～499」
及び「500頭以上」にした（以下(4)において同じ。）。
1)は「3～4」を含む（以下(4)において同じ。）。
2)は「30～49」を含む（以下(4)において同じ。）。
3)は「500頭以上」を含む（以下(4)において同じ。）。

(4) 総飼養頭数規模別の飼養頭数（全国）（平成14年～令和4年）

区　　分		計	1 ～ 2 頭	3 ～ 4	5 ～ 9	10 ～ 19
平成 14 年	(1)	2,794,000	33,600	73,900	163,500	227,000
15	(2)	2,765,000	30,100	65,500	157,300	215,700
16	(3)	2,755,000	28,600	61,300	153,500	219,700
17	(4)	2,710,000	29,000	59,300	158,800	218,400
18	(5)	2,701,000	26,900	52,700	147,300	201,200
19	(6)	2,775,000	24,500	49,200	136,900	194,800
20	(7)	2,857,000	1) 68,600	…	124,100	198,300
21	(8)	2,891,000	1) 82,400	…	127,800	188,200
22	(9)	2,858,000	1) 72,000	…	127,100	173,600
23	(10)	2,736,000	1) 71,000	…	112,600	162,700
24	(11)	2,698,000	1) 65,000	…	103,600	162,200
25	(12)	2,618,000	1) 58,400	…	100,100	152,200
26	(13)	2,543,000	1) 52,700	…	92,800	141,000
27	(14)	2,465,000	1) 46,300	…	82,000	138,900
28	(15)	2,457,000	1) 36,600	…	79,600	138,000
29	(16)	2,475,000	1) 35,700	…	71,100	136,700
30	(17)	2,490,000	1) 31,200	…	66,400	135,000
31 (旧)	(18)	2,478,000	1) 29,100	…	65,200	133,300
31 (新)	(19)	2,527,000	1) 30,800	…	67,200	120,300
令和 2	(20)	2,555,000	1) 28,700	…	63,400	117,300
3	(21)	2,605,000	1) 26,100	…	59,200	113,700
4	(22)	2,614,000	1) 23,800	…	55,100	106,900

単位：戸

20 ～ 29	30 ～ 49	50 ～ 99	100 ～ 199	200 ～ 499	500 頭 以 上	
5,960	5,220	4,150	2,780	3) 2,600	…	(1)
5,710	5,090	4,220	2,750	3) 2,580	…	(2)
5,780	4,740	4,350	2,560	3) 2,400	…	(3)
5,440	4,670	4,100	2,520	3) 2,310	…	(4)
5,420	4,480	4,300	2,520	3) 2,260	…	(5)
5,230	4,680	4,250	2,640	3) 2,420	…	(6)
2) 10,600	…	4,400	2,570	3) 2,430	706	(7)
2) 10,500	…	4,200	2,570	3) 2,390	774	(8)
2) 10,300	…	4,050	2,480	3) 2,510	760	(9)
2) 9,880	…	4,170	2,540	3) 2,190	780	(10)
2) 9,050	…	4,240	2,340	3) 2,190	733	(11)
2) 9,190	…	3,820	2,300	3) 2,190	718	(12)
2) 8,280	…	3,870	2,270	3) 2,140	715	(13)
2) 8,260	…	3,730	2,130	3) 2,110	720	(14)
2) 8,310	…	3,780	2,310	3) 2,280	714	(15)
2) 7,880	…	4,200	2,100	3) 2,220	741	(16)
2) 8,070	…	4,150	2,090	3) 2,210	769	(17)
2) 8,020	…	3,910	2,180	3) 2,250	759	(18)
4,050	4,100	3,890	2,180	1,380	732	(19)
4,010	4,020	3,920	2,180	1,400	743	(20)
3,880	4,130	3,950	2,210	1,420	763	(21)
3,760	**4,060**	**3,860**	**2,220**	**1,430**	**783**	(22)

単位：頭

20 ～ 29	30 ～ 49	50 ～ 99	100 ～ 199	200 ～ 499	500 頭 以 上	
140,300	192,000	288,000	378,200	3) 1,298,000	…	(1)
135,900	189,300	284,600	375,600	3) 1,311,000	…	(2)
140,000	183,900	313,900	372,800	3) 1,281,000	…	(3)
138,300	185,400	299,800	357,400	3) 1,263,000	…	(4)
138,300	178,000	301,300	368,300	3) 1,287,000	…	(5)
130,500	185,700	299,400	378,700	3) 1,375,000	…	(6)
2) 318,000	…	301,400	377,900	3) 1,469,000	918,900	(7)
2) 350,000	…	302,400	367,800	3) 1,472,000	972,500	(8)
2) 335,500	…	301,400	355,100	3) 1,494,000	961,800	(9)
2) 321,900	…	303,700	364,800	3) 1,399,000	947,500	(10)
2) 299,500	…	310,300	342,600	3) 1,415,000	934,700	(11)
2) 307,700	…	284,300	333,300	3) 1,382,000	921,700	(12)
2) 275,600	…	283,500	326,400	3) 1,371,000	915,800	(13)
2) 269,700	…	274,900	308,100	3) 1,346,000	907,100	(14)
2) 257,100	…	272,000	334,300	3) 1,339,000	884,400	(15)
2) 251,800	…	301,000	292,400	3) 1,386,000	948,600	(16)
2) 255,000	…	294,100	293,600	3) 1,414,000	977,200	(17)
2) 260,600	…	275,800	310,000	3) 1,404,000	968,500	(18)
102,000	164,400	282,600	319,400	429,400	1,011,000	(19)
101,500	161,500	286,800	317,600	436,900	1,042,000	(20)
98,600	166,300	290,400	322,600	445,100	1,083,000	(21)
93,900	**161,500**	**280,000**	**320,000**	**444,700**	**1,128,000**	(22)

2　肉用牛(続き)

(5)　肉用種の出生頭数
　　ア　月別出生頭数

単位：千頭

年次	1月	2	3	4	5	6	7	8	9	10	11	12
平成 27 年	42	38	44	43	43	41	44	43	41	38	40	40
28	42	40	45	44	44	43	44	45	41	41	39	43
29	43	39	46	45	46	44	46	(46)46	(43)43	(41)41	(42)42	(45)45
30	(44)44	(40)40	(47)47	(46)46	(46)46	(45)45	(47)47	46	43	41	41	44
31	46	42	48	45	47	45	47	49	45	43	43	45
令和 2	47	44	48	46	47	46	47	…	…	…	…	…

注：1　平成27年1月から平成30年7月までは畜産統計調査、平成30年8月以降は牛個体識別全国データベース等の
　　　行政記録情報や関係統計により集計した加工統計である。
　　2　平成29年8月から平成30年7月までの（　）は、平成30年8月以降の集計方法による数値である。
　　3　肉用種の月別出生頭数は、令和3年2月1日現在の統計をもって集計をとりやめた。

　イ　期間別出生頭数

単位：千頭

| 年次 | 計 | 出　　生　　頭　　数 | | | | | |
| | | 前 半 期 （2月～7月） | | | 後 半 期 （8月～翌年1月） | | |
		小 計	め す	お す	小 計	め す	お す
平成 27 年	497	254	122	132	243	116	127
28	511	260	124	136	251	119	132
29	527	266	127	139	(261)261	(123)123	(138)138
30	534	(272)272	(129)129	(143)143	262	124	138
31	546	273	130	143	272	129	143
令和 2	…	278	133	145	…	…	…

注：1　平成27年前半期から平成30年前半期までは畜産統計調査、平成30年後半期以降は牛個体識別全国データベース等の行政
　　　記録情報や関係統計により集計した加工統計である。
　　2　平成29年後半期及び平成30年前半期の（　）は、平成30年後半期以降の集計方法による数値である。
　　3　肉用種の月別出生頭数（めす・おす計、めす及びおす）は、令和3年2月1日現在の統計をもって集計をとりやめた。

3 豚

(1) 飼養戸数・頭数（全国）（昭和35年～令和4年）

年　　次	飼養戸数	子取り用めす豚のいる戸数	飼養 計	飼養 子取り用めす豚	飼養 種おす豚	飼養 肥育豚	飼養 その他
	(1)	(2)	(3)	(4)	(5)	(6)	(7)
	戸	戸	頭	頭	頭	頭	頭
昭和 35 年 (1)	799,100	…	1,918,000	…	…	…	…
36 (2)	907,800	…	2,604,000	…	…	…	…
37 (3)	1,025,000	…	4,033,000	…	…	…	…
38 (4)	802,600	…	3,296,000	…	…	…	…
39 (5)	711,200	…	3,461,000	…	…	…	…
40 (6)	701,600	…	3,976,000	…	…	…	…
41 (7)	714,300	306,000	5,158,000	…	…	…	…
42 (8)	649,500	298,000	5,975,000	…	…	…	…
43 (9)	530,600	255,900	5,535,000	…	…	…	…
44 (10)	461,000	233,200	5,429,000	…	…	…	…
45 (11)	444,500	255,700	6,335,000	…	…	…	…
46 (12)	398,300	238,700	6,904,000	…	…	…	…
47 (13)	339,700	215,300	6,985,000	…	…	…	…
48 (14)	321,100	223,700	7,490,000	…	…	…	…
49 (15)	277,400	195,800	8,018,000	…	…	…	…
50 (16)	223,400	156,700	7,684,000	…	…	…	…
51 (17)	195,600	147,500	7,459,000	…	…	…	…
52 (18)	178,900	140,600	8,132,000	…	…	…	…
53 (19)	165,200	136,000	8,780,000	…	…	…	…
54 (20)	156,300	130,100	9,491,000	…	…	…	…
55 (21)	141,300	117,800	9,998,000	…	…	…	…
56 (22)	126,700	107,200	10,065,000	…	…	…	…
57 (23)	111,800	95,200	10,040,000	…	…	…	…
58 (24)	100,500	87,400	10,273,000	…	…	…	…
59 (25)	91,500	79,400	10,423,000	…	…	…	…
60 (26)	83,100	73,700	10,718,000	…	…	…	…
61 (27)	74,200	64,800	11,061,000	…	…	…	…
62 (28)	65,100	57,200	11,354,000	…	…	…	…
63 (29)	57,500	50,200	11,725,000	…	…	…	…
平成 元 (30)	50,200	44,100	11,866,000	…	…	…	…
2 (31)	43,400	38,000	11,817,000	…	…	…	…
3 (32)	36,000	31,500	11,335,000	1,111,000	90,100	9,246,000	888,400
4 (33)	29,900	26,500	10,966,000	1,061,000	88,200	8,993,000	823,800
5 (34)	25,300	22,400	10,783,000	1,043,000	86,200	8,867,000	786,900
6 (35)	22,100	19,500	10,621,000	1,008,000	82,000	8,756,000	774,300
7 (36)	18,800	16,600	10,250,000	969,900	80,100	8,473,000	727,100
8 (37)	16,000	14,100	9,900,000	941,300	75,200	8,194,000	689,000
9 (38)	14,400	12,700	9,823,000	933,800	73,600	8,172,000	644,400
10 (39)	13,400	11,900	9,904,000	939,400	72,900	8,268,000	623,400
11 (40)	12,500	11,000	9,879,000	931,400	70,900	8,258,000	618,800
12 (41)	11,700	10,300	9,806,000	929,300	70,600	8,209,000	597,600
13 (42)	10,800	9,450	9,788,000	921,500	67,900	8,214,000	584,900
14 (43)	10,000	8,790	9,612,000	916,400	67,900	8,028,000	599,000
15 (44)	9,430	8,290	9,725,000	929,300	66,000	8,057,000	673,000
16 (45)	8,880	7,770	9,724,000	917,500	63,000	8,052,000	690,900
17 (46)	…	…	…	…	…	…	…
18 (47)	7,800	6,780	9,620,000	907,100	60,000	7,943,000	710,700
19 (48)	7,550	6,560	9,759,000	915,000	58,000	8,119,000	667,100
20 (49)	7,230	6,250	9,745,000	910,100	57,400	8,117,000	660,900
21 (50)	6,890	5,930	9,899,000	936,700	57,100	8,220,000	685,700
22 (51)	…	…	…	…	…	…	…
23 (52)	6,010	5,110	9,768,000	901,800	51,800	8,186,000	628,700
24 (53)	5,840	4,900	9,735,000	900,000	51,900	8,145,000	638,700
25 (54)	5,570	4,620	9,685,000	899,700	49,100	8,106,000	629,500
26 (55)	5,270	4,290	9,537,000	885,300	47,500	8,020,000	583,300
27 (56)	…	…	…	…	…	…	…
28 (57)	4,830	3,940	9,313,000	844,700	42,600	7,743,000	682,500
29 (58)	4,670	3,800	9,346,000	839,300	43,500	7,797,000	666,100
30 (59)	4,470	3,640	9,189,000	823,700	39,400	7,677,000	649,600
31 (60)	4,320	3,460	9,156,000	853,100	36,300	7,594,000	673,200
令和 2 (61)	…	…	…	…	…	…	…
3 (62)	3,850	3,040	9,290,000	823,200	32,000	7,676,000	758,800
4 (63)	3,590	2,750	8,949,000	789,100	30,000	7,515,000	615,400

注：1 昭和35年は畜産基本調査、昭和36年から昭和43年までは農業調査、昭和44年から平成15年までは畜産基本調査（ただし、昭和50年、昭和55年、昭和60年、平成2年、平成7年及び平成12年は畜産予察調査、情報収集等による。）、平成16年以降は畜産統計調査である。

2 昭和35年から平成2年までの「子取り用めす豚頭数割合」は、6か月以上の子取り用めす豚頭数の割合である。

1)は平成17年、平成22年、平成27年及び令和2年は調査を休止したため、平成18年の対前年比は平成16年と、平成23年の対前年比は平成21年と、平成28年の対前年比は平成26年と、令和3年の対前年比は平成31年と対比して表章した。

	頭　　数			子取り用めす豚頭数割合	1戸当たり飼養頭数	対前年比		
	6　か　月　以　上							
6か月未満	小　計	子取り用めす豚	その他	(4)／(3)	(3)／(1)	飼養戸数	飼養頭数	
(8)	(9)	(10)	(11)	(12)	(13)	(14)	(15)	
頭	頭	頭	頭	%	頭	%	%	
1,140,000	777,700	246,200	531,500	12.8	2.4	84.9	85.5	(1)
1,662,000	941,700	419,600	522,100	16.1	2.9	113.6	135.8	(2)
2,395,000	1,638,000	529,100	1,108,000	13.1	3.9	112.9	154.9	(3)
1,925,000	1,371,000	418,000	952,900	12.7	4.1	78.3	81.7	(4)
2,189,000	1,272,000	465,300	806,700	13.4	4.9	88.6	105.0	(5)
2,619,000	1,357,000	535,000	822,300	13.5	5.7	98.7	114.9	(6)
3,456,000	1,702,000	697,600	1,005,000	13.5	7.2	101.8	129.7	(7)
3,995,000	1,979,000	728,800	1,251,000	12.2	9.2	90.9	115.8	(8)
3,793,000	1,742,000	651,000	1,090,000	11.8	10.4	81.7	92.6	(9)
3,776,000	1,653,000	658,900	994,600	12.1	11.8	86.9	98.1	(10)
4,422,000	1,912,000	816,300	1,096,000	12.9	14.3	96.4	116.7	(11)
4,959,000	1,945,000	841,200	1,104,000	12.2	17.3	89.6	109.0	(12)
5,087,000	1,878,000	852,700	1,045,000	12.2	20.6	85.3	101.2	(13)
5,411,000	2,079,000	1,004,000	1,075,000	13.4	23.3	94.5	107.2	(14)
5,878,000	2,140,000	1,009,000	1,130,000	12.6	28.9	86.4	107.1	(15)
5,602,000	2,082,000	911,000	1,171,000	11.9	34.4	80.5	95.8	(16)
5,469,000	1,990,000	958,800	1,031,000	12.9	38.1	87.6	97.1	(17)
5,979,000	2,153,000	1,028,000	1,125,000	12.6	45.5	91.5	109.0	(18)
6,474,000	2,306,000	1,093,000	1,213,000	12.5	53.1	92.3	108.0	(19)
7,009,000	2,482,000	1,168,000	1,314,000	12.3	60.7	94.6	108.1	(20)
7,153,000	2,845,000	1,152,000	1,693,000	11.5	70.8	90.4	105.3	(21)
7,570,000	2,495,000	1,171,000	1,324,000	11.6	79.4	89.7	105.3	(22)
7,564,000	2,480,000	1,164,000	1,316,000	11.6	89.8	88.2	99.8	(23)
7,780,000	2,493,000	1,187,000	1,306,000	11.6	102.2	89.9	102.3	(24)
7,945,000	2,478,000	1,204,000	1,274,000	11.6	113.9	91.0	101.5	(25)
8,261,000	2,457,000	1,226,000	…	11.4	129.0	90.8	102.8	(26)
8,625,000	2,436,000	1,202,000	1,233,000	10.9	149.1	89.3	103.2	(27)
8,966,000	2,388,000	1,218,000	1,170,000	10.7	174.4	87.7	102.6	(28)
9,237,000	2,488,000	1,229,000	1,259,000	10.5	203.9	88.3	103.3	(29)
9,363,000	2,503,000	1,214,000	1,289,000	10.2	236.4	87.3	101.2	(30)
9,337,000	2,479,000	1,182,000	1,298,000	10.0	272.3	86.5	99.6	(31)
…	…	…	…	9.8	314.9	82.9	95.9	(32)
…	…	…	…	9.7	366.8	83.1	96.7	(33)
…	…	…	…	9.7	426.2	84.6	98.3	(34)
…	…	…	…	9.5	480.6	87.4	98.5	(35)
…	…	…	…	9.5	545.2	85.1	96.5	(36)
…	…	…	…	9.5	618.8	85.1	96.6	(37)
…	…	…	…	9.5	682.2	90.0	99.2	(38)
…	…	…	…	9.5	739.1	93.1	100.8	(39)
…	…	…	…	9.4	790.3	93.3	99.7	(40)
…	…	…	…	9.5	838.1	93.6	99.3	(41)
…	…	…	…	9.4	906.3	92.3	99.8	(42)
…	…	…	…	9.5	961.2	92.6	98.2	(43)
…	…	…	…	9.6	1,031.3	94.3	101.2	(44)
…	…	…	…	9.4	1,095.0	94.2	100.0	(45)
…	…	…	…	nc	nc	nc	nc	(46)
…	…	…	…	9.4	1,233.3	1) 87.8	1) 98.9	(47)
…	…	…	…	9.4	1,292.6	96.8	101.4	(48)
…	…	…	…	9.3	1,347.9	95.8	99.9	(49)
…	…	…	…	9.5	1,436.7	95.3	101.6	(50)
…	…	…	…	nc	nc	nc	nc	(51)
…	…	…	…	9.2	1,625.3	1) 87.2	1) 98.7	(52)
…	…	…	…	9.2	1,667.0	97.2	99.7	(53)
…	…	…	…	9.3	1,738.8	95.4	99.5	(54)
…	…	…	…	9.3	1,809.7	94.6	98.5	(55)
…	…	…	…	nc	nc	nc	nc	(56)
…	…	…	…	9.1	1,928.2	1) 91.7	1) 97.7	(57)
…	…	…	…	9.0	2,001.3	96.7	100.4	(58)
…	…	…	…	9.0	2,055.7	95.7	98.3	(59)
…	…	…	…	9.3	2,119.4	96.6	99.6	(60)
…	…	…	…	nc	nc	nc	nc	(61)
…	…	…	…	8.9	2,413.0	1) 89.1	1) 101.5	(62)
…	…	…	…	8.8	2,492.8	93.2	96.3	(63)

3 豚（続き）

(2) 飼養戸数・頭数（全国農業地域別）（平成29年～令和４年）

年　　次	飼養戸数	子取り用めす豚のいる戸数	飼　　　　　　養				
			計	子取り用めす豚	種おす豚	肥育豚	その他
	(1)	(2)	(3)	(4)	(5)	(6)	(7)
	戸	戸	頭	頭	頭	頭	頭
北　海　道							
平成 29 年　(1)	211	176	630,900	54,500	2,340	547,100	27,100
30　(2)	210	173	625,700	53,500	2,320	544,800	25,000
31　(3)	201	161	691,600	59,600	2,340	598,800	30,900
令和 2　(4)	…	…	…	…	…	…	…
3　(5)	199	148	724,900	60,500	2,380	598,000	64,000
4　(6)	203	164	727,800	64,700	1,650	612,000	49,400
都　府　県							
平成 29 年　(7)	4,460	3,620	8,715,000	784,800	41,200	7,250,000	639,000
30　(8)	4,260	3,470	8,564,000	770,200	37,100	7,132,000	624,600
31　(9)	4,120	3,300	8,465,000	793,600	34,000	6,995,000	642,300
令和 2　(10)	…	…	…	…	…	…	…
3　(11)	3,650	2,890	8,565,000	762,600	29,700	7,078,000	694,800
4　(12)	3,390	2,590	8,221,000	724,300	28,300	6,903,000	565,900
東　　　北							
平成 29 年　(13)	569	462	1,528,000	140,100	4,990	1,289,000	93,200
30　(14)	546	443	1,519,000	142,200	4,640	1,274,000	97,700
31　(15)	522	421	1,492,000	145,800	4,630	1,256,000	84,900
令和 2　(16)	…	…	…	…	…	…	…
3　(17)	469	375	1,608,000	146,800	4,400	1,315,000	141,300
4　(18)	435	325	1,604,000	139,000	3,620	1,334,000	128,000
北　　　陸							
平成 29 年　(19)	166	146	255,400	20,900	1,470	216,100	16,900
30　(20)	163	136	252,700	20,500	1,400	212,800	18,000
31　(21)	155	125	235,600	20,100	1,150	199,100	15,200
令和 2　(22)	…	…	…	…	…	…	…
3　(23)	127	110	226,800	19,200	920	194,200	12,500
4　(24)	121	90	208,500	17,300	780	171,100	19,400
関 東 ・ 東 山							
平成 29 年　(25)	1,270	1,080	2,503,000	230,000	12,600	2,152,000	108,200
30　(26)	1,180	996	2,425,000	214,700	10,400	2,098,000	102,200
31　(27)	1,160	940	2,352,000	218,300	9,130	1,993,000	132,300
令和 2　(28)	…	…	…	…	…	…	…
3　(29)	1,020	823	2,429,000	211,600	8,110	2,025,000	183,900
4　(30)	937	720	2,170,000	186,900	8,730	1,886,000	88,900
東　　　海							
平成 29 年　(31)	401	355	648,200	60,500	3,360	552,600	31,700
30　(32)	386	338	649,300	60,700	3,100	558,300	27,300
31　(33)	375	334	672,600	62,900	3,200	587,100	19,400
令和 2　(34)	…	…	…	…	…	…	…
3　(35)	297	262	563,400	49,600	2,600	493,900	17,300
4　(36)	292	255	574,800	52,200	2,590	505,800	14,300
近　　　畿							
平成 29 年　(37)	74	50	55,800	4,040	300	45,500	5,930
30　(38)	68	48	50,200	3,710	290	41,400	4,800
31　(39)	71	45	47,700	3,190	200	41,100	3,190
令和 2　(40)	…	…	…	…	…	…	…
3　(41)	60	42	46,700	3,520	200	37,100	5,910
4　(42)	53	38	44,400	2,940	110	40,300	1,060

注：1)は令和２年は調査を休止したため、令和３年の対前年比は平成31年と対比して表章した。

頭	数			子取り用めす豚 頭 数 割 合	1戸当たり 飼養頭数	対 前 年 比		
	6 か 月 以 上					飼 養 戸 数	飼 養 頭 数	
6か月未満	小 計	子取り用 め す 豚	そ の 他	(4)／(3)	(3)／(1)			
(8)	(9)	(10)	(11)	(12)	(13)	(14)	(15)	
頭	頭	頭	頭	%	頭	%	%	
…	…	…	…	8.6	2,990.0	95.0	103.7	(1)
…	…	…	…	8.6	2,979.5	99.5	99.2	(2)
…	…	…	…	8.6	3,440.8	95.7	110.5	(3)
…	…	…	…	nc	nc	nc	nc	(4)
…	…	…	…	8.3	3,642.7	1) 99.0	1) 104.8	(5)
…	…	…	…	8.9	3,585.2	102.0	100.4	(6)
…	…	…	…	9.0	1,954.0	96.7	100.1	(7)
…	…	…	…	9.0	2,010.3	95.5	98.3	(8)
…	…	…	…	9.4	2,054.6	96.7	98.8	(9)
…	…	…	…	nc	nc	nc	nc	(10)
…	…	…	…	8.9	2,346.6	1) 88.6	1) 101.2	(11)
…	…	…	…	8.8	2,425.1	92.9	96.0	(12)
…	…	…	…	9.2	2,685.4	93.4	98.1	(13)
…	…	…	…	9.4	2,782.1	96.0	99.4	(14)
…	…	…	…	9.8	2,858.2	95.6	98.2	(15)
…	…	…	…	nc	nc	nc	nc	(16)
…	…	…	…	9.1	3,428.6	1) 89.8	1) 107.8	(17)
…	…	…	…	8.7	3,687.4	92.8	99.8	(18)
…	…	…	…	8.2	1,538.6	99.4	103.4	(19)
…	…	…	…	8.1	1,550.3	98.2	98.9	(20)
…	…	…	…	8.5	1,520.0	95.1	93.2	(21)
…	…	…	…	nc	nc	nc	nc	(22)
…	…	…	…	8.5	1,785.8	1) 81.9	1) 96.3	(23)
…	…	…	…	8.3	1,723.1	95.3	91.9	(24)
…	…	…	…	9.2	1,970.9	97.7	98.7	(25)
…	…	…	…	8.9	2,055.1	92.9	96.9	(26)
…	…	…	…	9.3	2,027.6	98.3	97.0	(27)
…	…	…	…	nc	nc	nc	nc	(28)
…	…	…	…	8.7	2,381.4	1) 87.9	1) 103.3	(29)
…	…	…	…	8.6	2,315.9	91.9	89.3	(30)
…	…	…	…	9.3	1,616.5	98.0	99.6	(31)
…	…	…	…	9.3	1,682.1	96.3	100.2	(32)
…	…	…	…	9.4	1,793.6	97.2	103.6	(33)
…	…	…	…	nc	nc	nc	nc	(34)
…	…	…	…	8.8	1,897.0	1) 79.2	1) 83.8	(35)
…	…	…	…	9.1	1,968.5	98.3	102.0	(36)
…	…	…	…	7.2	754.1	93.7	93.3	(37)
…	…	…	…	7.4	738.2	91.9	90.0	(38)
…	…	…	…	6.7	671.8	104.4	95.0	(39)
…	…	…	…	nc	nc	nc	nc	(40)
…	…	…	…	7.5	778.3	1) 84.5	1) 97.9	(41)
…	…	…	…	6.6	837.7	88.3	95.1	(42)

3 豚（続き）

(2) 飼養戸数・頭数（全国農業地域別）（平成29年〜令和4年）（続き）

年　　次		飼養戸数	子取り用めす豚のいる戸数	飼養 計	子取り用めす豚	種おす豚	肥育豚	その他
		(1) 戸	(2) 戸	(3) 頭	(4) 頭	(5) 頭	(6) 頭	(7) 頭
中　　国								
平成 29 年	(43)	97	80	266,400	19,400	700	234,800	11,500
30	(44)	94	77	280,600	23,800	670	233,700	22,500
31	(45)	87	71	280,300	27,400	830	223,600	28,400
令和 2	(46)	…	…	…	…	…	…	…
3	(47)	76	61	290,700	26,800	790	250,500	12,600
4	(48)	73	54	314,000	26,900	820	275,800	10,500
四　　国								
平成 29 年	(49)	146	124	293,800	26,000	1,340	247,000	19,500
30	(50)	144	121	293,600	26,300	1,350	250,400	15,500
31	(51)	136	119	295,900	26,800	1,150	253,000	15,000
令和 2	(52)	…	…	…	…	…	…	…
3	(53)	128	108	304,600	25,600	1,040	269,800	8,150
4	(54)	131	106	293,500	24,100	1,020	254,300	14,100
九　　州								
平成 29 年	(55)	1,470	1,140	2,948,000	262,800	14,600	2,368,000	302,100
30	(56)	1,420	1,110	2,867,000	256,200	13,300	2,314,000	283,700
31	(57)	1,370	1,060	2,879,000	269,400	12,000	2,298,000	299,100
令和 2	(58)	…	…	…	…	…	…	…
3	(59)	1,250	941	2,892,000	261,000	10,200	2,352,000	269,500
4	(60)	1,130	836	2,800,000	257,700	9,280	2,289,000	243,800
沖　　縄								
平成 29 年	(61)	268	188	217,200	21,100	1,830	144,200	50,000
30	(62)	257	201	225,800	22,200	1,930	148,700	52,900
31	(63)	237	177	209,800	19,600	1,700	143,700	44,800
令和 2	(64)	…	…	…	…	…	…	…
3	(65)	225	168	203,400	18,400	1,440	139,900	43,600
4	(66)	219	164	211,700	17,300	1,400	147,000	45,900
関 東 農 政 局								
平成 29 年	(67)	1,380	1,180	2,614,000	241,200	13,600	2,237,000	122,000
30	(68)	1,280	1,080	2,533,000	225,800	11,100	2,182,000	113,700
31	(69)	1,260	1,030	2,462,000	228,900	10,100	2,081,000	141,100
令和 2	(70)	…	…	…	…	…	…	…
3	(71)	1,110	900	2,521,000	221,100	8,670	2,098,000	193,400
4	(72)	1,020	788	2,265,000	197,300	9,860	1,960,000	98,200
東 海 農 政 局								
平成 29 年	(73)	293	256	537,400	49,300	2,400	467,800	17,900
30	(74)	287	252	541,300	49,500	2,320	473,800	15,700
31	(75)	279	243	563,500	52,300	2,200	498,400	10,600
令和 2	(76)	…	…	…	…	…	…	…
3	(77)	213	185	471,600	40,200	2,050	421,500	7,800
4	(78)	212	187	479,800	41,800	1,460	431,600	4,960
中国四国農政局								
平成 29 年	(79)	243	204	560,100	45,400	2,040	481,800	30,900
30	(80)	238	198	574,200	50,100	2,020	484,100	38,000
31	(81)	223	190	576,300	54,200	1,980	476,700	43,400
令和 2	(82)	…	…	…	…	…	…	…
3	(83)	204	169	595,300	52,500	1,830	520,300	20,800
4	(84)	204	160	607,500	51,000	1,840	530,100	24,600

頭	数			子取り用めす豚 頭 数 割 合	1戸当たり 飼 養 頭 数	対 前 年 比		
6か月未満	6 か 月 以 上					飼 養 戸 数	飼 養 頭 数	
	小　計	子取り用 め す 豚	そ の 他	(4)／(3)	(3)／(1)			
(8)	(9)	(10)	(11)	(12)	(13)	(14)	(15)	
頭	頭	頭	頭	%	頭	%	%	
…	…	…	…	7.3	2,746.4	96.0	102.5	(43)
…	…	…	…	8.5	2,985.1	96.9	105.3	(44)
…	…	…	…	9.8	3,221.8	92.6	99.9	(45)
…	…	…	…	nc	nc	nc	nc	(46)
…	…	…	…	9.2	3,825.0	1) 87.4	1) 103.7	(47)
…	…	…	…	8.6	4,301.4	96.1	108.0	(48)
…	…	…	…	8.8	2,012.3	96.1	98.1	(49)
…	…	…	…	9.0	2,038.9	98.6	99.9	(50)
…	…	…	…	9.1	2,175.7	94.4	100.8	(51)
…	…	…	…	nc	nc	nc	nc	(52)
…	…	…	…	8.4	2,379.7	1) 94.1	1) 102.9	(53)
…	…	…	…	8.2	2,240.5	102.3	96.4	(54)
…	…	…	…	8.9	2,005.4	96.7	102.6	(55)
…	…	…	…	8.9	2,019.0	96.6	97.3	(56)
…	…	…	…	9.4	2,101.5	96.5	100.4	(57)
…	…	…	…	nc	nc	nc	nc	(58)
…	…	…	…	9.0	2,313.6	1) 91.2	1) 100.5	(59)
…	…	…	…	9.2	2,477.9	90.4	96.8	(60)
…	…	…	…	9.7	810.4	98.9	98.0	(61)
…	…	…	…	9.8	878.6	95.9	104.0	(62)
…	…	…	…	9.3	885.2	92.2	92.9	(63)
…	…	…	…	nc	nc	nc	nc	(64)
…	…	…	…	9.0	904.0	1) 94.9	1) 96.9	(65)
…	…	…	…	8.2	966.7	97.3	104.1	(66)
…	…	…	…	9.2	1,894.2	97.2	98.8	(67)
…	…	…	…	8.9	1,978.9	92.8	96.9	(68)
…	…	…	…	9.3	1,954.0	98.4	97.2	(69)
…	…	…	…	nc	nc	nc	nc	(70)
…	…	…	…	8.8	2,271.2	1) 88.1	1) 102.4	(71)
…	…	…	…	8.7	2,220.6	91.9	89.8	(72)
…	…	…	…	9.2	1,834.1	98.3	99.6	(73)
…	…	…	…	9.1	1,886.1	98.0	100.7	(74)
…	…	…	…	9.3	2,019.7	97.2	104.1	(75)
…	…	…	…	nc	nc	nc	nc	(76)
…	…	…	…	8.5	2,214.1	1) 76.3	1) 83.7	(77)
…	…	…	…	8.7	2,263.2	99.5	101.7	(78)
…	…	…	…	8.1	2,304.9	96.0	100.1	(79)
…	…	…	…	8.7	2,412.6	97.9	102.5	(80)
…	…	…	…	9.4	2,584.3	93.7	100.4	(81)
…	…	…	…	nc	nc	nc	nc	(82)
…	…	…	…	8.8	2,918.1	1) 91.5	1) 103.3	(83)
…	…	…	…	8.4	2,977.9	100.0	102.0	(84)

3 豚（続き）

(3) 肥育豚飼養頭数規模別の飼養戸数（全国）（平成14年～令和4年）

区　　分	計	肥　　育　　豚　　飼　　養					
		小　　計	1 ～ 9 頭	10 ～ 29	30 ～ 49	50 ～ 99
平成 14 年 (1)	9,870	8,190	270	350	300	500
15 (2)	9,190	7,790	(219) 220	(293) 290	(259) 260	(543) 540
16 (3)	8,650	7,420	184	311	233	553
17 (4)	…	…	…	…	…	…
18 (5)	7,600	6,620	157	261	223	473
19 (6)	7,360	6,450	135	256	197	472
20 (7)	7,040	6,210	1) 922	…	…	…
21 (8)	6,710	6,000	1) 927	…	…	…
22 (9)	…	…	…	…	…	…
23 (10)	5,840	5,280	1) 808	…	…	…
24 (11)	5,670	5,180	1) 738	…	…	…
25 (12)	5,400	5,010	1) 734	…	…	…
26 (13)	5,110	4,750	1) 654	…	…	…
27 (14)	…	…	…	…	…	…
28 (15)	4,670	4,400	1) 600	…	…	…
29 (16)	4,510	4,270	1) 560	…	…	…
30 (17)	4,310	4,080	1) 533	…	…	…
31 (18)	4,170	3,950	1) 479	…	…	…
令和 2 (19)	…	…	…	…	…	…
3 (20)	3,710	3,490	1) 350	…	…	…
4 (21)	3,450	3,230	1) 320	…	…	…

注：1　この統計表には学校、試験場等の非営利的な飼養者は含まない（以下（4）、4（3）から（4）まで及び5（3）から（4）までにおいて同じ。）。
　　2　平成17年、平成22年、平成27年及び令和2年は畜産統計調査を休止した（以下（4）及び4（3）から（4）までにおいて同じ。）。
　　3　平成20年から階層区分を変更し、「1～9頭」、「10～29」、「30～49」及び「50～99」を「1～99頭」にした（以下（4）において同じ。）。
　　1)は「10～29」、「30～49」及び「50～99」を含む（以下（4）において同じ。）。

(4) 肥育豚飼養頭数規模別の飼養頭数（全国）（平成14年～令和4年）

区　　分	計	肥　　育　　豚　　飼　　養					
		小　　計	1 ～ 9 頭	10 ～ 29	30 ～ 49	50 ～ 99
平成 14 年 (1)	9,549,000	9,174,000	8,370	18,300	19,800	57,300
15 (2)	9,658,000	9,228,000	9,160	12,800	17,800	53,100
16 (3)	9,639,000	9,197,000	5,100	23,600	17,000	63,800
17 (4)	…	…	…	…	…	…
18 (5)	9,570,000	9,149,000	6,690	19,900	19,000	52,000
19 (6)	9,709,000	9,258,000	9,320	7,440	14,600	48,300
20 (7)	9,695,000	9,278,000	1) 73,300	…	…	…
21 (8)	9,856,000	9,516,000	1) 88,700	…	…	…
22 (9)	…	…	…	…	…	…
23 (10)	9,726,000	9,457,000	1) 86,500	…	…	…
24 (11)	9,692,000	9,397,000	1) 70,300	…	…	…
25 (12)	9,643,000	9,360,000	1) 47,700	…	…	…
26 (13)	9,499,000	9,231,000	1) 51,200	…	…	…
27 (14)	…	…	…	…	…	…
28 (15)	9,273,000	9,015,000	1) 47,000	…	…	…
29 (16)	9,306,000	9,012,000	1) 35,400	…	…	…
30 (17)	9,151,000	8,872,000	1) 43,700	…	…	…
31 (18)	9,118,000	8,819,000	1) 34,300	…	…	…
令和 2 (19)	…	…	…	…	…	…
3 (20)	9,255,000	8,841,000	1) 44,300	…	…	…
4 (21)	8,914,000	8,550,000	1) 21,200	…	…	…

単位：戸

| 頭　数　規　模 | | | | | | 肥育豚 | |
100 ～ 299	300 ～ 499	500 ～ 999	1,000 ～ 1,999	2,000頭以上	3,000 頭以上	な　　し	
1,700	1,210	1,800	1,240	840	...	1,590	(1)
1,510	1,170	1,740	1,170	(887) 890	...	1,410	(2)
1,430	1,050	1,640	1,120	897	...	1,230	(3)
...	...	...	...	...	...	...	(4)
1,200	864	1,410	1,130	904	...	981	(5)
1,130	860	1,390	1,080	920	...	910	(6)
969	844	1,390	1,130	962	562	829	(7)
1,060	731	1,230	1,050	1,000	590	712	(8)
...	...	...	...	...	...	...	(9)
841	631	1,050	983	973	600	558	(10)
745	635	1,050	1,020	987	619	490	(11)
724	538	1,090	896	1,030	630	387	(12)
604	521	1,040	915	1,020	640	354	(13)
...	...	...	...	...	...	...	(14)
566	494	909	866	961	630	276	(15)
544	473	897	801	990	663	246	(16)
530	405	798	789	1,030	667	232	(17)
448	428	813	756	1,030	701	213	(18)
...	...	...	...	...	...	...	(19)
386	358	679	718	997	695	224	(20)
316	318	686	633	958	662	221	(21)

単位：頭

| 頭　数　規　模 | | | | | | 肥育豚 | |
100 ～ 299	300 ～ 499	500 ～ 999	1,000 ～ 1,999	2,000頭以上	3,000 頭以上	な　　し	
410,300	576,200	1,468,000	1,885,000	4,730,000	...	375,300	(1)
368,200	515,100	1,440,000	1,758,000	5,054,000	...	430,500	(2)
373,900	476,200	1,363,000	1,722,000	5,152,000	...	442,100	(3)
...	...	...	...	...	...	...	(4)
277,100	391,000	1,151,000	1,720,000	5,512,000	...	421,500	(5)
268,200	385,000	1,145,000	1,668,000	5,711,000	...	451,600	(6)
233,700	365,200	1,106,000	1,712,000	5,788,000	4,633,000	416,500	(7)
270,400	334,200	989,500	1,614,000	6,219,000	4,998,000	340,000	(8)
...	...	...	...	...	...	...	(9)
215,800	288,200	844,600	1,530,000	6,492,000	5,355,000	269,300	(10)
186,200	291,200	876,200	1,580,000	6,394,000	5,294,000	294,700	(11)
188,400	234,600	883,200	1,424,000	6,583,000	5,393,000	283,000	(12)
150,800	224,900	823,900	1,452,000	6,528,000	5,463,000	268,300	(13)
...	...	...	...	...	...	...	(14)
150,800	220,700	790,900	1,497,000	6,309,000	5,447,000	257,900	(15)
147,000	219,600	748,600	1,382,000	6,479,000	5,613,000	294,000	(16)
126,900	179,200	626,400	1,290,000	6,606,000	5,684,000	278,700	(17)
102,900	190,400	646,800	1,180,000	6,664,000	5,821,000	298,700	(18)
...	...	...	...	...	...	...	(19)
92,400	179,000	570,400	1,075,000	6,880,000	6,095,000	414,200	(20)
80,400	157,200	578,700	1,020,000	6,692,000	5,913,000	364,000	(21)

4 採卵鶏

(1) 飼養戸数・羽数（全国）（昭和40年～令和4年）

年　　次	飼　養　戸　数	採　卵　鶏（種鶏のみの飼養者を除く。）	計(4)+(7)	飼　養　羽採　卵　鶏　小　計	ひな（6か月未満）
	(1) 戸	(2) 戸	(3) 千羽	(4) 千羽	(5) 千羽
昭和 40 年 (1)	3,243,000	3,227,000	120,197	114,222	26,129
41 (2)	2,767,000	2,753,000	114,500	109,100	27,850
42 (3)	2,508,000	2,493,000	126,043	119,251	30,221
43 (4)	2,192,000	2,179,000	140,069	132,625	35,123
44 (5)	1,941,000	1,931,000	157,292	149,185	39,275
45 (6)	1,703,000	1,696,000	169,789	160,760	42,559
46 (7)	1,373,000	1,368,000	172,226	162,711	38,805
47 (8)	1,058,000	1,054,000	164,034	154,519	33,193
48 (9)	846,400	842,900	163,512	153,604	32,600
49 (10)	660,700	657,800	160,501	155,549	30,684
50 (11)	509,800	507,300	154,504	145,743	29,323
51 (12)	386,100	384,100	156,534	147,735	29,997
52 (13)	328,700	327,200	160,550	151,929	31,117
53 (14)	278,600	277,100	165,675	156,864	33,046
54 (15)	248,300	247,100	166,222	156,865	33,145
55 (16)	…	…	…	…	…
56 (17)	187,600	186,500	164,716	155,032	33,210
57 (18)	160,600	159,500	168,543	159,340	35,911
58 (19)	145,300	144,200	172,571	162,821	37,442
59 (20)	134,300	133,300	176,581	166,181	39,220
60 (21)	124,100	123,100	177,477	166,710	39,114
61 (22)	117,100	116,100	180,947	170,202	40,553
62 (23)	109,900	109,000	187,911	176,915	41,713
63 (24)	103,000	102,100	190,402	179,372	40,933
平成 元 年 (25)	95,200	94,400	190,616	179,925	40,937
2 (26)	87,200	86,500	187,412	176,980	40,019
3 (27)	10,700	10,100	188,786	177,452	39,154
4 (28)	9,770	9,160	197,639	187,411	42,182
5 (29)	9,070	8,450	198,443	188,704	40,638
6 (30)	8,420	7,860	196,371	186,617	38,965
7 (31)	7,860	7,310	193,854	184,364	37,734
8 (32)	7,310	6,800	190,634	181,221	35,685
9 (旧) (33)	7,020	6,530	193,037	183,765	37,613
9 (新) (34)	…	5,660	…	…	…
10 (35)	5,840	5,390	191,363	182,644	37,345
11 (36)	5,520	5,070	188,892	179,781	36,633
12 (37)	5,330	4,890	187,382	178,466	38,102
13 (38)	5,150	4,720	186,202	177,396	38,148
14 (39)	4,760	4,530	181,746	177,447	39,729
15 (40)	4,530	4,340	180,213	176,049	38,750
16 (41)	4,280	4,090	178,755	174,550	37,334
17 (42)	…	…	…	…	…
18 (43)	3,740	3,600	180,697	176,955	40,061
19 (44)	3,610	3,460	186,583	183,244	40,479
20 (45)	3,430	3,300	184,773	181,664	39,141
21 (46)	3,220	3,110	180,994	178,208	38,298
22 (47)	…	…	…	…	…
23 (48)	3,010	2,930	178,546	175,917	38,565
24 (49)	2,890	2,810	177,607	174,949	39,472
25 (50)	2,730	2,650	174,784	172,238	39,153
26 (51)	2,640	2,560	174,806	172,349	38,843
27 (52)	…	…	…	…	…
28 (53)	2,530	2,440	175,733	173,349	38,780
29 (54)	2,440	2,350	178,900	176,366	40,265
30 (55)	2,280	2,200	184,350	181,950	42,914
31 (56)	2,190	2,120	184,917	182,368	40,576
令和 2 (57)	…	…	…	…	…
3 (58)	1,960	1,880	183,373	180,918	40,221
4 (59)	1,880	1,810	182,661	180,096	42,805

注：1　昭和40年から昭和43年までは農業調査、昭和44年から平成15年までは畜産基本調査（ただし、昭和50年、昭和60年、平成2年、平成7年及び平成12年は畜産予察調査、情報収集等による。）、平成16年以降は畜産統計調査である。
　　2　平成3年から平成9年までの数値は成鶏めすの飼養羽数が300羽未満の飼養者は含まない。
　　3　平成10年以降の数値は成鶏めすの飼養羽数が1,000羽未満の飼養者は含まない（以下同じ。）。
　　4　平成10年以降は、成鶏めすの飼養羽数が1,000羽以上の飼養者を調査対象としたことから、平成9年の数値は統計の連続性を図るため、平成10年の基準を用いて組替集計し「9（新）」として表記した。なお、従来の方法で調査した平成9年の結果は「9（旧）」として表記した。
　1)は昭和55年、平成17年、平成22年、平成27年及び令和2年は調査を休止したため、昭和56年の対前年比は昭和54年と、平成18年の対前年比は平成16年と、平成23年の対前年比は平成21年と、平成28年の対前年比は平成26年と、令和3年の対前年比は平成31年と対比して表章した。

数		1戸当たり成鶏 めす飼養羽数 （採卵鶏） (6)／(2)	対 前 年 比		
（種鶏を除く。）			飼 養 戸 数 （採卵鶏）	成鶏めす羽数 （6か月以上）	
成 鶏 め す （6か月以上）	種 鶏				
(6)	(7)	(8)	(9)	(10)	
千羽	千羽	羽	%	%	
88,093	5,975	27	92.5	110.3	(1)
81,240	5,443	30	85.3	92.2	(2)
89,030	6,792	36	90.6	109.6	(3)
97,502	7,444	45	87.4	109.5	(4)
109,910	8,107	57	88.6	112.7	(5)
118,201	9,029	70	87.8	107.5	(6)
123,906	9,515	91	80.7	104.8	(7)
121,327	9,515	115	77.0	97.9	(8)
121,004	9,908	144	80.0	99.7	(9)
120,865	8,952	184	78.0	99.9	(10)
116,420	8,761	229	77.1	96.3	(11)
117,738	8,799	307	75.7	101.1	(12)
120,812	8,621	369	85.2	102.6	(13)
123,818	8,811	447	84.7	102.5	(14)
123,720	9,357	501	89.2	99.9	(15)
…	…	nc	nc	nc	(16)
121,822	9,684	653	75.5	98.5	(17)
123,429	9,203	774	85.5	101.3	(18)
125,379	9,750	869	90.4	101.6	(19)
126,961	10,400	952	92.4	101.3	(20)
127,596	10,767	1,037	92.3	100.5	(21)
129,649	10,745	1,117	94.4	101.6	(22)
135,202	10,996	1,240	93.9	104.3	(23)
138,439	11,030	1,356	93.7	102.4	(24)
138,988	10,691	1,472	92.5	100.4	(25)
136,961	10,432	1,583	91.6	98.5	(26)
139,298	10,334	13,792	nc	nc	(27)
145,229	10,228	15,855	90.7	104.3	(28)
148,066	9,739	17,523	92.2	102.0	(29)
147,652	9,754	18,785	93.0	99.7	(30)
146,630	9,490	20,059	93.0	99.3	(31)
145,536	9,413	21,402	93.0	99.3	(32)
146,152	9,272	22,382	96.0	100.4	(33)
145,370	…	25,684	nc	nc	(34)
145,299	8,719	26,957	95.2	100.0	(35)
143,148	9,111	28,234	94.1	98.5	(36)
140,365	8,916	28,704	96.4	98.1	(37)
139,248	8,806	29,502	96.5	99.2	(38)
137,718	4,299	30,401	96.0	98.9	(39)
137,299	4,164	31,636	95.8	99.7	(40)
137,216	4,205	33,549	94.2	99.9	(41)
…	…	nc	nc	nc	(42)
136,894	3,742	38,026	1) 88.0	1) 99.8	(43)
142,765	3,339	41,262	96.1	104.3	(44)
142,523	3,109	43,189	95.4	99.8	(45)
139,910	2,786	44,987	94.2	98.2	(46)
…	…	nc	nc	nc	(47)
137,352	2,629	46,878	1) 94.2	1) 98.2	(48)
135,477	2,658	48,212	95.9	98.6	(49)
133,085	2,546	50,221	94.3	98.2	(50)
133,506	2,457	52,151	96.6	100.3	(51)
…	…	nc	nc	nc	(52)
134,569	2,384	55,151	1) 95.3	1) 100.8	(53)
136,101	2,534	57,915	96.3	101.1	(54)
139,036	2,400	63,198	93.6	102.2	(55)
141,792	2,549	66,883	96.4	102.0	(56)
…	…	nc	nc	nc	(57)
140,697	2,455	74,839	1) 88.7	1) 99.2	(58)
137,291	**2,565**	**75,851**	**96.3**	**97.6**	(59)

4 採卵鶏 (続き)

(2) 飼養戸数・羽数 (全国農業地域別) (平成29年～令和4年)

区　分	飼養戸数	採卵鶏 (種鶏のみの 飼養者を除く。)	飼　養　羽　数						1戸当たり成鶏 めす飼養羽数 (採卵鶏) (6)／(2)
			計 (4)+(7)	採　卵　鶏 (種鶏を除く。)				種　鶏	
				小　計	ひ　な (6か月未満)	成鶏めす (6か月以上)			
	(1)	(2)	(3)	(4)	(5)	(6)		(7)	(8)
	戸	戸	千羽	千羽	千羽	千羽		千羽	羽
北　海　道									
平成 29 年	64	64	7,021	6,955	1,726	5,229		66	81,703
30	62	62	6,929	6,892	1,649	5,243		37	84,565
31	60	60	6,691	6,657	1,425	5,232		34	87,200
令和 2	…	…	…	…	…	…		…	nc
3	56	56	6,679	6,652	1,403	5,249		27	93,732
4	56	56	6,466	6,453	1,197	5,256		13	93,857
都　府　県									
平成 29 年	2,370	2,280	171,879	169,411	38,539	130,872		2,468	57,400
30	2,220	2,140	177,421	175,058	41,265	133,793		2,363	62,520
31	2,130	2,060	178,226	175,711	39,151	136,560		2,515	66,291
令和 2	…	…	…	…	…	…		…	nc
3	1,900	1,820	176,694	174,266	38,818	135,448		2,428	74,422
4	1,830	1,760	176,195	173,643	41,608	132,035		2,552	75,020
東　　北									
平成 29 年	196	191	25,632	25,392	6,220	19,172		240	100,377
30	192	185	26,222	25,883	6,230	19,653		339	106,232
31	181	174	25,585	25,324	6,766	18,558		261	106,655
令和 2	…	…	…	…	…	…		…	nc
3	161	153	24,795	24,628	6,323	18,305		167	119,641
4	161	155	24,317	24,152	6,000	18,152		165	117,110
北　　陸									
平成 29 年	103	94	10,219	9,887	1,973	7,914		332	84,191
30	99	91	10,141	9,805	1,926	7,879		336	86,582
31	92	84	10,085	9,527	2,015	7,512		558	89,429
令和 2	…	…	…	…	…	…		…	nc
3	85	77	10,261	9,691	1,878	7,813		570	101,468
4	88	77	9,822	9,174	2,419	6,755		648	87,727
関　東・東　山									
平成 29 年	636	613	45,100	44,678	10,544	34,134		422	55,684
30	553	539	48,611	48,171	13,430	34,741		440	64,455
31	532	522	48,689	48,077	10,629	37,448		612	71,739
令和 2	…	…	…	…	…	…		…	nc
3	474	464	50,458	49,905	11,348	38,557		553	83,097
4	460	453	50,251	49,749	11,996	37,753		502	83,340
東　　海									
平成 29 年	394	362	25,014	24,255	5,100	19,155		759	52,914
30	379	348	25,734	25,069	4,996	20,073		665	57,681
31	371	343	26,091	25,570	5,021	20,549		521	59,910
令和 2	…	…	…	…	…	…		…	nc
3	313	284	25,659	25,040	4,665	20,375		619	71,743
4	308	282	27,272	26,620	5,334	21,286		652	75,482
近　　畿									
平成 29 年	179	177	8,526	8,492	1,235	7,257		34	41,000
30	172	171	8,392	8,362	1,219	7,143		30	41,772
31	171	169	8,682	8,637	1,086	7,551		45	44,680
令和 2	…	…	…	…	…	…		…	nc
3	146	145	8,659	8,635	1,664	6,971		24	48,076
4	138	136	8,158	8,130	877	7,253		28	53,331

注:令和2年は畜産統計調査を休止した。

区　分	飼養戸数	採卵鶏（種鶏のみの飼養者を除く。）	飼養羽数					種鶏	1戸当たり成鶏めす飼養羽数（採卵鶏）(6)／(2)
			計 (4)＋(7)	採卵鶏（種鶏を除く。）					
				小計	ひな（6か月未満）	成鶏めす（6か月以上）			
	(1)	(2)	(3)	(4)	(5)	(6)		(7)	(8)
	戸	戸	千羽	千羽	千羽	千羽		千羽	羽
中　国									
平成 29 年	190	189	22,700	22,636	6,082	16,554		64	87,587
30	182	181	23,615	23,554	6,642	16,912		61	93,436
31	173	172	23,340	23,284	6,512	16,772		56	97,512
令和 2	…	…	…	…	…	…		…	nc
3	160	159	23,105	23,049	6,000	17,049		56	107,226
4	143	142	22,283	22,227	6,794	15,433		56	108,683
四　国									
平成 29 年	148	147	9,224	9,061	2,202	6,859		163	46,660
30	139	138	9,141	9,117	1,825	7,292		24	52,841
31	134	133	9,140	9,115	1,799	7,316		25	55,008
令和 2	…	…	…	…	…	…		…	nc
3	122	121	7,700	7,688	1,359	6,329		12	52,306
4	121	117	8,797	8,676	2,944	5,732		121	48,991
九　州									
平成 29 年	481	465	24,122	23,678	4,919	18,759		444	40,342
30	458	443	24,155	23,696	4,760	18,936		459	42,745
31	432	415	25,251	24,821	5,072	19,749		430	47,588
令和 2	…	…	…	…	…	…		…	nc
3	397	381	24,799	24,379	5,340	19,039		420	49,971
4	370	357	23,738	23,368	4,970	18,398		370	51,535
沖　縄									
平成 29 年	46	45	1,342	1,332	264	1,068		10	23,733
30	45	44	1,410	1,401	237	1,164		9	26,455
31	47	46	1,363	1,356	251	1,105		7	24,022
令和 2	…	…	…	…	…	…		…	nc
3	41	40	1,258	1,251	241	1,010		7	25,250
4	39	38	1,557	1,547	274	1,273		10	33,500
関東農政局									
平成 29 年	700	672	49,593	48,921	11,229	37,692		672	56,089
30	614	596	53,216	52,635	14,116	38,519		581	64,629
31	592	579	53,407	52,723	11,243	41,480		684	71,641
令和 2	…	…	…	…	…	…		…	nc
3	519	503	55,995	55,250	12,266	42,984		745	85,455
4	507	495	55,983	55,245	13,188	42,057		738	84,964
東海農政局									
平成 29 年	330	303	20,521	20,012	4,415	15,597		509	51,475
30	318	291	21,129	20,605	4,310	16,295		524	55,997
31	311	286	21,373	20,924	4,407	16,517		449	57,752
令和 2	…	…	…	…	…	…		…	nc
3	268	245	20,122	19,695	3,747	15,948		427	65,094
4	261	240	21,540	21,124	4,142	16,982		416	70,758
中国四国農政局									
平成 29 年	338	336	31,924	31,697	8,284	23,413		227	69,682
30	321	319	32,756	32,671	8,467	24,204		85	75,875
31	307	305	32,480	32,399	8,311	24,088		81	78,977
令和 2	…	…	…	…	…	…		…	nc
3	282	280	30,805	30,737	7,359	23,378		68	83,493
4	264	259	31,080	30,903	9,738	21,165		177	81,718

4　採卵鶏（続き）

(3)　成鶏めす飼養羽数規模別の飼養戸数（全国）（平成14年～令和4年）

単位：戸

| 区　分 | 計 | 成　鶏　め　す　飼　養　羽　数　規　模 | | | | | | | ひなのみ |
		小　計	1,000～4,999羽	5,000～9,999	10,000～49,999	50,000～99,999	100,000～499,999	500,000羽以上	
平成 14 年	4,450	4,120	1,140	710	1,580	340	2) 350	...	330
15	4,270	3,590	1,060	(691) 690	1,510	(330) 330	2) (362) 360	...	(320) 320
16	4,020	3,740	1,010	646	1,400	333	2) 348	...	287
17	...	...	...	...	...	...	...	...	...
18	3,530	3,280	886	526	1,200	308	2) 352	...	250
19	3,420	3,160	825	503	1,170	299	2) 365	...	255
20	3,240	2,990	769	481	1,090	288	2) 356	...	249
21	3,060	2,830	716	473	1,010	277	2) 350	...	233
22	...	...	...	...	...	...	...	...	...
23	2,880	2,680	712	442	922	263	2) 336	...	209
24	2,770	2,560	648	410	900	274	2) 327	...	213
25	2,630	2,430	648	381	817	255	2) 328	...	196
26	2,540	2,320	622	348	767	260	2) 324	...	214
27	...	...	...	...	...	...	...	...	...
28	2,410	2,210	609	324	692	233	2) 347	...	207
29	2,320	2,110	579	295	670	229	2) 340	...	203
30	2,180	1,990	536	287	613	226	2) 332	...	184
31	2,100	1,920	508	259	598	230	2) 329	...	173
令和 2	...	...	...	...	...	...	...	...	...
3	1,850	1,700	429	250	499	192	2) 334	...	150
4	1,790	1,630	1) 624	...	462	214	279	55	157

注：1　この統計表には種鶏のみの飼養者は含まない（以下(4)において同じ。）。
　　2　令和4年から階層区分を変更し、「1,000～4,999羽」及び「5,000～9,999」を「1,000～9,999羽」に、「100,000羽以上」を「100,000～499,999」及び「500,000羽以上」にした（以下(4)において同じ。）。
1)は「5,000～9,999」を含む（以下(4)において同じ。）。
2)は「500,000羽以上」を含む（以下(4)において同じ。）。

(4)　成鶏めす飼養羽数規模別の成鶏めす飼養羽数（全国）（平成14年～令和4年）

単位：千羽

区　分	計	1,000～4,999羽	5,000～9,999	10,000～49,999	50,000～99,999	100,000～499,999	500,000羽以上
平成 14 年	137,087	2,929	5,100	35,460	23,635	2) 69,963	...
15	136,603	2,601	4,784	33,944	22,190	2) 73,084	...
16	136,538	2,424	4,424	32,378	22,953	2) 74,359	...
17	...	...	...	...	...	...	...
18	136,772	2,132	3,674	27,453	21,253	2) 82,260	...
19	142,646	2,099	3,563	27,460	21,071	2) 88,453	...
20	142,300	1,899	3,296	25,517	20,045	2) 91,543	...
21	139,588	1,685	3,246	24,140	19,516	2) 91,001	...
22	...	...	...	...	...	...	...
23	137,187	1,826	3,110	22,655	19,513	2) 90,083	...
24	135,282	1,600	2,764	20,980	19,624	2) 90,314	...
25	133,032	1,568	2,595	19,276	18,037	2) 91,556	...
26	133,453	1,489	2,363	17,735	18,390	2) 93,476	...
27	...	...	...	...	...	...	...
28	134,519	1,365	2,186	15,528	16,045	2) 99,395	...
29	135,979	1,428	2,060	15,368	16,075	2) 101,048	...
30	138,981	1,322	2,048	15,264	15,832	2) 104,515	...
31	141,743	1,259	1,771	14,628	16,351	2) 107,734	...
令和 2	...	...	...	...	...	...	...
3	140,648	1,067	1,769	12,036	13,241	2) 112,535	...
4	137,245	1) 2,574	...	11,029	14,640	60,160	48,842

5 ブロイラー

(1) 飼養戸数・羽数（全国）（平成25年～令和4年）

年 次	飼養戸数	飼養羽数	1戸当たり飼養羽数 (2)／(1)	対 前 年 比	
				飼養戸数	飼養羽数
	(1)	(2)	(3)	(4)	(5)
	戸	千羽	千羽	％	％
平成 25 年	2,420	131,624	54.4	…	…
26	2,380	135,747	57.0	98.3	103.1
27	…	…	nc	nc	nc
28	2,360	134,395	56.9	1) 99.2	1) 99.0
29	2,310	134,923	58.4	97.9	100.4
30	2,260	138,776	61.4	97.8	102.9
31	2,250	138,228	61.4	99.6	99.6
令和 2	…	…	nc	nc	nc
3	2,160	139,658	64.7	1) 96.0	1) 101.0
4	2,100	139,230	66.3	97.2	99.7

注： ブロイラーの飼養戸数・羽数には、ブロイラーの年間出荷羽数が3,000羽未満の飼養者を含まない（以下(5)において同じ。）。

1)は平成27年及び令和2年は調査を休止したため、平成28年の対前年比は平成26年と、令和3年の対前年比は平成31年と対比して表章した（以下(2)及び(5)において同じ。）。

(2) 出荷戸数・羽数（全国）（平成25年～令和4年）

年 次	出荷戸数	出荷羽数	1戸当たり出荷羽数 (2)／(1)	対 前 年 比	
				出荷戸数	出荷羽数
	(1)	(2)	(3)	(4)	(5)
	戸	千羽	千羽	％	％
平成 25 年	2,440	649,778	266.3	…	…
26	2,410	652,441	270.7	98.8	100.4
27	…	…	nc	nc	nc
28	2,360	667,438	282.8	1) 97.9	1) 102.3
29	2,320	677,713	292.1	98.3	101.5
30	2,270	689,280	303.6	97.8	101.7
31	2,260	695,335	307.7	99.6	100.9
令和 2	…	…	nc	nc	nc
3	2,190	713,834	326.0	1) 96.9	1) 102.7
4	2,150	719,259	334.5	98.2	100.8

注： 1 ブロイラーの出荷戸数・羽数には、ブロイラーの年間出荷羽数が3,000羽未満の飼養者を含まない（以下(5)において同じ。）。

2 各年次の2月1日現在でブロイラーの飼養実態がない場合でも、過去1年間に3,000羽以上のブロイラーの出荷があれば出荷戸数・羽数に含めた（以下(3)から(5)までにおいて同じ。）。

(3)　出荷羽数規模別の出荷戸数（全国）（平成25年〜令和4年）

単位：戸

区　　分	計	3,000〜 49,999羽	50,000〜 99,999	100,000〜 199,999	200,000〜 299,999	300,000〜 499,999	500,000羽 以上
平成 25 年	2,440	316	401	795	401	298	225
26	2,410	331	345	776	415	310	230
27	…	…	…	…	…	…	…
28	2,360	276	374	706	396	339	266
29	2,310	270	323	698	422	333	268
30	2,270	240	313	673	431	338	272
31	2,250	236	319	692	363	362	282
令和 2	…	…	…	…	…	…	…
3	2,180	221	272	665	360	368	298
4	2,150	1) 479	…	597	389	370	313

注：平成27年及び令和2年は畜産統計調査を休止した（以下(4)において同じ。）。
　　1)は「50,000〜99,999」を含む（以下(4)において同じ。）。

(4)　出荷羽数規模別の出荷羽数（全国）（平成25年〜令和4年）

単位：千羽

区　　分	計	3,000〜 49,999羽	50,000〜 99,999	100,000〜 199,999	200,000〜 299,999	300,000〜 499,999	500,000羽 以上
平成 25 年	649,765	8,167	29,880	121,803	102,059	117,078	270,778
26	652,429	9,234	26,577	119,596	103,977	122,074	270,971
27	…	…	…	…	…	…	…
28	667,422	8,483	28,710	109,947	97,404	128,740	294,138
29	677,697	7,580	24,637	109,596	105,645	133,662	296,577
30	689,263	6,506	23,188	104,604	103,702	139,034	312,229
31	695,294	6,516	23,431	106,534	90,821	146,439	321,553
令和 2	…	…	…	…	…	…	…
3	713,782	6,607	20,707	105,743	88,451	149,249	343,025
4	719,186	1) 26,480	…	91,433	97,156	149,001	355,116

5 ブロイラー（続き）

(5) 飼養・出荷の戸数・羽数（全国農業地域別）（平成29年～令和4年）

区　分	飼養戸数	飼養羽数	1戸当たり飼養羽数 (2)/(1)	対前年比 飼養戸数	飼養羽数	出荷戸数	出荷羽数	1戸当たり出荷羽数 (7)/(6)	対前年比 出荷戸数	出荷羽数
	(1) 戸	(2) 千羽	(3) 千羽	(4) %	(5) %	(6) 戸	(7) 千羽	(8) 千羽	(9) %	(10) %
北　海　道										
平成 29 年	10	4,693	469.3	125.0	101.2	10	36,645	3,664.5	125.0	105.0
30	10	4,993	499.3	100.0	106.4	10	38,280	3,828.0	100.0	104.5
31	10	4,920	492.0	100.0	98.5	10	37,750	3,775.0	100.0	98.6
令和 2	…	…	nc	nc	nc	…	…	nc	nc	nc
3	9	5,087	565.2	1) 90.0	1) 103.4	9	39,178	4,353.1	1) 90.0	1) 103.8
4	9	5,180	575.6	100.0	101.8	9	38,836	4,315.1	100.0	99.1
都　府　県										
平成 29 年	2,300	130,230	56.6	97.9	100.4	2,310	641,068	277.5	98.3	101.3
30	2,250	133,783	59.5	97.8	102.7	2,260	651,000	288.1	97.8	101.5
31	2,240	133,308	59.5	99.6	99.6	2,250	657,585	292.3	99.6	101.0
令和 2	…	…	nc	nc	nc	…	…	nc	nc	nc
3	2,150	134,571	62.6	1) 96.0	1) 100.9	2,180	674,656	309.5	1) 96.9	1) 102.6
4	2,100	134,050	63.8	97.7	99.6	2,140	680,423	318.0	98.2	100.9
東　　　北										
平成 29 年	489	32,854	67.2	97.8	102.3	489	169,937	347.5	97.8	103.3
30	487	33,267	68.3	99.6	101.3	487	170,875	350.9	99.6	100.6
31	481	32,210	67.0	98.8	96.8	485	170,029	350.6	99.6	99.5
令和 2	…	…	nc	nc	nc	…	…	nc	nc	nc
3	470	33,271	70.8	1) 97.7	1) 103.3	484	179,268	370.4	1) 99.8	1) 105.4
4	431	32,668	75.8	91.7	98.2	458	176,660	385.7	94.6	98.5
北　　　陸										
平成 29 年	14	714	51.0	87.5	90.2	16	4,137	258.6	100.0	104.9
30	13	957	73.6	92.9	134.0	14	5,387	384.8	87.5	130.2
31	13	977	75.2	100.0	102.1	13	5,056	388.9	92.9	93.9
令和 2	…	…	nc	nc	nc	…	…	nc	nc	nc
3	13	946	72.8	1) 100.0	1) 96.8	13	5,300	407.7	1) 100.0	1) 104.8
4	11	1,239	112.6	84.6	131.0	11	6,845	622.3	84.6	129.2
関　東・東　山										
平成 29 年	160	6,047	37.8	96.4	94.5	161	27,103	168.3	97.0	100.9
30	142	6,765	47.6	88.8	111.9	142	29,104	205.0	88.2	107.4
31	139	6,037	43.4	97.9	89.2	139	26,926	193.7	97.9	92.5
令和 2	…	…	nc	nc	nc	…	…	nc	nc	nc
3	133	6,060	45.6	1) 95.7	1) 100.4	133	28,199	212.0	1) 95.7	1) 104.7
4	128	6,031	47.1	96.2	99.5	128	27,350	213.7	96.2	97.0
東　　　海										
平成 29 年	71	3,469	48.9	93.4	92.3	71	17,376	244.7	93.4	93.0
30	75	3,914	52.2	105.6	112.8	75	17,513	233.5	105.6	100.8
31	71	3,610	50.8	94.7	92.2	71	17,698	249.3	94.7	101.1
令和 2	…	…	nc	nc	nc	…	…	nc	nc	nc
3	62	3,478	56.1	1) 87.3	1) 96.3	64	16,754	261.8	1) 90.1	1) 94.7
4	61	3,700	60.7	98.4	106.4	62	17,516	282.5	96.9	104.5
近　　　畿										
平成 29 年	103	3,532	34.3	95.4	101.1	103	16,852	163.6	95.4	100.4
30	97	3,511	36.2	94.2	99.4	98	16,753	170.9	95.1	99.4
31	95	3,434	36.1	97.9	97.8	95	17,123	180.2	96.9	102.2
令和 2	…	…	nc	nc	nc	…	…	nc	nc	nc
3	82	3,183	38.8	1) 86.3	1) 92.7	82	16,991	207.2	1) 86.3	1) 99.2
4	81	3,027	37.4	98.8	95.1	81	16,485	203.5	98.8	97.0

注：1)は令和2年は調査を休止したため、令和3年の対前年比は平成31年と対比して表章した。

区　　分	飼養戸数	飼養羽数	1戸当たり飼養羽数 (2)/(1)	対前年比		出荷戸数	出荷羽数	1戸当たり出荷羽数 (7)/(6)	対前年比	
				飼養戸数	飼養羽数				出荷戸数	出荷羽数
	(1)	(2)	(3)	(4)	(5)	(6)	(7)	(8)	(9)	(10)
	戸	千羽	千羽	％	％	戸	千羽	千羽	％	％
中　　国										
平成 29 年	77	7,750	100.6	100.0	104.3	78	42,190	540.9	101.3	101.8
30	77	8,114	105.4	100.0	104.7	78	43,654	559.7	100.0	103.5
31	73	8,412	115.2	94.8	103.7	74	44,495	601.3	94.9	101.9
令和 2	…	…	nc	nc	nc	…	…	nc	nc	nc
3	69	9,544	138.3	1) 94.5	1) 113.5	69	46,542	674.5	1) 93.2	1) 104.6
4	64	8,632	134.9	92.8	90.4	67	47,122	703.3	97.1	101.2
四　　国										
平成 29 年	239	7,808	32.7	99.2	100.3	239	34,434	144.1	99.2	97.1
30	235	7,821	33.3	98.3	100.2	235	33,631	143.1	98.3	97.7
31	231	7,800	33.8	98.3	99.7	232	34,274	147.7	98.7	101.9
令和 2	…	…	nc	nc	nc	…	…	nc	nc	nc
3	208	7,473	35.9	1) 90.0	1) 95.8	211	32,243	152.8	1) 90.9	1) 94.1
4	212	8,042	37.9	101.9	107.6	214	35,212	164.5	101.4	109.2
九　　州										
平成 29 年	1,130	67,408	59.7	98.3	100.1	1,130	325,800	288.3	98.3	101.3
30	1,110	68,750	61.9	98.2	102.0	1,110	330,734	298.0	98.2	101.5
31	1,120	70,121	62.6	100.9	102.0	1,120	338,615	302.3	100.9	102.4
令和 2	…	…	nc	nc	nc	…	…	nc	nc	nc
3	1,100	69,980	63.6	1) 98.2	1) 99.8	1,110	345,931	311.6	1) 99.1	1) 102.2
4	1,090	70,026	64.2	99.1	100.1	1,110	349,812	315.1	100.0	101.1
沖　　縄										
平成 29 年	16	648	40.5	100.0	100.9	16	3,239	202.4	100.0	101.0
30	16	684	42.8	100.0	105.6	16	3,349	209.3	100.0	103.4
31	15	707	47.1	93.8	103.4	15	3,369	224.6	93.8	100.6
令和 2	…	…	nc	nc	nc	…	…	nc	nc	nc
3	14	636	45.4	1) 93.3	1) 90.0	14	3,428	244.9	1) 93.3	1) 101.8
4	14	685	48.9	100.0	107.7	14	3,421	244.4	100.0	99.8
関東農政局										
平成 29 年	187	7,074	37.8	94.9	92.1	188	32,681	173.8	95.4	98.0
30	173	8,128	47.0	92.5	114.9	173	34,982	202.2	92.0	107.0
31	168	7,201	42.9	97.1	88.6	168	32,779	195.1	97.1	93.7
令和 2	…	…	nc	nc	nc	…	…	nc	nc	nc
3	159	7,178	45.1	1) 94.6	1) 99.7	161	33,904	210.6	1) 95.8	1) 103.4
4	153	7,027	45.9	96.2	97.9	153	32,584	213.0	95.0	96.1
東海農政局										
平成 29 年	44	2,442	55.5	97.8	98.7	44	11,798	268.1	97.8	96.8
30	44	2,551	58.0	100.0	104.5	44	11,635	264.4	100.0	98.6
31	42	2,446	58.2	95.5	95.9	42	11,845	282.0	95.5	101.8
令和 2	…	…	nc	nc	nc	…	…	nc	nc	nc
3	36	2,360	65.6	1) 85.7	1) 96.5	36	11,049	306.9	1) 85.7	1) 93.3
4	36	2,704	75.1	100.0	114.6	37	12,282	331.9	102.8	111.2
中国四国農政局										
平成 29 年	316	15,558	49.2	99.4	102.3	317	76,624	241.7	99.7	99.6
30	312	15,935	51.1	98.7	102.4	313	77,285	246.9	98.7	100.9
31	304	16,212	53.3	97.4	101.7	306	78,769	257.4	97.8	101.9
令和 2	…	…	nc	nc	nc	…	…	nc	nc	nc
3	277	17,017	61.4	1) 91.1	1) 105.0	280	78,785	281.4	1) 91.5	1) 100.0
4	276	16,674	60.4	99.6	98.0	281	82,334	293.0	100.4	104.5

[付] 調 査 票

| 秘
農林水産省 | 畜 産 統 計 調 査
豚　調　査　票
（令和4年2月1日現在） | **政府統計** | 統計法に基づく国の
統計調査です。調査
票情報の秘密の保護
に万全を期します。 |

【職員記入欄】（この項目は農林水産省の職員が記入します。）

4 6 3 1

基本指標番号	調 査 年	都道府県	管理番号	市区町村	整 理 番 号	抽出階層
	： ：	： ：	： ： ：	： ： ：	： ： ： ：	： ：

<< 記入に当たっては、以下のことに注意してください >>

○ 記入は、黒の鉛筆又はシャープペンシルを使用してください。

○ ☐ で囲まれた記入欄は集計項目ですので、必ず記入してください。
　ご記入に当たっては記入見本を参考に、数字は枠からはみ出さないように、また、〇印は点線に沿うように記入してください。

| 記入見本 | 0 1 2 3 4 5 6 7 8 9 | ① ② ③ |

○ ☐ で囲まれた記入欄は補助欄ですので、必ずしも記入の必要はありませんが、飼養実態を調査票に正しく御記入いただくために活用してください。

○ 調査票の記入及び提出は、オンラインでも可能です。

　〜 調査や調査票の記入の仕方などに関するお問い合わせは、裏面の「連絡先」までお問い合わせください。　〜

法人番号　[法人番号を確認いただき、記入してください。
なお、会社等法人経営以外は記入不要です。]

| ： ： ： ： ： ： ： ： ： ： ： ： |

以降の「2 経営タイプ」及び「3 経営組織」の項目については、学校、畜産試験場等の非営利飼養者の方は記入不要です。

1 飼養頭数

2月1日現在で飼っている頭数を記入してください。

十万 万 千 百 十 頭

子取り用めす豚	(1)	： ： ： ： ：
種 お す 豚	(2)	： ： ： ： ：
肥 育 豚	(3)	： ： ： ： ：
もと豚として出荷予定の子豚・その他	(4)	： ： ： ： ：
合 計 ((1)+(2)+(3)+(4))	(5)	

2 経営タイプ

該当する経営タイプの番号を一つ選択し、点線に沿って〇で囲んでください。

経営タイプ		
子取り 経 営	肥 育 経 営	一 貫 経 営
(6)	(7)	(8)
番号 ①	②	③

3 経営組織

該当する経営組織の番号を一つ選択し、点線に沿って〇で囲んでください。

経 営 組 織		
農 家	会 社	その他
(9)	(10)	(11)
番号 ①	②	③

子取り用めす豚 (1) 💡 記入のポイント 💡

6か月齢以上の繁殖用のめす豚（予定のものを含む。）をいいます。

種おす豚 (2)

6か月齢以上の種付け用のおす豚（予定のものを含む。）をいいます。

肥育豚 (3)

肉用に出荷する目的で肥育中の豚をいいます。

一貫経営などにおいて、自家で肥育する予定の子豚も肥育豚に含みます。

もと豚として出荷予定の子豚・その他 (4)

上記(1)〜(3)以外の豚で、肥育用や繁殖用などのもと豚として出荷する予定の子豚、肉用に出荷する目的で肥育中の繁殖めす豚や種おす豚の廃豚などをいいます。

◎ 調査に御協力いただき、大変ありがとうございました。調査事項はここまでですが、お手数でなければ裏面の【記事欄】にも御記入願います。

【記事欄】
差支えなければ、飼養頭数の増減理由等について御記入願います。

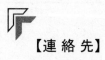

【連 絡 先】

⇐⇐⇐ 入力方向

採 卵 鶏 調 査 票

（ 令 和 4 年 2 月 1 日 現 在 ）

【職員記入欄】 （この項目は農林水産省の職員が記入します。）

`4 6 4 1`

	調 査 年	都道府県	管理番号	市区町村	整 理 番 号	抽出階層
基本指標番号	: : :	:	: :	: : :	: : : :	: :

<< 記入に当たっては、以下のことに注意してください >>

○ 記入は、黒の鉛筆又はシャープペンシルを使用してください。

○ ▭ で囲まれた記入欄は集計項目ですので、必ず記入してください。
　ご記入に当たっては記入見本を参考に、数字は枠からはみ出さないように記入してください。

記入見本	0 1 2 3 4 5 6 7 8 9

○ ▭ で囲まれた記入欄は補助欄ですので、必ずしも記入の必要はありませんが、飼養実態を調査票に正しく御記入いただくために活用してください。

○ 調査票の記入及び提出は、オンラインでも可能です。

〜 調査や調査票の記入の仕方などに関するお問い合わせは、裏面の「連絡先」までお問い合わせください。 〜

法人番号（法人番号を確認いただき、記入してください。なお、会社等法人経営以外は記入不要です。）

: : : : : : : : : : : : :

1 飼養羽数

2月1日現在で飼っている羽数を100羽単位で記入してください。

			百万	十万	万	千	百	十	羽
採卵鶏	成鶏めす（6か月以上）	(1)		:	:	:	:	0	0
	ひな（6か月未満）	(2)		:	:	:	:	0	0
	採卵鶏計（(1)+(2)）	(3)		:	:	:	:	0	0
採卵鶏の種鶏（おす、ひなを含む）		(4)		:	:	:	:	0	0
合 計（(3)+(4)）		(5)						0	0

💡 記入のポイント 💡

○ **採卵鶏(3)＝成鶏めす(1)＋ひな(2)**
　鶏卵を生産するために飼養している鶏
　成鶏めす(1)
　　ふ化後6か月以上の鶏
　ひな(2)
　　ふ化後6か月未満の鶏

○ **採卵鶏の種鶏(4)**
　鶏卵鶏の種卵採取を目的とした鶏
　・めすの種鶏
　・おすの種鶏
　・種鶏とする予定のひな（おす、めす）

　2月1日現在で「オールアウト」中の場合は、今後飼養する予定の羽数（「オールイン」する予定の羽数を含めて）を記入してください。

◎ 調査に御協力いただき、大変ありがとうございました。
　調査事項はここまでですが、お手数でなければ裏面の【記事欄】にも御記入願います。

【記事欄】
　差支えなければ、飼養羽数の増減理由等について御記入願います。

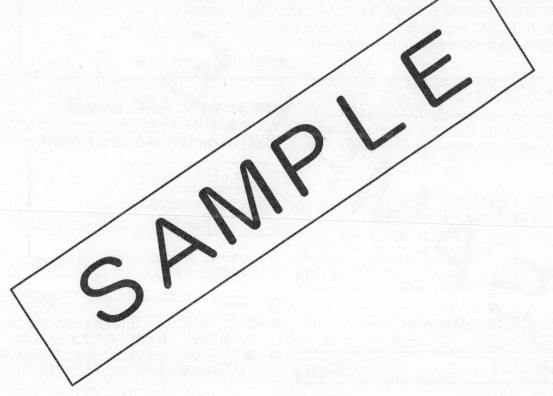

【連 絡 先】

秘 農林水産省	畜 産 統 計 調 査 # ブ ロ イ ラ ー 調 査 票 （令和4年2月1日現在）	政府統計	統計法に基づく国の 統計調査です。調査 票情報の秘密の保護 に万全を期します。

【職員記入欄】（この項目は農林水産省の職員が記入します。）

	調 査 年	都道府県	管理番号	市区町村	整 理 番 号	抽出階層		4 6 5 1
基本指標番号	: : :	: :	: :	: : :	: : :	: :		

== << 記入に当たっては、以下のことに注意してください >> ==

○ 記入は、黒の鉛筆又はシャープペンシルを使用してください。
○ ▭で囲まれた記入欄は集計項目ですので、必ず記入してください。
　記入見本を参考に、数字は枠からはみ出さないように記入してください。

記入見本	0 1 2 3 4 5 6 7 8 9

○ ▭で囲まれた記入欄は補助欄ですので、必ずしも記入の必要はありませんが、
　飼養実態などを調査票に正しく御記入いただくために活用してください。
○ 調査票の記入及び提出は、オンラインでも可能です。
　～　調査や調査票の記入の仕方に関する問合せは、
　　　　　　　　　　　　　　　　　　裏面の「連絡先」までお願いします。　～

法人番号〔法人番号を確認いただき、記入してください。
　　　　なお、会社等法人経営以外は記入不要です。〕

: : : : : : : : : : : : : : : : :

調査票に御記入いただく鶏の範囲
　ふ化後3か月未満の間に肉用として出荷する鶏であれば、地鶏や銘柄鶏も含まれます（下図参照）。

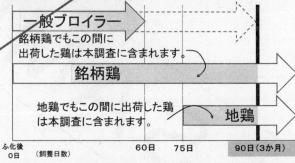

1　出荷羽数

　令和4年2月1日現在で、過去1年間に出荷した羽数を百羽単位で記入してください。

		千万百万十万 万 千 百 十 羽
出 荷 羽 数	(1)	: : : : : : 0 0

出荷羽数のうち、地鶏及び銘柄鶏の羽数を百羽単位で記入してください。

地鶏・銘柄鶏	(2)	0 0

銘柄鶏：　一般社団法人日本食鳥協会の定義により、出荷時に「銘柄鶏」の表示がされる鶏
地　鶏：　特定JAS規格の認定を受けた鶏（ふ化後75日以後に出荷）

💡 **記入のポイント** 💡

出荷羽数(1)、飼養羽数(3)
　最初から肉用目的で飼養している鶏（採卵鶏の廃鶏は含まない）であれば、「肉用種」「卵用種」の種類を問いません。

出荷羽数(1)
　令和3年2月2日～令和4年2月1日までの1年間に出荷した羽数をいいます。

2　飼養羽数

　令和4年2月1日現在で飼っている羽数を百羽単位で記入してください。

		千万百万十万 万 千 百 十 羽
飼 養 羽 数	(3)	: : : : : : 0 0

飼養羽数のうち、地鶏及び銘柄鶏の羽数を百羽単位で記入してください。

地鶏・銘柄鶏	(4)	0 0

◎　調査に御協力いただき、大変ありがとうございました。
　調査事項はここまでですが、お手数でなければ裏面の【記事欄】にも御記入願います。

　2月1日現在で「オールアウト」中の場合は、今後飼養する予定の羽数（「オールイン」する予定の羽数を含めて）を記入してください。

【記事欄】
　差支えなければ、出荷羽数及び飼養羽数の増減理由等について御記入願います。

【連絡先】

令和4年　畜産統計

令和5年5月　発行　　　　　定価は表紙に表示してあります。

編集　　〒100-8950　東京都千代田区霞が関 1 － 2 － 1
　　　　　　農 林 水 産 省 大 臣 官 房 統 計 部

発行　　〒141-0031　東京都品川区西五反田7-22-17　TOCビル
　　　　　一般財団法人 農 林 統 計 協 会
　　　　　振替　　00190-5-70255　TEL 03(3492)2987

ISBN978-4-541-04440-2　C3061